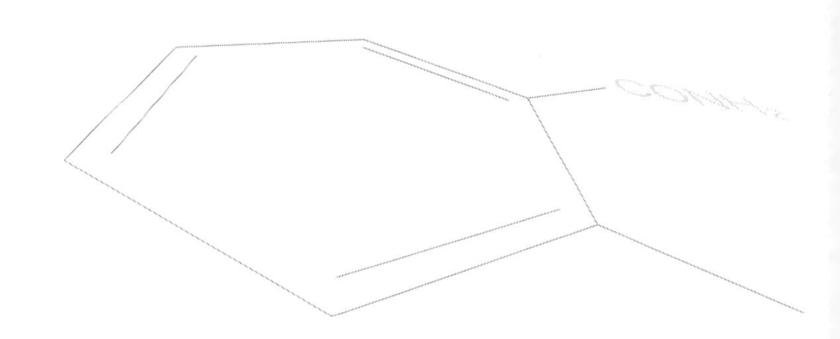

改訂４版

基礎化学実験

大阪市立大学大学院理学研究科
基礎教育化学実験グループ　編

ふくろう出版

はじめに

本書は大阪市立大学において基礎教育科目として提供されている基礎化学実験Ⅰ、基礎化学実験Ⅱをもとにした低年次の大学生向け先端基礎化学実験の教科書である。

基礎化学実験Ⅰでは実験を通して現代の科学技術にとって必須である化学に関する基礎知識を理解することを目的にしている。実験に際しては現象を注意深く観察しよう。よくわからないことは担当教員に質問しよう。実験の確度、精度に注意して結果を整理しよう。内容は、陽イオンの定性分析、原子吸光分光法および原子発光分光法による亜鉛の微量定量、有機化合物の抽出と合成、時計反応（反応速度の理解）、酸化還元滴定である。

基礎化学実験Ⅱは基礎化学実験Ⅰを履修した学生に提供される基礎教育科目である。現代化学に関する研究方法の一端に触れることにより、高度な化学実験に対応できる素養を培うことを目的にしている。無機、有機化合物の合成とそれらの物理定数の測定、各種スペクトルの測定を行い、合成化学と物質の同定法の実際を学ぶ。さらに、精密な物性の測定、計算機シミュレーションを通して、分子構造、物質の熱力学的性質、電子、磁気的性質が解明できることを学ぶ。

付録として、廃棄物処理における注意、測定誤差と有効数字、物理定数表が付いている。参考にしていただきたい。

本学の化学実験は、基礎教育実験棟化学実験室と協力しながら理学部化学科が主として担当している。今回の改訂４版では、《有機化合物の分離：薄層クロマトグラフィーの利用》と《両親媒性分子の単分子膜形成を用いた分子長の推定とアボガドロ定数の決定》の２つのテーマが追加され、化学実験の基礎を習得するうえで、内容をより充実したものにすることができた。

誤りや不備な点についてのご指摘やご批判、ご意見を頂戴できれば幸いである。

大阪市立大学大学院理学研究科
基礎教育化学実験グループ

目　次

基礎化学実験 II

付　録

化学実験の基礎知識

1　化学実験と安全

はじめに

基礎化学実験ⅠおよびⅡで提供される実験課題のほとんどで、安全面や環境面での配慮がなされている。より高度な、先端的な研究実験において、新規化合物の生成や、反応や測定の器具・機器類の不慣れな操作などにより、事故の生じる割合は増加するが、基本的にはどのような化学実験でも、注意深く基本に則って行うことにより、事故なく安全に行うことができる。化学実験に関与するリスクには、火災、爆発、健康障害、環境汚染などがあり、これらのリスクをできる限り小さくするには、適切な安全教育が必要である。以下に、初めて本格的な化学実験を行う受講生のために、安全についての基本的事項を述べる。

危険性物質と環境汚染性物質

化学物質には、発火や爆発を起こすもの、引火性のあるもの、中毒や皮膚障害などを起こすもの、環境汚染の原因となるものがある。しかしながら、化学実験で使用する多くの化学物質は、市販・流通されているものである。化管法SDS（Safety Data Sheet：安全データシート）制度によって、これらの化学物質の性状および取り扱いに関する情報を得ることができる。また、人の健康や生態系に有害なおそれのある化学物質については、実験室からの環境（大気、下水道、土壌）への排出量及び廃棄物として処理される移動量を把握する（PRTR制度（Pollutant Release and Transfer Register））必要がある。化学物質の危険性・安全性に関するデータや法律の情報が掲載されている公的機関のホームページのURLと共に、主な関連法律については末尾を参照されたい。

実験時の基本的注意

1）実験に適した服装：動きやすい服装が望ましい。薬品が大量にかかったり、衣服が燃えるような事故にあったとき、すぐに脱げるようなものがよい。白衣は、これらにかなった実験衣である。前のボタンをはずして着てはいけない。また、袖口の部分はゴムを入れることを推奨する。袖口がひらひらしていると、器具を引っ掛けることがあるし、紐で締めると脱衣が容易でない。靴は、かかとの高い不安定なものや、サンダルなどの覆いのないものは避ける。長い髪は後ろで束ねる。

2）保護めがねの着用：眼への化学薬品の混入による、視力障害や失明などの危険性を防ぐため、コンタクトレンズを装着して実験に臨むのは厳に慎むべきである。実験室内では必ず保護めがねを着用する。正面だけでなく、横からの流入を避けるため、ゴーグル型の保護めがねが望ましい。万一、薬品が眼に入ったら、すぐに水道流水で洗眼する。また同時に、近くの学友は、担当教員に事故が起こったことを知らせる。

3）安全器具の確認：実験室の非常口の位置、消火器の設置場所、安全シャワーの設置場所を確認すること。また、火災訓練などを行うことも重要である。

4）廃棄物の処理：基本的には、実験室からは水道水以外のものを排出してはいけない。法的には、排水に関しては大阪市では下水道法・下水道条例にしたがう。廃液、廃試薬、ろ紙くずなどの廃棄物は、教科書の記述に沿って処理するか、担当教職員の指導のもとに処理されなければならない。勝手な判断で廃棄物処理を絶対行わない。

2　化学実験の基本操作

加熱：化学反応の速度を大きくしたり、溶質の溶解度を増加させたり、液体を蒸留したりするために行う操作である。火災や爆発の原因になりやすい危険な操作の一つである。加熱の目的を考えて最も適切な方法（湯浴：90℃以下、油浴：180℃以下、直火（セラミック金網）：可燃性溶媒が入っていないとき）を選ぶ。最も注意すべきことは反応系を絶対に密閉しないことである。溶液を沸騰するまで加熱するときは、あらかじめ沸騰石を入れておく。もしも沸騰石を入れ忘れたり、沸騰が途中で止まった場合には、一度沸点以下に冷やしてから再度沸騰石を入れるようにする。加熱状態で沸騰石を入れると突沸し、事故の原因となりうるから注意する必要がある。引火性の物質や有害な蒸気を出す物質を加熱するときは、必ず還流冷却管を取り付けなければならない。

撹拌：反応溶液の濃度を均一にするため、また溶解や反応を促進するために行う。内容物をこぼさないように容器を振り回したり、ガラス棒で容器を割らないように注意してかき混ぜる。マグネティックスターラーとテフロンコーティングした撹拌子を用いて、溶液を撹拌するときは、溶液の量および容器の形と大きさを考慮して撹拌子を選ぶ必要がある。スターラーの回転は、撹拌子を入れてから行う。回転速度を大きくしすぎると、撹拌子が飛び跳ね、容器を破損することがあるので、回転速度の調整は重要である。

秤量：試料や薬品を秤り取り、その質量を知るには、天秤を用いる。化学実験室では、汎用電子天秤（0.01 gまたは0.001 gの桁まで読み取り可能）と分析用電子天秤（0.1mgの桁まで読み取り可能）が利用できる。どの天秤を用いるかは、実験の精度や秤り取る量によって決まる。電子天秤は操作性に優れ、質量の測定が見た目は簡単にでき、自動化、遠隔化、マイクロコンピューターよるデータ処理などが容易にできる。しかし、便利で簡単であるといっても、高精度の性能を発揮させるためには、それなりの注意が必要である。原理と構造、性能および測定上の問題点と注意点を以下述べる。

天秤部分（①+⑥）は磁石⑦からの磁力と釣り合ったかたちで、一定の位置に浮いた状態にある。天秤皿①上に試料を加えると、皿と垂直軸は下方に動こうとするが、検知部センサー⑤によりその動きが捉えられる。その動きは、電気信号に変換後増幅され、補償コイル④へ電流が通る。その結果、補償コイルは電磁石として働き、皿を元の位置まで押し上げる。この帰還電流は天秤皿上に加えられた重力に比例するので、電流値を変換して質量として表示部でデジタル表示される。理論的には皿は変位するが、実際は、機械的な慣

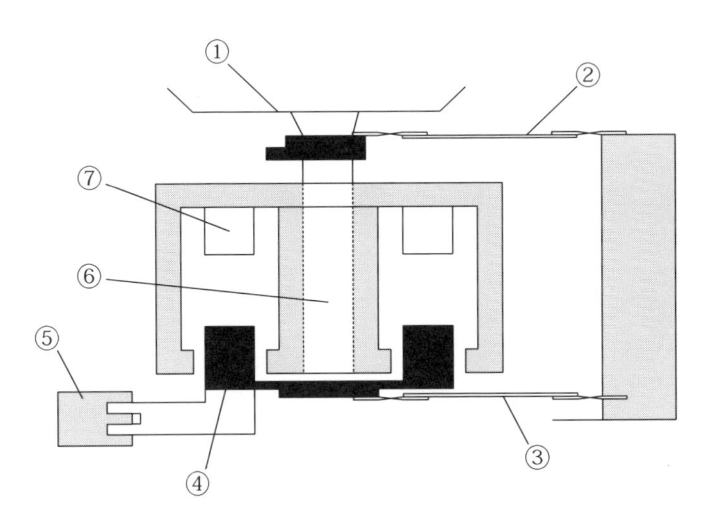

電子天秤の概略図

性の方が電気的なものよりはるかに遅いため皿は動くことはない。

電子天秤では、秤量の全範囲が電気量で測定できるため、質量と電気量との対応が正確に関係づけられなければならない。電子天秤では出力は質量ではなく重力に比例しているので、使用場所が異なれば、当然重力加速度の値が異なるので、校正をしなおさなければならない。

測定にあたって、次のような事項に注意して使用する。設置は平衡位置の検出に振動が影響するので、振動の少ない所を選ぶ。また、温度、湿度の変化による影響をできるだけ少なくするため、空調により測定室の温度と湿度が制御された熱容量の大きな測定室が望まれる。電源投入後、電子部品が熱平衡に達するまで1時間程度のウォームアップ時間をとり、指示値の安定を待つ。指示値が安定後、スパン調整を校正分銅を用いて行う。これは電源を入れる度に行う。

秤量したい試料は、固体であっても直接天秤皿の上に置くことは少ない。通常はガラス、アルミニウムや白金などの金属、あるいはプラスチック製の秤量瓶や秤量皿の中に試料を入れて秤量する。汎用電子天秤では、薬包紙を用いることもある。これらの秤量容器は「風袋」と呼ばれる。電子天秤には風袋差し引き装置がついていて、風袋を天秤皿に置いた後、この機能を用いると表示値は0を示し、試料だけの質量の値が容易に得られる。それぞれの電子天秤には、最大荷重質量が決められていて、それ以上の質量のものを天秤皿に置いてはいけない。もちろん、風袋と試料の合計質量が最大荷重質量以下でなければならない。

乾燥：多量の水分または有機溶媒を含む固体は、まず何枚か重ねたろ紙の上に拡げ、その上をろ紙で覆って放置する（風乾、自然乾燥）。完全に乾燥するためには温度調整が可能な試料乾燥器により適切な温度で加熱乾燥したり、また、熱に不安定な物質は減圧デシケーターを用いて減圧乾燥する。

基 礎 化 学 実 験 Ⅰ

基礎化学実験 I

1．陽イオンの定性分析

定性分析では陽イオンの種々の試薬に対する挙動の違いを利用して順に分けていき、原則としては単一の陽イオンを含む溶液、または沈殿にまで分離して確認する。まず似かよった化学的挙動をするイオンをグループに分族する。古くからの分族法は、陽イオンの硫化物に対する溶解度の差を利用することを骨子としている。この方法は比較的簡便で特殊な設備を必要としないので現在も広く用いられる。具体的にはいくつかの方法が知られている。

陽イオンは次のように分族される。

第１族　塩化物が難溶なもの

第２族　0.3 M[1] 塩酸酸性溶液に硫化水素を通じると、硫化物として沈殿してくるもの

第３族　中和後硫化アンモニウムで硫化物, または水和酸化物を沈殿するもの（水和酸化物：$M^{z+}{}_mO_n \cdot xH_2O$（zm = 2n）の組成を有する物質で、水酸化物$M^{z+}(OH)_z$もこれに含まれる。）

第４族　炭酸塩、またはその複塩が沈殿しやすいもの

第５族　上記のいずれも易溶のもの

この順にそれぞれの沈殿混合物として分離していく方法を**５族法**という。さらに分属をすすめた**６族法**では、上の第３族に相当するもののうち、アンモニウム塩の存在下でアンモニア水だけで沈殿するものを第３族、そのろ液に硫化アンモニウムを加え沈殿するものを第４族とし、以下繰下げて全体を６族に分ける。

硫化物の沈殿生成を骨子とするこれまでの方法とは全く異なった考え方による定性分析体系がWestによって開発されている。これは希元素の検出にも適用できるように考案されているが、危険を伴う過塩素酸$HClO_4$との蒸留や、アルカリ融解など、やや複雑な操作を必要とする。

1.1.　陽イオンの定性分析における分族とその原理

1.1.1.　５族法の概要

まず、５族法による陽イオン定性分析における分族法の概要と、各族の主な陽イオン、およびそれらの特徴を述べる。ただし族の番号を用いると周期表と混同する恐れがある。そこで、その代表的な元素名、またはグループ名によって、たとえば銅族、アルカリ土族

注１）M（molar）：濃度を表す単位。1 mol･L^{-1}（1 mol･dm^{-3}）に等しい。SI単位系では濃度はmol･m^{-3}であるが、Mもよく使用されている。

などと呼ぶことにする。

1）銀族

銀イオンAg^{+}、鉛イオンPb^{2+}、二水銀イオンHg_2^{2+}、タリウム(I)イオンTl^{+}が難溶性塩化物をつくり、銀族に分類される。これらの塩化物のうち、いわゆる不溶なものは$AgCl$とHg_2Cl_2で、$PbCl_2$は25℃で水100 gに1 g、$TlCl$は0.4 g程度溶け、熱湯にはそれぞれ3 g、2 gぐらい溶ける。さらにHg_2^{2+}、Tl^{+}は塩素Cl_2などのやや強い酸化剤によって、Hg^{2+}、Tl^{3+}になるが、これらの酸化によって生成したイオン種は易溶で、それぞれ後述のスズ族および鉄族にはいる。なおHg_2^{2+}は水銀２原子が結合して全体で＋２の荷電をもったイオンで、水銀の原子価は２であるが、酸化数は形式上１になる。

2）銅族およびスズ族

難溶性塩化物をろ過によって除いた溶液を、0.3 M塩酸で酸性に調節して硫化水素を通じると、銅およびスズ族は硫化物として沈殿する。この沈殿を多硫化ナトリウムNa_2S_{1+n}（硫化ナトリウム、水酸化ナトリウムおよび硫黄を水に溶かして得られる黄褐色溶液）で処理するとき、硫化物が不溶のまま残る銅イオンCu^{2+}、カドミウムイオンCd^{2+}、ビスマスイオンBi^{3+}などを銅族イオンという。1)で述べたように銀族に分類される$PbCl_2$は水に少し溶け、生じたPb^{2+}は0.3 M塩酸酸性で硫化水素によってPbSを沈殿する。そこで鉛(II)イオンは銅族にも入れる。

一方、硫化物を多硫化ナトリウム溶液で処理するとチオ酸イオン$M^{z+}S_n^{(2n-z)-}$を生じて溶けるものをスズ族イオンという。スズ(IV)イオンSn^{4+}、水銀(II)イオンHg^{2+}、ヒ素(III)イオンAs^{3+}、アンチモン(III)イオンSb^{3+}などのほか、白金(IV)イオンPt^{4+}、金(III)イオンAu^{3+}、さらに半導体原料のゲルマニウムイオンGe^{4+}、などがこれに属する。

これらの大部分は水和陽イオン（アクアイオン）としてはむしろ不安定で、$[SbO(H_2O)_n]^{+}$のようなオキソイオンや$SnCl_6^{2-}$、$SbCl_6^{-}$、$AuCl_4^{-}$、$PtCl_6^{2-}$のようなハロゲノ錯イオンになりやすい。このほか、As(V)、Sb(V)、Pt(IV)のような高酸化数のものは、酸素酸陰イオンAsO_4^{3-}やヒドロキソ錯陰イオン（これも広い意味の酸素酸イオン）$[Sb(OH)_6]^{-}$、$[Pt(OH)_6]^{2-}$などとしても存在する。

これらの陽イオンはどのような形になっていても、適当な条件下では硫化物を沈殿し、これらが多硫化ナトリウム溶液に溶けることから、分析上スズ族に入れる。チオ酸イオンは酸素酸イオンのOをSで置き換えた形の陰イオンで、条件によりOとSの両方を結合したオキソチオ酸イオンもできると考えられる。チオ酸イオンは酸性にすれば硫化水素を発生して分解し、硫化物を沈殿する。

参考までに、この族の金属イオンが硫化水素で硫化物を沈殿するときの塩酸のモル濃度の上限値を示しておく。

As^{3+}, Hg^{2+}, Cu^{2+}	Sb^{3+}	Bi^{3+}, Sn^{4+}	Cd^{2+}	Pb^{2+}, Sn^{2+}
7	3.5	1.75	0.58	0.28

3）鉄族とアルミニウム族

陽イオンのうち塩酸酸性では硫化物を沈殿しないが、中和後硫化アンモニウムを加えると硫化物または水和酸化物を沈殿するものを5族法では第3族に入れる。このとき硫化物を沈殿する鉄(III)イオンFe^{3+}、コバルト(II)イオンCo^{2+}、ニッケル(II)イオンNi^{2+}は後述のハード・ソフトの分類では中間的なイオンに分類される。これに対し水和酸化物を沈殿するアルミニウムイオンAl^{3+}、クロム(III)イオンCr^{3+}は、ハードなルイス酸ということができる。これらの元素のうち水和酸化物が適当な温度と濃さの水酸化ナトリウム溶液に溶けるものをアルミニウム族とし、溶けないものを鉄族として分類する。クロムの水和酸化物はそのままでは水酸化ナトリウム溶液に溶けにくい。しかしアルカリを加えると同時に、または前もって酸化すればアルカリに可溶のクロム(VI)酸イオンCrO_4^{2-}となるので、このような処理を前提としてアルミニウム族に入れる。アルミニウム族に属するAl^{3+}及びZn^{2+}の水和酸化物は両性水酸化物で、強アルカリ性でもそのままの酸化状態で陰イオンとして溶ける。アルミニウム族、鉄族の分離操作では次のことに注意すべきである。アルカリ濃度や温度が低すぎるとアルミニウム族水和酸化物の溶解が不十分になり、またアルカリ濃度や温度が高すぎると鉄族の一部が溶液に来て分離が不十分になる。

4）アルカリ土族

つねに２価イオンをつくり、水酸化物がアルカリ性を呈し炭酸塩が難溶な元素として、カルシウムCa、ストロンチウムSr、バリウムBaには古くからアルカリ土類金属（酸化物はアルカリ土）の名前が与えられてきた。これらの金属の可溶性塩類溶液に炭酸アンモニウムを加えれば炭酸塩が沈殿する。マグネシウムMgも周期表で2族（2A）に属して類似の性質が期待されるが、炭酸塩の溶解度はそれ程小さくなく、また加水分解して塩基性炭酸塩となりやすい。そして可溶性のマグネシウム塩水溶液に炭酸アンモニウム水溶液を加えてもそのままでは炭酸塩を沈殿しない。このため定性分析上ではMgをアルカリ金属と一緒に取り扱う方式もかなり一般的である。Mgをアルカリ土族に含める方式では、炭酸アンモニウムとともに、大量のエタノールを添加して氷冷しMg^{2+}を$MgCO_3\cdot(NH_4)_2CO_3\cdot 4H_2O$として沈殿させる。

5）アルカリ族

周期表で1族（1A）に属する元素をアルカリ金属といい、イオン化傾向が大きくて1価の陽イオンを生じ、水酸化物は溶けやすくて強アルカリ性を示す。ほとんどの塩類が溶けやすいので、定性分析では他の全ての陽イオンを沈殿させて除いたろ液に入る。ただしリチウムLiのみは、炭酸塩、フッ化物、リン酸塩などがやや溶けにくく、定性分析上では部分的にアルカリ土類金属と挙動をともにする。

なおアンモニウム基は金属ではないが、アンモニウムイオンNH_4^+はいろいろな点でアルカリ金属イオンと似た挙動をし、定性分析ではふつうアルカリ族に入れる。ただ添加する試薬としてアンモニウム塩を使用することが多いのでNH_4^+の検出は別に取った少量の試料溶液について行う。

1.1.2.　定性分析の原子論

硫化物の難溶性は、硫化物イオンと陽イオンとの親和性の強さの一つの現れであり地球における元素の分配に基づくGoldschmidtの分類法と平行関係にある。すなわち硫化物イオンとの親和性の強い陽イオンは硫化物鉱床に集まり、元素としては親銅元素に分類される。したがって定性分析における銀族、銅族の金属はすべて親銅元素である。ただし硫黄との親和性の強い元素の中には、比較的還元されやすくて金属単体、あるいは鉄との合金として存在するために親鉄元素に入れられるものもある（金、白金、スズなど）。

一方硫化物イオンとの親和性が強くなく、酸化物イオンとの親和性の強い陽イオンはケイ酸塩鉱床に集まるものが多く、このような陽イオンを作る元素は親石元素に分類される。アルカリ土類元素などはその典型的なものである。分析化学での鉄族、アルミニウム族は硫化アンモニウムによって硫化物を沈殿するもの（Fe、Znなど）と水和酸化物を沈殿するもの（Al、Crなど）の両方がある事からも分かるように、上記三つのグループのものが混在している。

重金属硫化物の難溶性は、原子論的には福井謙一博士のフロンティア電子理論を用いて理解することができる。Lewisは、電子対を供与する陰イオンや中性配位子を塩基、受容するものを酸とした。この定義によると金属イオンはルイス酸になる。白金、金、銀、水銀などの貴金属、ならびに周期表でこれと隣接する諸元素の陽イオンはFよりもCl、OよりもS、NよりもP、Asなど、第３周期以下の非金属元素を配位原子とするルイス塩基に対してより強い親和性を示し、しばしばソフトなルイス酸と呼ばれる。これらの陽イオンは一般に比較的容易に金属に還元される。これはその最低の空軌道（LUMO）のエネルギーが低くて容易に電子を受け取ることを意味している。これらと親和性を示す重いハロゲン、S、P などを配位原子とする陰イオンや中性配位子はソフトなルイス塩基と呼ばれ、最高被占軌道（HOMO）のエネルギーが高くて比較的酸化されやすい。これらソフトなルイス塩基のHOMOとソフトな金属イオンのLUMOのエネルギー差は小さく、電子の非局在化を伴う共有結合的な相互作用が強い。このことは化合物の難溶性、錯形成、反応性となってあらわれている。

一方、O、Fなどの第２周期の非金属元素の作る陰イオンなどのルイス塩基は、ハード

参考文献：G. Klopman, Chemical Reactivity and the Concept of Charge and Frontier Controlled Reactions, Journal of the American Chemical Society, Volume 90, p.223, 1968.（*J. Am. Chem. Soc.*, **90**, 223（1968）. と略記）

なルイス塩基に分類されてHOMOのエネルギーは低い。またMg、Alなどの軽金属、それにTi、Zrなどの外殻d電子数の少ない陽イオンはハードなルイス酸に分類されてLUMOのエネルギーは高い。これらの間の共有結合的相互作用は弱く、結合は主としてイオン結合的相互作用によって生じている。この場合半径の小さいO^{2-}やF^-の方がS^{2-}やCl^-より結合が強いことになる。

1.1.3.　今回の方法

今回の実験法は、次ページのフローチャートから分かるように大筋では５族法に準ずる。５族法を改良し、有害ガス排出の回避、操作の簡便化と確実化、少量検出への適応を検討した結果、次のような改訂が加えてある。

1）Ag^+など塩化物が難溶なものをとくに独立した族としては扱わず、最初から銅族、スズ族と一緒に酸性で硫化物として沈殿させる。これでかなりの手数を減らすことができ、分離はより確実になる。というのも塩化物沈殿としての分離は試料の状態によってはそれほど理想的にはいかないからである。

2）５族法では硫化物の沈殿に有毒な硫化水素を用いるが、本法ではかわりに硫化ナトリウム溶液を用いる。このとき0.3 M程度の塩酸酸性では局所的にアルカリ性になって、硫化ニッケルや硫化コバルトが沈殿し、酸性に戻っても溶けないことがある。そこで硫化ナトリウム添加後の酸性濃度が1.2~1.4 Mになるように調節する。この条件ではPb^{2+}とCd^{2+}は沈殿しないで鉄族の方にはいる。これは有毒なシアン化カリウムを使ってCu^{2+}とCd^{2+}を分ける必要がなくなり、かえって好都合である。

3）鉄族、アルミニウム族の硫化物、水和酸化物の沈殿生成を一定のpH範囲で行うことにより、硫化ニッケル等のコロイド化を完全に防ぐことができる。また、有色物質の溶媒抽出による分離確認の併用、Fe、Mn、Crの沈殿分離なしでの検出などで、操作時間が大幅に短縮される。

4）これまでSr^{2+}とCa^{2+}の区別・確認は難しかった。そこでアルカリ土類金属イオンのSr^{2+}は硫酸塩を炭酸グアニジン熱溶液で処理して炭酸塩に変えたのち塩酸に溶かして炎色反応を見て確認し、Ca^{2+}は$(NH_4)_2Ca[Fe(CN)_6]$の沈殿生成で確認することによって、Sr^{2+}とCa^{2+}の区別、確認ができるようになっている。

陽イオン分離のフローチャート（アルカリ金属は別に検出）

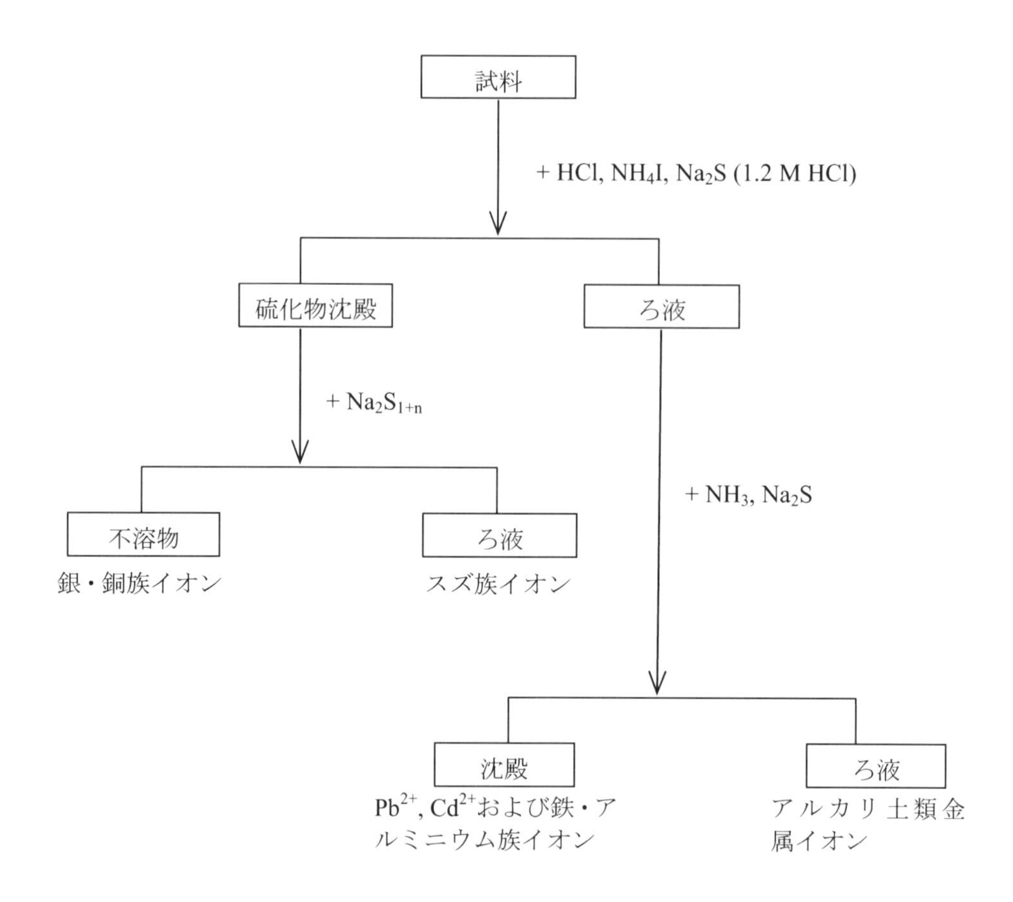

1.2. 陽イオン定性分析の準備と基礎的実験操作

定性分析では、陽イオンの種々の試薬に対する挙動の違いを利用して順に分けていき、原則としては単一の陽イオンを含む溶液、または沈殿にまで分離して含まれる陽イオンを確認する。そのために、（1）試薬の混合（2）沈殿のろ過（3）沈殿の洗浄（4）沈殿の再溶解などの操作をよく利用する。第1回実験ではそれら一連の操作を修得する。

1.2.1. 実験の準備（器具・試薬の整理）

各自割り当てられた実験台から、定性分析に必要な器具を入れたかごを取り出す。不足している器具を補充し、よく水洗いをする。汚れに応じてブラシを使うなど機械的手段で落とす。汚れがひどいときは2 M塩酸水溶液（それでも落ちないときは2 M HCl + 3% H_2O_2、Na_2S_{1+n}、6M HNO_3、加熱などを順に試みる）で溶かすなどして落とす。ただし、廃液は流しに捨てず、各自の実験台においてある廃液用ポリ容器に捨てる。その後、洗ビンに入れてあるイオン交換水を使ってリンスをする（注1）。薬品やイオン交換水が不足していれば補充する。酸化されて黄色を帯びた硫化ナトリウムNa_2S溶液や古くて揮散によって薄くなった2 M アンモニア水や塩酸は、教員の指示にしたがって適宜新しいものに入れ替える。

（注1）水道水にはカルシウムや鉄など様々なイオンが含まれるので、実験に必要でないイオンを混入させないためにそれらを洗い流す必要がある。

1.2.2. Ag^+、Pb^{2+}を含む溶液からそれぞれのイオンの分離

いわゆる5族法における第1族の分離を行う。ここではAg^+とPb^{2+}の塩化物の溶解度の差を利用する。100 gの水に対する$PbCl_2$の溶解度は25 ℃で1 g、熱水では3 g程度である。このため、Pb^{2+}の分離は塩化物として沈殿させるだけでは不十分で、一部第2族へ移る。次週からの実験ではこの点を改良してある。

<実験法> $AgNO_3$と$Pb(NO_3)_2$を含む混合試料溶液（それぞれ0.02 M）10 cm^{3}を試験管にとる。この溶液をビーカーに移し、ガラス棒でかき混ぜながら3 M NH_4Cl 4 cm^{3}を加えると瞬時に白色沈殿が生じる（注2）。ろ過をし、ろ液に3 M NH_4Clを数滴加えてみる。沈殿が生じたら、最初の沈殿へ加え一つにする。これ以上沈殿が生じないことを確認するまで行う。ろ液にK_2CrO_4を1滴加え黄色沈殿が生じることを確認する（Pb^{2+}の確認）。漏斗に付けたろ紙上の白色沈殿に5 cm^{3}の熱水を繰り返し注ぎ（注3）$PbCl_2$の沈殿を完全に溶かす。ろ液を氷冷すると$PbCl_2$の光沢ある針状結晶が得られる（注4）。

（注2）溶液が濁っていると沈殿が生じている。

（注３）熱水5cm^{3}を注ぎ、ろ液を再び温め再度沈殿に注ぐ。これを$PbCl_2$が溶けるまで繰り返す。このようなことを繰り返すと、全体積を増やさないで沈殿をほぼ完全に溶かすことができる。定性分析ではこのように操作することを“繰り返し注ぐ”と表現する。

（注４）得られた沈殿が多い場合はろ過して集める。AgClの沈殿の上から5 cm^{3}の熱水を注ぎ洗浄する。沈殿は光で反応し、灰紫色をへて次第に濃かっ色になる。

1.2.3.　「まぜる」ということ

化学反応は分子と分子の出会いから始まることが多い。試験管を使って試薬をはかりとった後、そのまま次の試薬を加えて反応をさせてしまいがちであるが、試験管は縦に長く均一に混ざり合わないので、きちんと（pHの調整など）反応させることができない。反

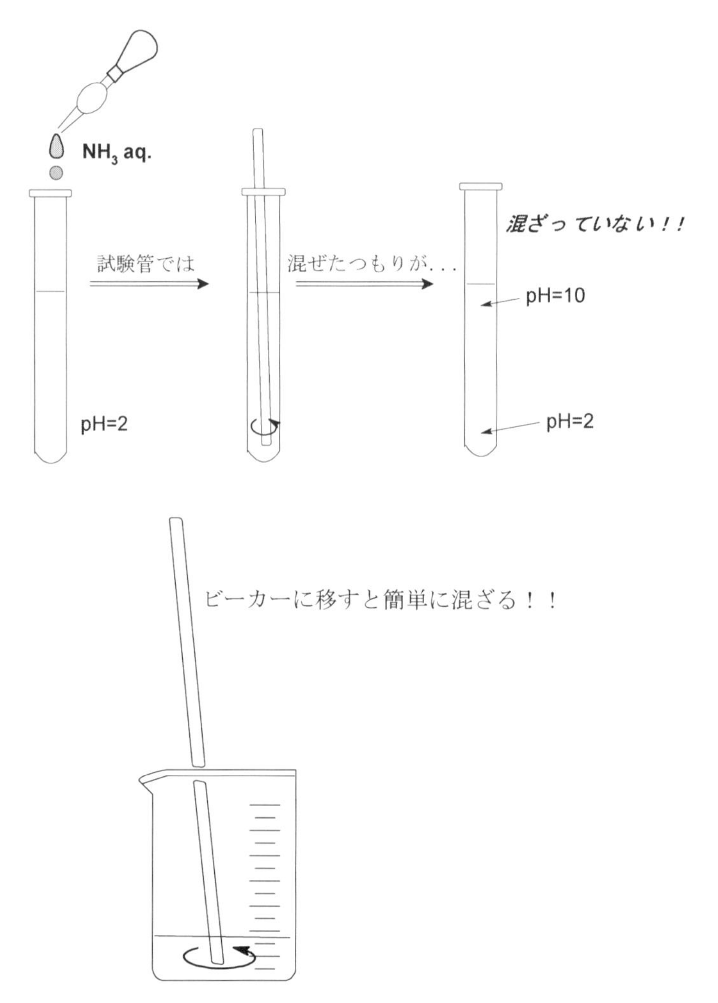

図１．試験管の中では溶液が混ざりにくいが（上図）、ビーカーを使うとすばやく溶液を均一にできる（下図）。

応させたつもりでも不十分であることが多いので、必ず表面積の大きなビーカーへ溶液を移してから十分に混ぜるようにする。必要に応じてマグネチックスターラーを使用する。

マグネチックスターラーの使用法（図２）

(1) 回転子（フェライト棒をテフロンで被覆した物）を洗って容器内に入れ、本体の上におく。（注意：本体の上に容器を置き、そこへ後から回転子を入れてはいけない。容器が割れるおそれがある）。

(2) コンセントをさし込み、スイッチ／速度調節つまみを回して速度を調節する（速すぎると液が飛びはねる）。

(3) 終わったら逆の順で止める。回転子は洗って実験終了後 各自 元の場所に収納する。

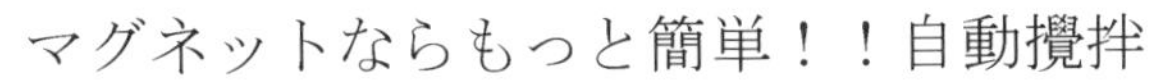

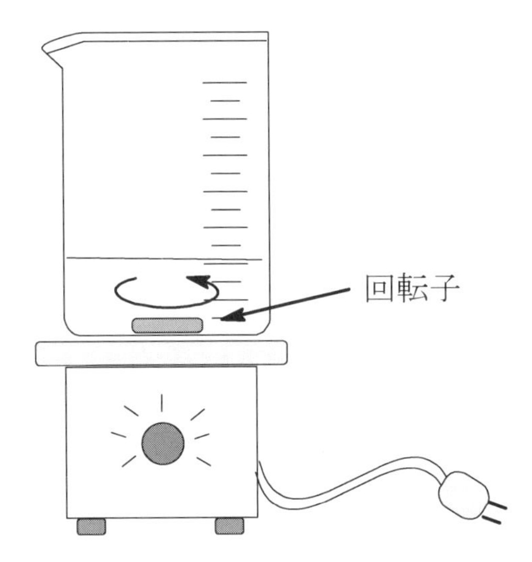

図２．マグネチックスターラー

1.2.4. ろ紙の漏斗への付け方

現在棚に出ている漏斗は、直径9 cmのろ紙に合わせたものであり、9 cmのろ紙を四つに折って円錐形に開いて当てると、上部が数mm空くようになっている（図3（e））。質のよい漏斗の場合はろ紙が漏斗の内壁にぴったりつくように作られているが、角度が少し狂ったものも少なくない。漏斗とろ紙の間にすきまができると、ろ過が遅くなり、実験が遅れることになる。このため、一度四つに折ったろ紙を漏斗にあて、ずれているときは折り目の角度を調整する（図3（d', d"））。なお漏斗が正確に作られていても、ろ紙を単純に四つ折りしただけでは、折り目でろ紙が重なる部分にどうしても溝ができるので、ろ紙と漏斗との密着をよくするために、次のようにする。

① 半分に折るときごく僅か（1～2 mm 程度）ずらして折る（図3（b））
② 四つ折りにするときさらに角度は保ったまま角の先端を1～2 mmずらす（図3（c））
③ そして短く折った方の角を1～2 mmちぎっておく。このようにしておくと、漏斗につけたときに短く折った外側の角を長い内側の部分が覆う形になるので、溝がふさがって密着がよくなる（図3（e））。

ろ紙を乾燥したまま使う必要のあるとき以外は、水などでろ紙をぬらしてガラス棒で軽く押しつけて密着をよくした後、水をよく切ってから試料のろ過を始めるとよい。また漏斗に油膜が付いていて水をはじく状態では密着が悪いので、実験開始前などにブラシと洗剤を用いてきれいにしておくのがよい。ろ紙を水で濡らしてから使用することは、濃厚な液がろ紙の縁までにじみ上がって洗い落としにくくなるのを防ぐのにも役立つ。

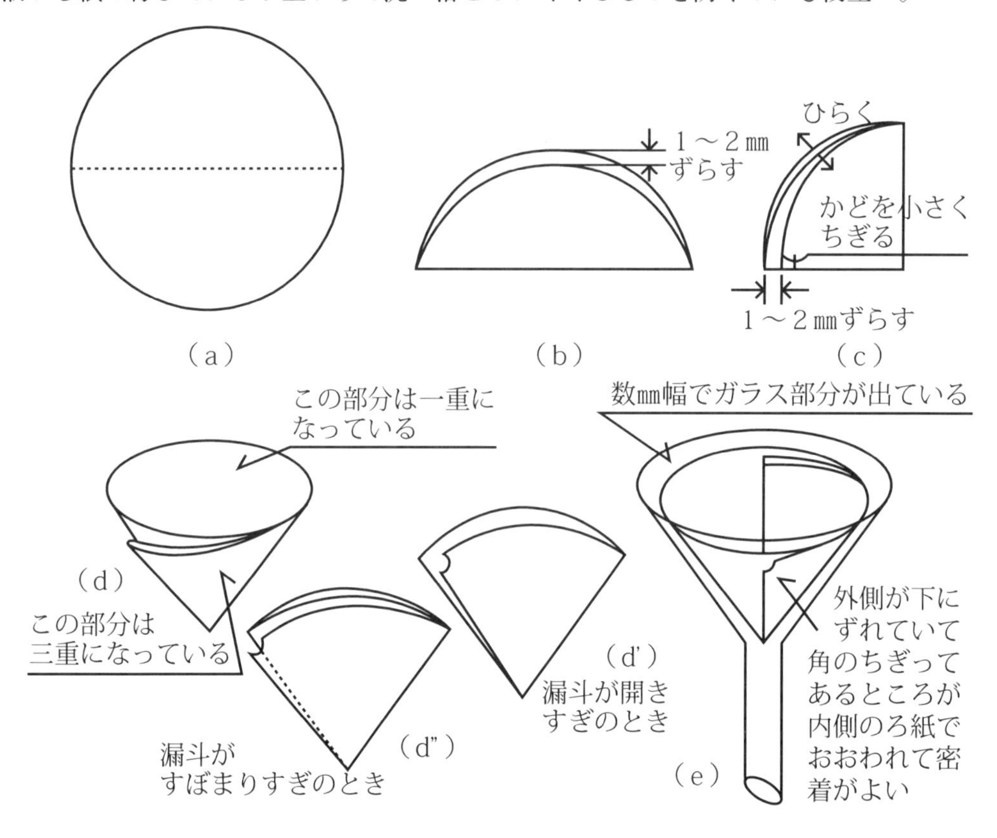

図３．ろ紙の漏斗への付け方

1.2.5. ろ過

得られた混合物をろ過するため、ろ紙をつけた漏斗を漏斗台にのせ、下にビーカーを受ける。そして沈殿を母液（沈殿を生じた後の液）と一緒にろ紙上に注ぐ。このとき液がビーカーの外壁を伝わって流れるのを防ぐため、ビーカーの注ぎ口にガラス棒をあて、液がガラス棒を伝わってろ紙上に流れるようにする（図4-1）。またろ液を漏斗の中心に注ぐと液や沈殿が飛びはねることがあるので中心から少しはずれたところに注ぐようにする。ろ過の最後の段階で、ろ紙上にたまっている液が少なくなるとろ過速度が遅くなることがあるが、漏斗をわずかに傾け液面がろ紙の縁から3 mmより上に上がらない程度の角度に保ちながら、注意して回転させてろ紙を液でぬらしたのち、漏斗台に戻してやるとろ過がやや促進される（図4-2）。このようにして液の大部分が沈殿から分離されて初めてろ過が完了するのであって、急ぐあまり漏斗の上や脚部に液を残したまま分析の次の操作に移ったりすると、当然分離は不完全となり結果は悪くなる。以上の操作で沈殿から分離されて下に落下した液をろ液という。

ろ液は原則として透明でなければならない。濁っていたら、それは細かい沈殿がろ紙の目を通ってもれてきた証拠である。このようなときはろ液をまた同じろ紙の上に戻してやるとだんだんろ紙の目がつまってきて沈殿がもれなくなり、最後はろ液が透明になることが多い。

次に沈殿やろ紙についた母液を除くため、沈殿を適切な溶媒（定性分析では多くの場合水を使用する）で洗う。そのためには洗びんから適当な速さで水を沈殿の上にふきつけて、沈殿に付着した母液と混ぜ、その後ろ過の時と同様に液が落下するのを待てばよい。この時落下する液を洗液という。この実験では沈殿とろ液のみが必要で、洗液は必要でないのでろ液から洗浄に移るときに受器のビーカーを取り替えておく。沈殿を洗うとき、ろ紙の縁あたりにしみこんだ液は比較的とれにくい。そこでときどき水滴をろ紙の縁あたりに落下させながらゆっくりと漏斗を回転して漏斗についた液を洗い落とすようにする（図4-3）。そして沈殿の洗浄とこのようなろ紙の洗浄とを交互にするとよい。また1回洗浄する毎にろ紙上の液をできるだけ落下させてから、次の洗浄を行うようにする方が洗浄効果が上がる。沈殿は洗浄する液に一部溶け出すので、洗浄液を多く用いすぎてはいけない。沈殿が浸る程度まで洗浄液を加えればよい。

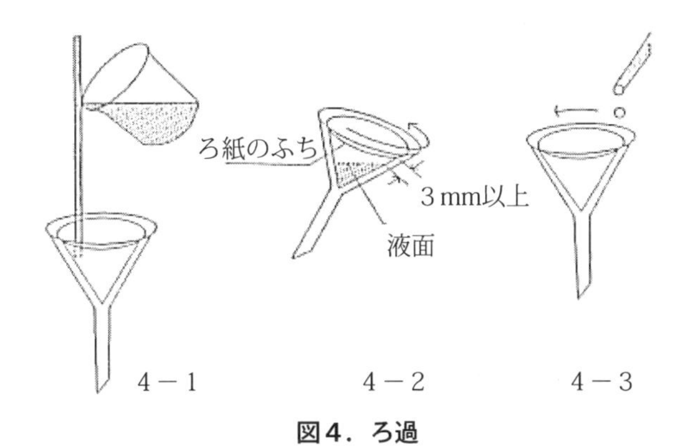

図4．ろ過

1.2.6. ガスバーナーの使い方

この実験で使用している加熱用ガスバーナーはTeclu burnerといわれるもので下のガス

噴出口に上下二段の円筒管がねじ込まれており、

　　上の管を回すと　空気量が、

　　下の管を回すと　ガス量が、

調整できるようになっている（図5）。

次の手順にしたがって操作する。

（1）上の管は閉じて空気を止めたまま、下の管を開いてガスだけを入れて

（2）専用ガスライターで点火する。

（3）ガス量を下のねじで調整し、黄色い炎を適当な大きさとしたのち、

（4）次に下のねじを固定しながら、上のねじを開いて空気を入れ、内炎が青緑に、外炎が紫になってはっきりわかれるようにして使用する。

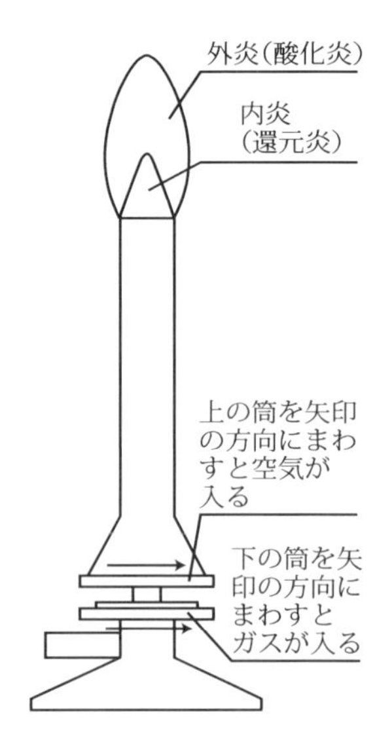

図5．ガスバーナーの使い方

空気を入れ過ぎると炎が不安定となり、円筒の中で燃焼し始めて音がし、バーナーが熱くなって触れると火傷を起こす。この時はいったん消して空気をしぼって、またつけ直す。ライターの先端をあまりガスの出入り口に近づけすぎるとかえって点火しにくく、空気と接触するやや遠ざかったあたりにもってくる必要がある。使用後のライターは必ずもとの場所にもどす。ガスバーナー周辺は熱で暖まるので、ライターを近くにおいていると破裂して危険である。一つの加熱操作が終わったときは、いったん消すか、空気をとめガス量を減らして黄色い小さい炎にしておく。

＜注意＞

（1）沈みやすい沈殿ができた液を強く熱すると、沈殿の近くで沸騰によって液が一時的に排除され、これが戻るときに温度が急変して容器を破壊することがあるから、このときは、かきまぜながら熱するなどの注意が必要である。また液がなくなるまで乾固したときは、十分放冷してから水などを加えないと、割れる恐れがある

（2）加熱後のバーナー、金網、三脚は熱くなっている。触れると火傷をおこすため、十分に冷めた後に片付ける。

1.2.7.　ヒュームフード（強制排気設備）

有機溶媒や悪臭試薬などを取り扱うときはヒュームフード（以下、フードと略す）内で作業を行う。強制排気することによって作業に携わっている人が吸入しないようにする。排気は処理をして外界へ出している。陽イオンの定性分析では有毒な硫化水素の発生を伴う実験があり、ろ過や濃縮などほとんどの操作をフード内で行う。注意しなければならないのは、

フードの扉を開け放していてはせっかくの吸引力が働かないことである。とくに硫化水素ガスは空気より重いので、排気が不十分になると実験室内に悪臭が漂う。フードの扉を1／3は閉め、手だけを扉の中に入れて実験操作を行う。顔をフード内へ入れてビーカーの上から覗き込むなどもってのほかである。操作しないときは扉を完全に閉めておく。

定性分析実験ではガスバーナーはフード内で使用する。フードへは常に強い風が流れ込むので、風よけのついたてをバーナーとフードの扉の間に立ててバーナーの火が消えないように防止する（図6）。

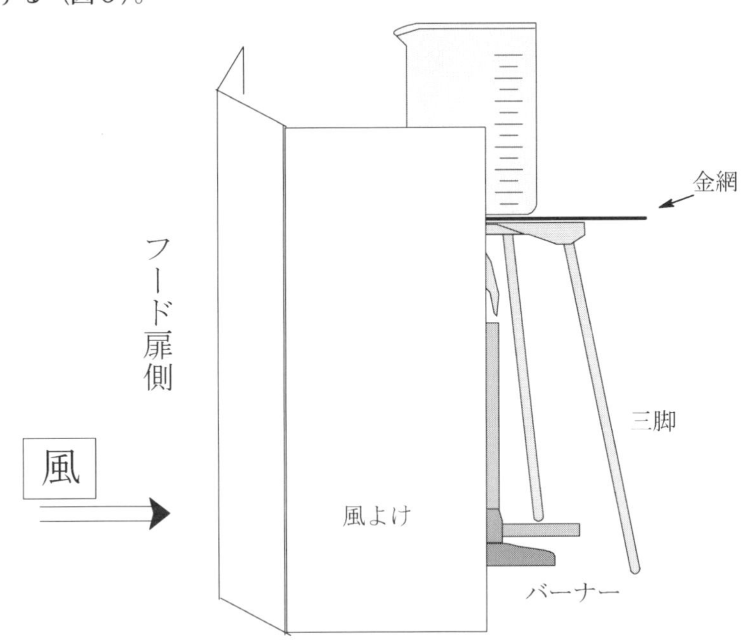

図6．フード（強制排気設備）内でのガスバーナーの使用

Point

陽イオンの定性分析ではろ過の操作が多い。この操作を素早く行うために、実験書では様々な工夫が施されている。

例えば...

ろ過をする前に溶液を温めることが多い。この操作をすることで沈殿の粒子が大きく成長し、ろ紙の目詰まりを少なくして、ろ過のスピードアップを図っている。

また、『共通イオン効果』を巧みに利用して沈殿の成長を促している。

Question

『共通イオン効果』とはなにか。

Point

廃液の処理：陽イオンの定性分析では様々な重金属イオンを取り扱う。それらは基本的に有害物質に指定されており、実験室の外へ排出してはいけない(付録の関連法規を参照)。重金属イオンを含む廃液と金属イオンの付着したろ紙はそれぞれ実験台に備え付けてあるポリ容器に入れておき、一杯になったり、その日の実験が終了した時点で実験室に設置している大型の専用容器に集める。流しに捨てて環境汚染の加害者になってはならない。

Point

実験台の棚においてある試薬ビンのスポイトは目盛りのないものが多くなってきている。ガラスの部分の８割程度でおよそ1 cm^3である。定性分析では、テキストに書かれているpH調整のために必要な酸やアルカリの量はおおよその目安であり、pHがいくらになったかが大事である。必ず目的のpHになっていることを試験紙で確認する。

Point

化学実験ではふだんの生活では見かけない化合物をたくさん扱う。取り扱った化合物の元素記号と日本語名は正確に憶えておく。また、金属イオンの酸化数を常に意識すると実験操作の意味が見えてくる！

1.3. 銀、銅族イオンの分離と各個反応

第２回実験は、Ag^{+}, Cu^{2+}, Bi^{3+}を含む溶液について分析を行う。また、銅アンモニアレーヨンの生成、およびヨウ化物イオンによるCu^{2+}の還元反応についても実験を行う。

1.3.1. Ag^{+}、Cu^{2+}、Bi^{3+}を含む溶液からのBi^{3+}の分離（表２参照）

Ag^{+}、Cu^{2+}、Bi^{3+}を含む水溶液に過剰のアンモニア水を加えると、Ag^{+}とCu^{2+}とはアンミン錯イオン$[Ag(NH_3)_2]^{+}$（無色）、$[Cu(NH_3)_4]^{2+}$（濃青色）をつくって溶ける。Bi^{3+}は塩基性塩として沈殿し、アンモニアを過剰に加えても溶け出さない。これを利用してBi^{3+}をAg^{+}、Cu^{2+}から分離することができる。（塩基性塩：$M^{z+}(OH)_n(X)_{z-n}$のように水酸基と酸基とを有する物質で、nとz－nの比がはっきり定まらない場合も多い）

まず上記３種類のイオンを、それぞれ0.02 M硝酸塩として含む試料溶液５cm^3を沈殿ごと試験管にとる。この溶液にはこの段階での塩基性塩の生成を防ぐために若干の硝酸HNO_3が加えてある。試料溶液をビーカーに移し、２Mのアンモニア水５cm^3を加えてビーカー内の溶液をガラス棒を使ってよくかきまぜると、全体に沈殿を生じて濁り、一様にアルカリ性になっていることがわかる（pH試験紙で確認する）。

得られた混合物をろ過し、ろ紙上の沈殿を**1.2.5.** で説明した要項で水洗する。

ろ紙上の沈殿を用いて**1.3.2.** の実験を、ろ液を用いて**1.3.3.** の実験を行う。

1.3.2. $Bi(OH)_n(NO_3)_{3-n}$の再沈殿、および亜スズ酸ナトリウムNa_2SnO_2との反応

母液を完全に取り除くために徹底的に洗浄を繰り返してもよいが、次に述べる再沈殿という手段もある。これは沈殿を一旦適当な試薬に溶かし、もう一度沈殿剤を加えて同じ種類の沈殿として分離するものである。こうすると沈殿に化学的に吸着して洗浄では除けないような不純物も除去できることが多い。今回はこの方法を用いる。

まず、**1.3.1.** で得られた混合物をろ過した漏斗上に２M HNO_3 ５cm^3を繰り返し注ぎ、$Bi(OH)_n(NO_3)_{3-n}$の沈殿を完全に溶かす。

ろ液として得られたBi^{3+}溶液をかき混ぜながら、アルカリ性になるまで６M NH_3 ６cm^3を加え、$Bi(OH)_n(NO_3)_{3-n}$を再沈殿させ、上と同じ要領でろ過した後、イオン交換水で洗浄する。水洗後ろ紙上の沈殿に直接Na_2SnO_2を数滴滴下すると、Bi^{3+}は還元され微粒子の金属ビスマスが析出し黒変する。これはBi^{3+}の確認反応として用いられる。ただしAg^{+}も同様にNa_2SnO_2によって金属に還元されるから、Bi^{3+}の確認には、洗浄および再沈殿でAg^{+}を完全に除去しておかなければならない。

【問 1－1】 上の反応で亜スズ酸ナトリウムの中のスズの酸化数は、どのように変わるか。

1.3.3.　Ag^+の分離、確認

1.3.1. で得られたろ液は、Bi^{3+}を塩基性硝酸塩として沈殿させ除去したアンモニアアルカリ性ろ液である。このろ液に2 M HNO_3を少量（0.5 cm^3程度）ずつ加えてかき混ぜ、pH試験紙で酸性を示すまで加える。ついで2 M HCl 0.5 cm^3を加えてかき混ぜろ過する。このろ過に際して、沈殿を含む液を漏斗上に移す場合、AgClの沈殿は重く、また器壁につきやすいので、沈殿と液を小さくかき混ぜながら漏斗上に流し込んだ方がよい。ただし液をこぼさないように注意する。AgClの沈殿を**1.2.5.** と同じ要領で水洗する。次に受器を取り替え、沈殿上に2 M NH_3 3 cm^3を繰り返し注いで再びアンミン錯イオンとして溶かす。ろ液に数滴の亜スズ酸ナトリウムNa_2SnO_2溶液を加えると、銀錯イオンは還元され、金属銀の微粒を析出して黒変する。

1.3.4.　銅アンモニアレーヨンの作成

1 M $CuSO_4$水溶液1 cm^3を50 cm^3ビーカーにとり、2 M NaOH 水溶液1.5 cm^3を加える。かき混ぜずに、上澄みを静かに廃液入れに捨てる。フード内に持ち込み、濃アンモニア水（15 M）2 cm^3を沈殿上に静かに注ぎ、素早く上澄みを捨てる。新たに濃アンモニア水3 cm^3を加え、ろ紙（共通実験台にある5.5 cmろ紙の1/4）を細かく切って加える。ガラス棒でかき混ぜると、5分程度で濃青色のアンミン銅（II）水酸化物溶液（シュバイツァー試薬という）にろ紙が溶けて、粘稠な液ができる。このような操作でろ紙（セルロース）の溶液が出来上がる。

得られた濃青色の液を小型プラスチック製スポイトに吸い上げ、共通実験台上の角形プラスチックバット中の1 M H_2SO_4 中に、スポイトの口をつけてわずかにスポイトから液を押し出す。液滴のふくらみが出来たら、先をプラスチック製ピンセットでつまんで希硫酸中にひっぱり出し、スポイトの押し加減とピンセットの引っ張り速度を調整すると、細いひも状の繊維ができる。この繊維はろ紙のセルロースが再生し、ふたたび固体になったものである。最初繊維は銅アンモニア液を含んでいるため青く見えるが、まもなく銅イオンが溶け出して白くなる。

注）スポイト内にはつまりを防止するため希硫酸を吸い込まないこと。また残った液は、すべて吐き出しておく。

別のビーカーの外側の底（試験管でも良い）にろ紙の溶液を塗り硫酸中につけると、セルロースの膜ができる。

注）レーヨン作成後すぐにビーカーに少量の水を加えて一度廃液入れに捨て、ろ紙でぬぐってろ紙入れに捨てる。その後ブラシと水でよく洗っておく。

注意！硫酸が衣服についてそのまま放置すると穴があきます。もし衣類についてしまった時は良く水洗いすること。

【問 1−2】 アンミン銅(II)錯塩溶液を酸性にすると青色がうすくなるのはなぜか。

1.3.5. ヨウ化物イオンI^-によるCu^{2+}の還元とCu(I)化合物のふるまい

まず1 M $CuSO_4$ 1 cm^3をとって6 M HCl 2 cm^3を加えてみる。Cu^{2+}は可溶性塩化物や塩酸を過剰に加えると$[CuCl(OH_2)_3]^+$、$[CuCl_2(OH_2)_2]$などを生成し、青→緑に変色するが、沈殿は生じない。しかし亜硫酸ナトリウムNa_2SO_3などの還元剤があると、やや濃い溶液からは塩化銅(I)の白色沈殿を生ずる（この実験はしない）。ヨウ化物の場合は、I^-自身還元作用を示すので、還元剤を別に加えなくてもやや難溶なヨウ化銅(I)CuIを沈殿する。これを観察する。

1 M $CuSO_4$を1滴試験管にとり、1 M NH_4I溶液2滴を加える。このときCu^{2+}は1価に還元されCuIとして沈殿し、I^-が酸化されて生じたI_2はI^-と結合して褐色のI_3^-を生ずる。これにリグロイン2 cm^3を加えて振ると、I_2としてリグロイン層に溶けて紫赤色を呈する。さらに1 M Na_2SO_3溶液を1滴加えて振ると、I_2は再び還元されて無色のI^-となり、CuI沈殿の白色がはっきりわかる。今度はこれに2 M NH_3を1 cm^3加え、水の層が空気に直接触れないように、長いガラス棒で静かにかき混ぜると、CuIは無色の$[Cu(NH_3)_2]I$となって溶ける。上下二液層のうち、下の方の液だけをスポイトでできるだけ吸い上げてビーカーにうつし、回転子を入れてマグネチックスターラーで3分間かきまぜてみる。

【問 1−3】 以上の変化を化学反応式で表せ。

以上の実験が終わったら面接をうけ、後片付けをして帰る。

銀、銅族イオン

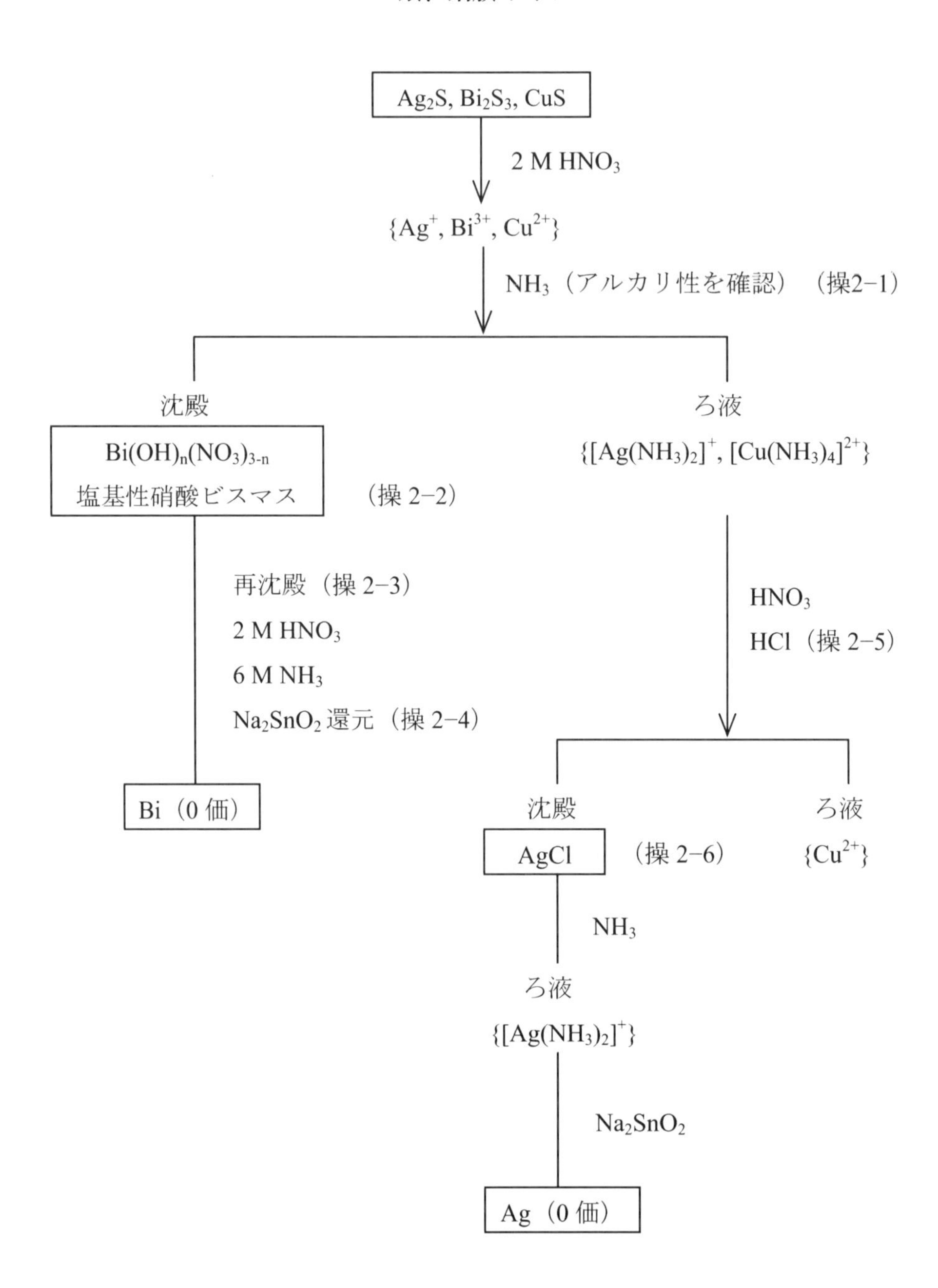

Ag_2S, Bi_2S_3, CuS
2 M HNO_3
$\{Ag^+, Bi^{3+}, Cu^{2+}\}$
NH_3（アルカリ性を確認）（操2−1）
沈殿
$Bi(OH)_n(NO_3)_{3-n}$
塩基性硝酸ビスマス
（操 2−2）
再沈殿（操 2−3）
2 M HNO_3
6 M NH_3
Na_2SnO_2 還元（操 2−4）
Bi（0 価）
ろ液
$\{[Ag(NH_3)_2]^+, [Cu(NH_3)_4]^{2+}\}$
HNO_3
HCl（操 2−5）
沈殿
AgCl
（操 2−6）
ろ液
$\{Cu^{2+}\}$
NH_3
ろ液
$\{[Ag(NH_3)_2]^+\}$
Na_2SnO_2
Ag（0 価）

1.4.　銅、スズ族イオンの混合試料分析

第３回実験は時間の都合上Cu^{2+}、Sn^{4+}、As^{3+}、Sb^{3+}（各0.02 M）の４種類のイオンを含む溶液について分析するので表１、表３の操作のみを行なえばよい。試料はSbOClが沈殿しているから、よく振って溶液がにごった状態で約５cm^3を試験管にとる。以下に注意を要する点を述べる。

（操 1－1）最初に６M NH_3と２M HClでpHを調整するが、この操作は一度ビーカーに移して行い、２M HClで弱酸性にしたところで（表１、２行目)、もう一度試験管に戻して体積を10~12 cm^3にする。pH調節のあとNH_4Iを加えるのは、ヒ素がAs^{5+}($AsO_4{}^{3-}$)になっていると硫化物として沈殿しにくいのでI^-を用いて還元し、これとS^{2-}との共同作用でAs_2S_3として沈殿させるためである。

$$AsO_4{}^{3-} + 2I^- + 2H^+ \rightarrow AsO_3{}^{3-} + I_2 + H_2O$$
$$I_2 + S^{2-} \rightarrow 2I^- + S$$
$$2AsO_3{}^{3-} + 3S^{2-} + 12H^+ \rightarrow As_2S_3 + 6H_2O$$

（操 1－2）分析を成功させる重要なポイントの一つは、ろ紙上の沈殿のほとんどすべてを次の操作にかけることである。硫化物の沈殿をガラス棒や薬さじでかきとろうとすると、ろ紙にこびりついてしまってとれにくくなる。その時には、沈殿の処理に使う液（この場合Na_2S_{1+n}溶液）でろ紙から沈殿を洗い落とすとよい。まずプラスチック製ピンセットとガラス棒とを用いて沈殿のついたろ紙を容器内に広げる（図７)。沈殿のついた部分を下にして広げるようにする。これに沈殿の処理に使う液を加え容器の傾きを調整して沈殿の大部分を液で潤し、ガラス棒で軽く液を振り混ぜ、またはろ紙をピンセットでつまんで上下するなどして沈殿を洗い落とす。あるいは沈殿に液をスポイトで吹き付けて流し落とす。ガラス棒でろ紙を強くこすりすぎると、かえって沈殿が取れにくくなる。定量分析では沈殿や液のわずかな損失も許されないので、これとは違った方法をとる。

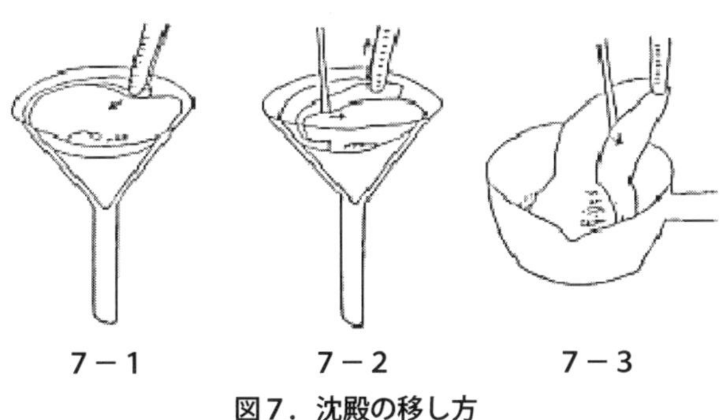

図７．沈殿の移し方

表1．Ag^{+}、Cu^{2+}、Bi^{3+}、スズ族イオンの硫化物沈殿生成

試験管に試料溶液を沈殿ごと５cm^3取り、ビーカーに移した後かきまぜながら６M NH_3を0.5cm^3ずつアルカリ性になるまで分けて加える。アルカリ性になったら２M HClを2~3滴ずつ加えていき、酸性になったところで水を加えて全体を10~12cm^3にする。これに６M HCl ５cm^3と１M NH_4I溶液１cm^3を加えて沸騰湯浴で２分位加熱する。試験管に１M硫化ナトリウムNa_2S溶液２cm^3と３M NH_4Cl ３cm^3を取ってまぜ、これを上記試料混合物中にかきまぜながら滴加していく。加え終わったら熱いうちにろ過する。

（操 1－1）

↙ **硫化物沈殿**

沈殿を水２cm^3で洗い、洗液は捨てる（沈殿の洗浄については1.2.参照）。沈殿を多硫化ナトリウムNa_2S_{1+n}溶液４cm^3を用いてカセロールに移し（この操作は前ページ参照）、湯浴につけて３分間かきまぜる。これに水４cm^3を加えて水浴で５分間冷やしながらかきまぜ、ろ過する。

（操 1－2）

- ↙ **沈殿** Ag_2S、CuS、Bi_2S_3 （表２へ）
- ↘ **ろ液** スズ族を含む （表３へ）

↘ **ろ液**

６M NH_3 ４cm^3を加えたのち、表４に従って鉄、アルミニウム族を分析する。

（表４へ）

表2．Ag^{+}、Cu^{2+}、Bi^{3+}の分析

沈殿 Ag_2S、CuS、Bi_2S_3（表１より）。１回水洗し、洗液は捨てる。２M HNO_3 ５cm^3を用いて沈殿をカセロールに移し、６M HNO_3 ３cm^3を加えてフード内で塊をつぶすようにして加熱する。液がなくなる寸前に放冷し（余熱で乾く程度）、２M NH_3 ５cm^3を加えてかきまぜる（もし酸性のときはアルカリ性になるまで追加する）。２分間かきまぜ、ろ過する。

（操 2－1）

↙ **沈殿 $Bi(OH)_n(NO_3)_{3-n}$ ＋ 残渣**

水で３回洗い洗液は捨てる（p.15の洗浄の注意をよく守ること）。沈殿に２M HNO_3 ５cm^3を繰り返し注いで（1.2.2.参照）Bi^{3+}を溶かしだす。

（操 2－2）

- ↙ **ろ紙上の残渣** 捨てる。
- ↘ **ろ液** ６M NH_3 ６cm^3を加えて５分間かきまぜてろ過、沈殿を水洗する。（操 2－3）
  - ↙ **沈殿 $Bi(OH)_n(NO_3)_{3-n}$** 沈殿は見えにくいことがある。ろ紙の上から亜スズ酸ナトリウム溶液を注ぐ。黒色は金属Bi。（操 2－4）
  - ↘ **ろ液＋洗液** 捨てる。

↘ **ろ液** $[Cu(NH_3)_n]^{2+}$の青色によりCu^{2+}を確認する。２M HNO_3を加えて酸性にし、これに２M HCl 0.5cm^3を加えて２分位かきまぜ、ろ過水洗する。

（操 2－5）

- ↙ **沈殿 AgCl** 沈殿は見えにくいことがある。ろ紙上の沈殿に２M NH_3 ３cm^3を繰り返し注いで溶かす。ろ液に数滴の亜スズ酸ナトリウムNa_2SnO_2溶液を加える。黒色沈殿は金属Ag。（操 2－6）
- ↘ **ろ液＋洗液** 捨てる

表3．スズ族の分析

多硫化ナトリウム処理の黄褐色ろ液　6 M HCl 10 cm^3をビーカーに取り、フード内で強火で加熱する（注①）。沸騰し始めたら火を弱めて直ちに黄褐色ろ液を数回に分けて注入する。烈しい硫化水素の発泡がある。（発泡が少ない場合、HCl 1～2 cm^3をゆっくり加える。）加え終わったらかすかに泡が出る程度に弱火で30秒間加熱を続けたのち、ビーカーを冷水浴につけて5分間かきまぜ、ろ過する。（操 3－1）

↙ 沈殿　↘ ろ液

沈殿

沈殿をよく水洗したあと1 M Na_2S 4 cm^3でビーカーに移して2~3分加熱し、塊をよく潰しながらかきまぜてできるだけ溶かす。冷却後1 M H_2SO_4で酸性にする（約4 cm^3必要、フード内）。生じた沈殿をろ過し、十分水洗してろ液と洗液は捨て、沈殿を2 M NH_3 6 cm^3でビーカーに移し3 % H_2O_2 4 cm^3を加えて3分間煮沸してろ過する。（操 3－2）

↙ 残渣　↘ ろ液

残渣（S、HgS）

今回はHgを含まないので処理しなくてよい。Hgの検出が必要な時は、王水4 cm^3と熱してCl_2等が出終るまで加熱を続け、これに水4 cm^3を加えてろ過し、ろ液に$SnCl_2$溶液を1滴ずつ加える。HgがあればHg_2Cl_2（白沈）→Hg（黒沈）を生じる。（操 3－4）

ろ液

6 M $NaNO_3$ 2 cm^3を加えて4~6 cm^3に加熱濃縮し、バーナーの火を消してから熱いうちにエタノール2 cm^3を加えて3分間かきまぜながら放冷する。さらに氷水中で3分間かきまぜ、ろ過する。（操 3－5）

↙ 沈殿　↘ ろ液

沈殿（$NaSb(OH)_6$）

沈殿を2 M NaCl溶液2 cm^3ずつで2回洗い、液が十分落下したら洗液は捨て、沈殿に熱い6 M HCl 4 cm^3を繰り返し注いで溶かす。溶液に1 M Na_2Sを数滴加えて振まぜる。Sbがあればオレンジ色の硫化物を沈殿する。かすかな白濁は硫黄の析出による。（操 3－6）

ろ液

マグネシア混液2 cm^3と6 M NH_3 3 cm^3を加えて10分間かきまぜ、ろ過する（註③）。沈殿をマグネシア混液2 cm^3で洗い液が完全に落下するのを待ち、2 M CH_3COOH 0.5 cm^3と1 M $AgNO_3$ 0.5 cm^3を混ぜた液をろ紙の縁の方から滴加していく。AsがあるとAg_3AsO_4の褐色沈殿が付着する。（操 3－7）

ろ液（操 3－1のろ液）

6 M NH_3 3 cm^3と1 M Na_2S 1 cm^3を加える。黄色沈殿を生じたらSnS_2の可能性が強い（注②かすかな白濁は硫黄）。そこで1 cm^3ほど試験管にとっておく。残りをすぐろ過し、水洗後2 M HCl 5 cm^3で沈殿を50 cm^3ビーカーに移す。2分間おだやかに沸騰させ2 M NH_3 3 cm^3と1 M $TiCl_3$ 5滴を加えて時々弱く沸騰する程度に6分間加熱する。ろ過してろ液を冷却後1 M Na_2S 3滴を加えて振る。褐色のSnSを生じたら還元前に生じたSnS_2の黄色と比較してSnを確認する。（操 3－3）

注①、②　（操 3－1）6 M HClを長時間弱火で加熱していると沸騰するまでに相当量の塩酸が失われ後に影響する。塩酸が失われてしまうと②のところは酸性のはずがアルカリ性になってSnS_2が沈殿しない。②のところでpHを調べ、もしアルカリ性であればろ液に２M HClを１滴ずつ加えてみよ。黄色沈殿SnS_2がでればHClの添加をやめ以下の操作を続ける。

註③　沈殿ができなければ攪はんを続けるか、または放置して最後に処理してみる。

銅、スズ族イオン

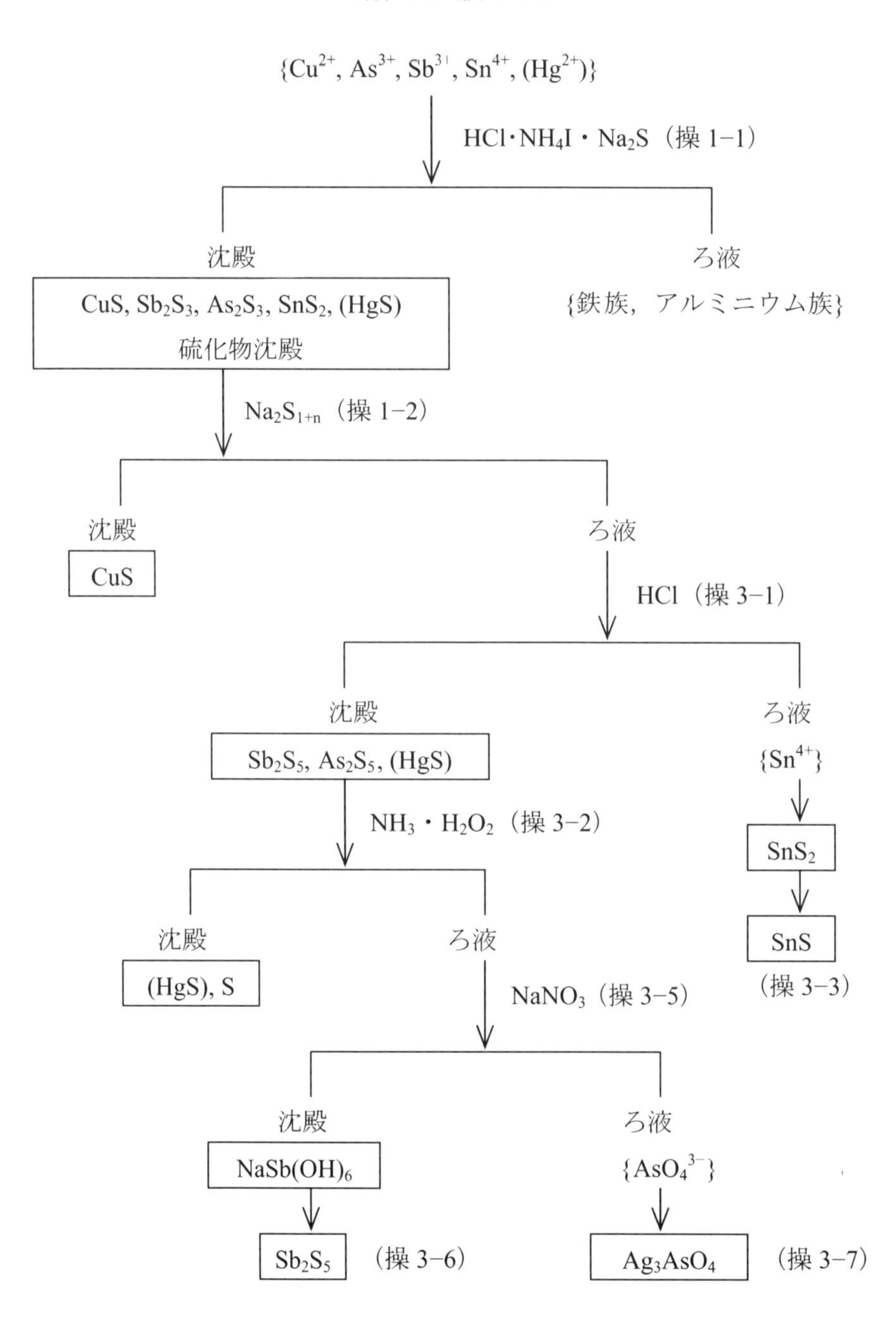

1.5.　Pb^{2+}、鉄族、アルミニウム族イオンの未知試料分析

1.5.1.　Pb^{2+}、鉄族、アルミニウム族イオンの未知試料分析

各自の実験台番号が記された試験管の中の約５ cm^3 の試料を用い、表４にしたがって分析する。試料には表４の８種のイオンのうち4~5種類が含まれており、それぞれの有無を判断する。ただし4~5種類ということにこだわり、５種類検出した時点で実験をやめたりすると、そのうちどれかが間違っていたときは逆に試料に含まれていたイオンを見逃し、二重にミスすることになる。実験中含有イオン以外のことなら随時質問してかまわない。報告の際実験記録、沈殿、呈色反応の溶液などを持参する。間違ったり途中で失敗しても担当者の助言を参考にやりなおして正解に近づける。やむをえなければ試料を再提供することもある。今回の分析で注意すべき点を以下に述べる。

注①（操4－1）　今回の試料は表２、表３のイオンは含まず、酸性もそれほど強くないので、表１の操作は完了したものとし、（操4－1）から始める。

注②（操4－2）　これはCoSやNiSが一旦沈殿すると1 M程度のHClにも溶けにくいことを利用し、0.3 M HClで硫化物を沈殿するPbとともに他から分離する操作である。

注③（操4－3）　1 M H_2SO_4添加後は 液がほぼなくなって析出した固形物がわずかに湿った程度になるまで注意深く加熱蒸発させる。液がなくなってから強く熱し過ぎるとCoやNiが黒色の酸化物となり、酸に溶けにくくなることがあるから注意する。

注④（操4－6）　上層液が一緒にスポイトに吸い込まれたときは、垂直に保っていると分離するので、下の部分のみを移す。この操作でCo^{2+}は青色のチオシアナト錯体となって有機溶媒層（上層、upper layer）に移る。（配位結合を有する化合物を一般に錯体、complexといい、錯イオンを含む錯塩のほか、電荷のない中性分子のものもある）

注⑤（操4－8）　ここで水洗をしないと後の（操4－10）でCrの呈色が出なくなる。水洗の際、水が落下しにくい時は、ガラス棒で注意深く沈殿と水をまぜてやる。

注⑥（操4－11）　操作を迅速にするため３M NH_4Clを加えたのち、カセロール中で沸騰させてもよい。ただしこれは定性分析だからであって、定量分析における濃縮ではこのようなことは絶対許されず、濃縮は湯浴上で静かに行われなければならないことを覚えておいてほしい。

注⑦（操4－11）　NH_4Clを加えて加熱濃縮すると、NaOHと反応してNH_3が逸散し、アルカリ性が弱まるにつれてAl^{3+}のみ水酸化物として沈殿してくる。$Al(OH)_3$の沈殿は白くてもやもやとしていて、カセロール内やろ紙の上では大変見にくいので、一応沈殿があるものとして操作を進め、確認反応で判断してもよい。しかし見やすい沈殿の場合は一般則として透明容器にいれたとき液が完全に透明で濁りがないときは、ろ過せずその液をそのままろ液として扱えばよい。この場合、透明というのは無色であるか着色してい

るかには関係なく、その液体などを通じて背後の物の明暗、輪郭が明瞭に見えることである。クロム(VI)酸カリウムK_2CrO_4溶液は黄色であるが透明である。

表4．Pb^{2+}、鉄族、アルミニウム族イオンの分析

硫化物を除いたあと酸性を弱めた溶液（p.27注①参照）試料を全て小ビーカーに移し2 M NH_3と2 M HCl を用い、pH試験紙で調べながらpH 4~7にする。これに2 M HClを5滴加えてフード内で沸騰まで加熱し、1 M Na_2SでpH 8.5としてから冷却後沈殿をろ過する。（操4－1）

↙ **沈殿**
付着液が完全に落下したら、1 M HCl 10 cm^{3}を用いて沈殿をビーカーに移し、体温程度の湯浴中で10分間かきまぜる。さらにかきまぜながら1 M Na_2S 2 cm^{3}を加えたのち、ろ過する（p.27注②）。（操4－2）

↘ **ろ液**
アルカリ土類金属を分析する。（**表5へ**）

（操4－2）↙ **沈殿**
沈殿を2 M HCl 5 cm^{3}でカセロールに移す。3 M $NaClO_3$ 5滴を加えてフード内で加熱濃縮し、液が少なくなったら1 M H_2SO_4 1 cm^{3}を加える。乾固寸前まで加熱し、放冷後3 M H_2SO_4 3 cm^{3}を加えて3分間冷却攪拌し、ろ過する。（p.27注③参照）（操4－3）

（操4－2）↘ **ろ液**
2分間軽く煮沸して熱いうちに、攪拌中の6 M NaOH 4 cm^{3}中に注入し、冷水浴で5分間攪拌し、ろ過する。（操4－4）

（操4－3）↙ **沈殿**
沈殿を水洗後3 M CH_3COONH_4 5 cm^{3}を繰り返し注いで溶かし、2 M CH_3COOH 1 cm^{3}と1 M K_2CrO_4 2滴を加えて振る。Pb^{2+}があれば$PbCrO_4$の黄色沈殿。（操4－5）

（操4－3）↘ **ろ液**
6 M NH_3 3~4 cm^{3}を加えてかきまぜ、アルカリ性にしてろ過する。沈殿は捨て、ろ液を加熱濃縮する。液がわずかになったら冷却し、水2 cm^{3}と2 M HCl 5滴を加えて酸性にする。これに2 M NH_4SCN 0.5 cm^{3}とエチルエーテル・ブタノール 1：1溶液を3 cm^{3}加えてマグネチックスターラーで1分間かきまぜ、試験管に移して放置したのち、下の水溶液層をスポイトでビーカーに移す。（p.27注④参照）（操4－6）

（操4－4）↙ **沈殿**
Fe、Mn、Cr を分析する。（次のページ）

（操4－4）↘ **ろ液**
Al、Znを分析する。（次のページ）

（操4－6）↙ **有機溶媒層**
青く着色すればCo^{2+}

（操4－6）↘ **水溶液層**
左記でCo^{2+}が検出された時は、これを完全に除去するためにエチルエーテル・ブタノール 1：1溶液を3 cm^{3}加え、操4－6同様マグネチックスターラーで1分間かきまぜ、試験管に移して放置したのち下の水溶液層をスポイトでビーカーに移す。下の水溶液層に、2 M NH_3を0.5~1 cm^{3}加えて確実にアルカリ性にしたのち、1/20 Mジメチルグリオキシムのエタノール溶液2 cm^{3}を加えてわずかに加熱する。Ni^{2+}があれば赤色沈殿を生じる。（操4－7）

沈殿 (Fe、Mn、Cr) (操4－4) より	ろ液 (Al、Zn) (操4－4) より
沈殿を水洗後 (p.27注⑤参照)、2 M HNO_3 7 cm^3に溶かす。得られた溶液から、0.5 cm^3とって10倍にうすめて2分割し、一方に1/2 M $K_4[Fe(CN)_6]$ 1滴、他方に2 M NH_4SCN 1滴を加える。Fe^{3+}があれば青色沈殿及び赤色呈色が見られる。(操4－8) 操4－8で用いた残りの溶液6.5 cm^3に$NaBiO_3$粉末を見かけのかさで0.2 cm^3程度加えて2分間振りまぜ静置する。Mn^{2+}があると酸化されてMnO_4^-の紫赤色に呈色するのでごく少量をスポイトで試験管に移し、残りを操4－10に用いる。(操4－9) 操4－9の残りの混合物を3分間軽く煮沸した後、5分間放冷する。残渣をろ過によって除き、そのろ液に2 M NH_3を滴加してアルカリ性とする。生じた沈殿をろ過し、沈澱を水洗する。ろ紙上の沈澱に熱した2 M HNO_3 4 cm^3を繰り返し注いで溶かし、その溶液に3 M CH_3COONH_4 3 cm^3を加える。(液が濁った時は透明になるまで6 M CH_3COOHを滴加し、振りまぜる。) 得られた溶液に0.02 M $Pb(NO_3)_2$ 2滴を加える。Crがあると$PbCrO_4$の黄色沈殿を生じる。(操4－10)	3 M NH_4Cl 10 cm^3を加えカセロール中で沸騰させ半分ぐらいに濃縮し (⑥参照)、$Al_2O_3{\cdot}nH_2O$沈殿 (⑦参照) をろ過する (ろ液でZnを検出)。沈殿を水洗後、熱い1 M HCl 2 cm^3を繰り返し注いで溶かし、3 M CH_3COONH_4 1 cm^3と3%モリンのメタノール溶液1滴を加えて混ぜたのち、6 M CH_3COOHを2,3滴加えて混ぜ、5分間放置する。Alがあれば緑色の蛍光が見られる。ブラックライト (365nm) をあてるとより分かる。(操4－11) 一方$Al_2O_3{\cdot}nH_2O$を除いたろ液に1 M Na_2Sを3滴加える。ZnがあるとZnSを生じて白く濁る。(操4－12)

Pb^{2+}、鉄族、アルミニウム族イオン

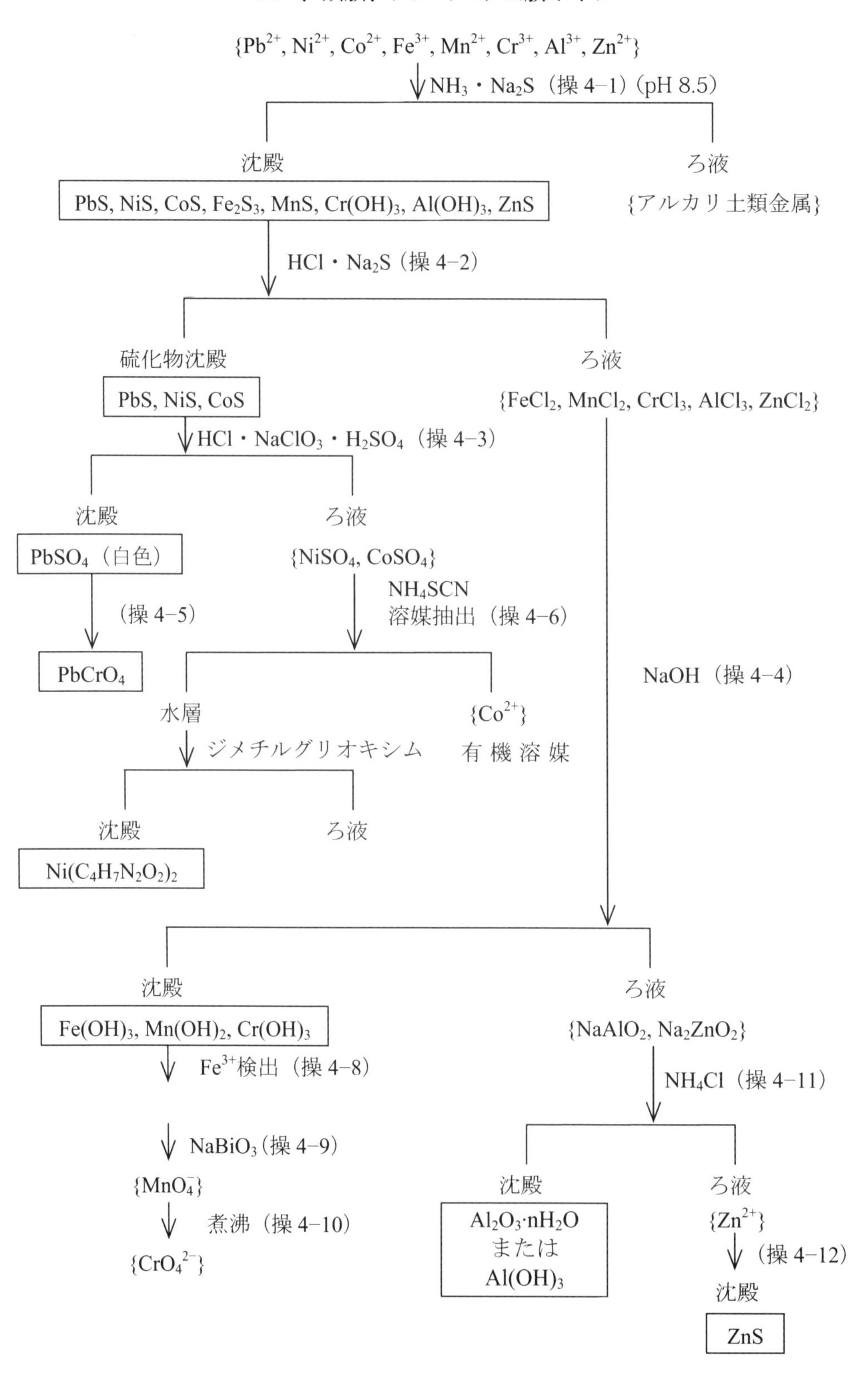

1.6.　アルカリ土類金属イオン、アルカリ金属イオンの未知試料分析と炎色反応

1.6.1.　アルカリ金属、アルカリ土類金属塩類の炎色反応の観察

直視分光器で炎色スペクトルを観察する。

アルカリ金属塩の炎色スペクトルは主として塩が炎の中で分解して生じた気体状金属原子の出す輝線スペクトルからなるのに対し、アルカリ土類金属塩の炎色スペクトルは、主として炎の中で生成する酸化物分子の帯スペクトルからなっている。たとえばLiもSrも赤い炎色反応を示すが分光器で見るとまったく違っていて、Liでは670.8 nm（$2s^2S-2p^2P$）の輝線が見られるが Srでは赤、黄、緑のバンドよりなっている（分子の電子遷移による発光は基底状態と励起状態の振動や回転の運動状態の違いによって、ごくわずかずつエネルギーの違ったほとんど無数の準位間の遷移になるので、ふつうの分光器ではある範囲内で連続した帯（band）状に見える）。

どの試料でも橙黄色589 nmのNaのＤ線（$3s^2S-3p^2P$）の混入はさけがたく、とくにこれは肉眼でKのごく淡い藤色の炎色反応を見るとき妨害になる。このときはコバルトガラスを通して見るとNaのＤ線はほとんど完全に遮断され、Kの発光は赤紫色に見える。

炎色スペクトルでKの輝線は769.7、766.3 nm（$4s^2S-4p^2P$赤色）と、404.6 nm（$4s^2S-5p^2P$ 紫色）にあり、共に視感度の低い領域にあって、後者はとくに見えにくい。RbもKに似て、795.0、779.9 nm の赤色線（$5s^2S-5p^2P$）と、420.2、421.6 nmの紫色線（$5s^2S-6p^2P$）を発するが、この場合は紫色線の方が見つけやすい。CsになるとKやRbの赤色線に相当する$6s^2S-6p^2P$は赤外領域に出てしまって見えないが、$6s^2S-7p^2P$が青色部に現れ、その２重線（doublet）、455.5、459.3 nmはかなりの分裂幅を有する（分裂の原因となるスピン軌道相互作用はアルカリ金属の価電子では小さいが、その中ではCsが最も大きい）。

Srの赤、Baの緑の炎色反応は持続性がよく、Naが混入した試料でも長く加熱を続けていると、Naの橙黄色が消えたあとまで残る。Caも赤い炎色反応を示すが、持続性がなくて速やかに消失し、また分光器を通して見ると帯スペクトルの領域の違いでSrとはっきり区別できる。

一般に炎色反応は塩化物や硝酸塩で現れやすいのに対し、硫酸塩、リン酸塩などでは出にくいことがある。スペクトル観察用試料として出してある塩化物溶液はさらに見やすいようにかなり濃くしてある。未知試料中のSrの量はこれより少ないので炎色反応は微弱であるが、それでも処方どおり行えば肉眼で十分検出可能である。

1.6.2.　アルカリ土類金属の陽イオンの定性分析

Ba^{2+}、Sr^{2+}、Ca^{2+}、Mg^{2+}、Na^+、K^+、NH_4^+のうち、3~4種を含む試料溶液10 cm^3を用いて分析する。そのうち１cm^3をMg^{2+}の検出に、５cm^3をBa^{2+}、Sr^{2+}、Ca^{2+}の分離検出に、２ cm^3をNa^+、NH_4^+、K^+の検出に使い、残りは予備とする。

以下に実際の分析操作について説明する。

（操 5−1） 今回の未知試料はアルカリ金属とアルカリ土類金属だけを含む試料から出発するので、添加、濃縮、ろ過の操作（操 5−1）は不要であり、配布された試料溶液は、（操 5−1）のろ液とみなす。試料溶液（10 cm^3）のうち 1 cm^3でMg^{2+}を検出し（操 5−2）、5 cm^3を「ろ液の残り全部」とみなし、(操 5−3）からの実験をする。残り（約 4 cm^3）は、アルカリ金属イオンの分析用及び予備とする。

（操 5−3） クロム酸塩$MCrO_4$のうちではBa塩の溶解度がとくに小さく、Cr(VI)の大部分が$Cr_2O_7^{2-}$となっていてCrO_4^{2-}の濃度の低い酢酸酸性溶液からも沈殿するので、他のアルカリ土類金属Sr、Ca、Mgから分離される。

（操 5−5） 次いで硫酸塩に関しては、Ba塩の溶解度が最も小さいが、これはすでに除かれているので、次に溶解度の小さい$SrSO_4$をCH_3COONH_4、NH_3及び過剰の$(NH_4)_2SO_4$の存在でエタノールを加えて沈殿させ、Ca^{2+}とMg^{2+}を溶液に残す。この溶解度の相異はとくに微妙なので、試薬の量や温度、撹はん時間などをとくに注意する。

（操 5−7） Ba^{2+}とSr^{2+}を除けばシュウ酸塩として沈殿するのはCa^{2+}だけである。このCaC_2O_4を酸と酸化剤で処理して溶かし、特徴的な$Ca(NH_4)_2[Fe(CN)_6]$の沈殿（にごり）として確認する。この検出法のよい点は、一番混入のおそれのあるSr^{2+}が全く反応しないことである。

【問題 1−4】 マグネシア混液は$Mg(NO_3)_2$、NH_4NO_3、アンモニア水の混合物で、PO_4^{3-}やAsO_4^{3-}を$Mg(NH_4)PO_4 \cdot 6H_2O$の様な形で沈殿させる。この場合アンモニアはどんな役割をするか。またアンモニアが加えてあるのに$Mg(OH)_2$が沈殿しないのはなぜか（操 3−7参照）。

アルカリ土類金属の定性分析は陽イオンの定性分析の内では、難しいとされてきた。その理由は CO_3^{2-}などの２価イオンを中心として沈殿剤は多数あるものの、非特異的なものが多く、分離法がこれらの沈殿の溶解度の微妙な違いに基づいていること、特徴的な検出方法が少ないことなどである。

しかし本法ではとくに難しいとされるSrとCaの検出に新規な方法をもちいた。さらに、沈殿しにくい$Mg(NH_4)PO_4 \cdot 6H_2O$沈殿反応のかわりにマグネシウムの検出試薬を用いるなどとしたため、少しも難しい実験ではなくなっている。

表5．アルカリ土類金属の分析

［注意］この表は全族分析の表である。今回の実験では最初の部分を省略する。前ページの説明を十分理解してから始めること。

鉄アルミニウム族までを除いたろ液［(操 4－1）のろ液］に2 M CH_3COOH 0.5 cm^3を加えて、5~6 cm^3に濃縮してろ過し、ろ液のみ使用する（操 5－1）

<table>
<tr><td colspan="2">ろ液の一部うち1 cm^3
ろ液にマグネシウムの検出試薬｛マグネソン［4-（4-ニトロフェニルアゾ）レゾルシノール］0.01 gを2 M NaOH 100 cm^3に溶かしたもの｝を2滴加える。液が酸性のときは黄色く着色するが、このときは変色するまで2 M NaOHを滴下する。混合物が青色になればMg^{2+}があり、紫色（試薬をうすめた色）のときはない。（操 5－2）</td></tr>
<tr><td colspan="2">ろ液のうち5 cm^3
2 M CH_3COOH 3 cm^3と3 M CH_3COONH_4 2 cm^3を加えてほとんど沸騰するまで加熱し、かきまぜながら、1 M K_2CrO_4 0.5 cm^3を加える。2分間かきまぜ、ろ過する。(操 5—3)</td></tr>
<tr><td>沈殿
ろ紙が白くなるまで縁に水を滴加して洗い、黄色沈殿（$BaCrO_4$）が残ればBaがある。（操5－4）</td><td>ろ液
沸騰するまで加熱したのち、6 M NH_3 3 cm^3と飽和（約3.5 M）$(NH_4)_2SO_4$ 3 cm^3の混合物を加えてかきまぜ、さらに95％エタノール 3 cm^3を加えて、10分間かきまぜながら放冷し、濁りが認められたらろ過する。（操 5－5）</td></tr>
<tr><td>沈殿
ろ紙についた黄色がほとんどなくなるまで、縁から10％エタノールを滴下し沈殿を洗浄する。ついで1 M 炭酸グアニジン溶液5 cm^3を加熱したものを繰り返し注ぎ$SrSO_4$を$SrCO_3$に変える。付着したNa^+を除くため沈殿を水洗し、洗液のNaの炎色反応がきわめて薄くなるまで続ける。（1つの目安として2 M HCl中に不純物として含まれるNaの炎色反応より弱くなるまで洗う）
上記の処理を行ったろ紙上の沈殿に2 M HClを10滴加え、落下するろ液をとってSrの赤色の炎色反応の有無を調べる。白金線（注）を試料溶液につけては焼くことを1分ぐらい繰り返すとSr塩が蓄積して赤色がはっきりしてくることがある。
（注）ビーカーにイオン交換水をとり、白金線の先端を水につけてから赤熱をくりかえす。うすい炎の着色しかみられなくなってから用いること。（操 5－6）</td><td>ろ液
ろ液を湯浴が沸騰するまで加熱し、0.2 M $H_2C_2O_4$を6 cm^3加える。混合物が酸性のときは、2 M NH_3でアルカリ性にする。5分間かきまぜながら放冷し、CaC_2O_4の濁りを生じたらろ過する。沈殿を水洗後6 M HNO_3 3 cm^3を注いで溶かして溶液をカセロールに受け、3 M $NaClO_3$ 5滴を加えてフード内で加熱濃縮し、析出した固形物が液で湿っている程度で加熱を止め、放冷する。これに水2 cm^3を加えてかきまぜ、ろ過する。ろ液1 cm^3を小さなビーカーにとり、1/2 M $K_4[Fe(CN)_6]$ 4 cm^3と3 M NH_4Cl 5 cm^3および95％エタノール1 cm^3を加えて振る。Ca^{2+}があると$Ca(NH_4)_2[Fe(CN)_6]$の黄色沈殿を生じて濁る。Ca^{2+}のないときでもエタノールを加えたとき局所的に濁るが振れば消失する。Mg^{2+}とBa^{2+}も濃いと沈殿を生ずるが、実験書通りに行えば、そのような量のMg^{2+}やBa^{2+}がここに混入することはない。（操 5－7）</td></tr>
</table>

1.6.3.　アルカリ金属の陽イオンの定性分析

これまでの系統分析ではNa塩、NH_4塩を試薬として用いるので今回のアルカリ金属イオンの検出は他の族イオンの分析とは別に原試料の一部（たとえば2 cm^3）をとって行う。

(1)　Na^+の検出

炎色反応を利用する。白金線は他の重金属やイオウ、ヒ素などと熱すると傷むので、この原試料溶液のテストにはニクロム線を用いる。小さい輪を作った三本のニクロム線の先をビーカーにとった50 cm^3ぐらいの水につけては赤熱することを繰り返し、薄い炎の着色しか見られない程度にしておく。そして試料溶液2 cm^3を小ビーカーにとる（あとの(2)の実験でも使うので捨てないこと）。0.02 M $NaNO_3$（0.02 Mの原液として供出）、0.001 M $NaNO_3$（0.02 Mを薄めて各自で作る）の少量をそれぞれ別々の小ビーカーに取る。ビーカーに取った3種類の溶液をそれぞれ異なるニクロム線の先につけて外炎にいれて炎色反応を比較観察する。共存する陰イオンによって感度に差があるが、Na^+含有のおよその見当を付けることができる。今回の実験では試料溶液中の陽イオンはすべて0.02 Mにしてあるので、試料溶液による黄光色が、希釈溶液（0.001 M $NaNO_3$)による発光より弱い場合は、試料にNa^+はとくに入れていなかったと判断し、含有イオンに入れないものとする。

(2)　NH_4^+の検出

上記(1)の実験で小ビーカーにとった 約2 cm^3の試料溶液に0.5 M Na_2CO_3を滴加し、アルカリ性とした後さらに1 cm^3追加する。これを弱く沸騰させた湯浴につける。1~2分後1滴の水で湿らせたpH試験紙を液面の上にかざす。アルカリ性の色（青緑－紫）に変色すれば液にNH_4^+がある。(水で濡らしたことによる濃淡変化を変色と錯覚しないこと。また、ビーカー中の溶液につけたり、アンモニア水のびんなどを近づけたりしないこと)。

(3)　K^+の検出

この実験の際、必ず保護眼鏡をかける。上記（2)で得られた混合物の入った溶液を鉄製るつぼ（るつぼに取れにくい錆があってもさしつかえないが、アルカリ塩などは完全に洗い落としておく）にとりNH_3を除くために弱い直火で加熱し、水の沸騰による泡が出なくなるまで乾固する。(定量分析では濃縮はすべて湯浴上で行うが、ここでは迅速さを考えてふきこぼれない程度に弱い直火で沸騰濃縮させる)。5分間冷却したのち水3 cm^3を加えてかきまぜてろ過し、ろ液にテトラフェニルホウ酸ナトリウム$Na[B(C_6H_5)_4]$溶液を2滴加える。$K[B(C_6H_5)_4]$の白色沈殿はK^+の存在を示す。るつぼは水でよく洗い、2 cm^3ぐらいのエタノールで1回洗ったのち、棚の上に置いてしばらく乾かしてから収納する。

参考文献：森正保、久保茂一、阿武美智子、畑山康之、高谷友久、曽根良昭、「化学教育」第33巻、第3号、64（1985）

アルカリ土類金属、アルカリ金属

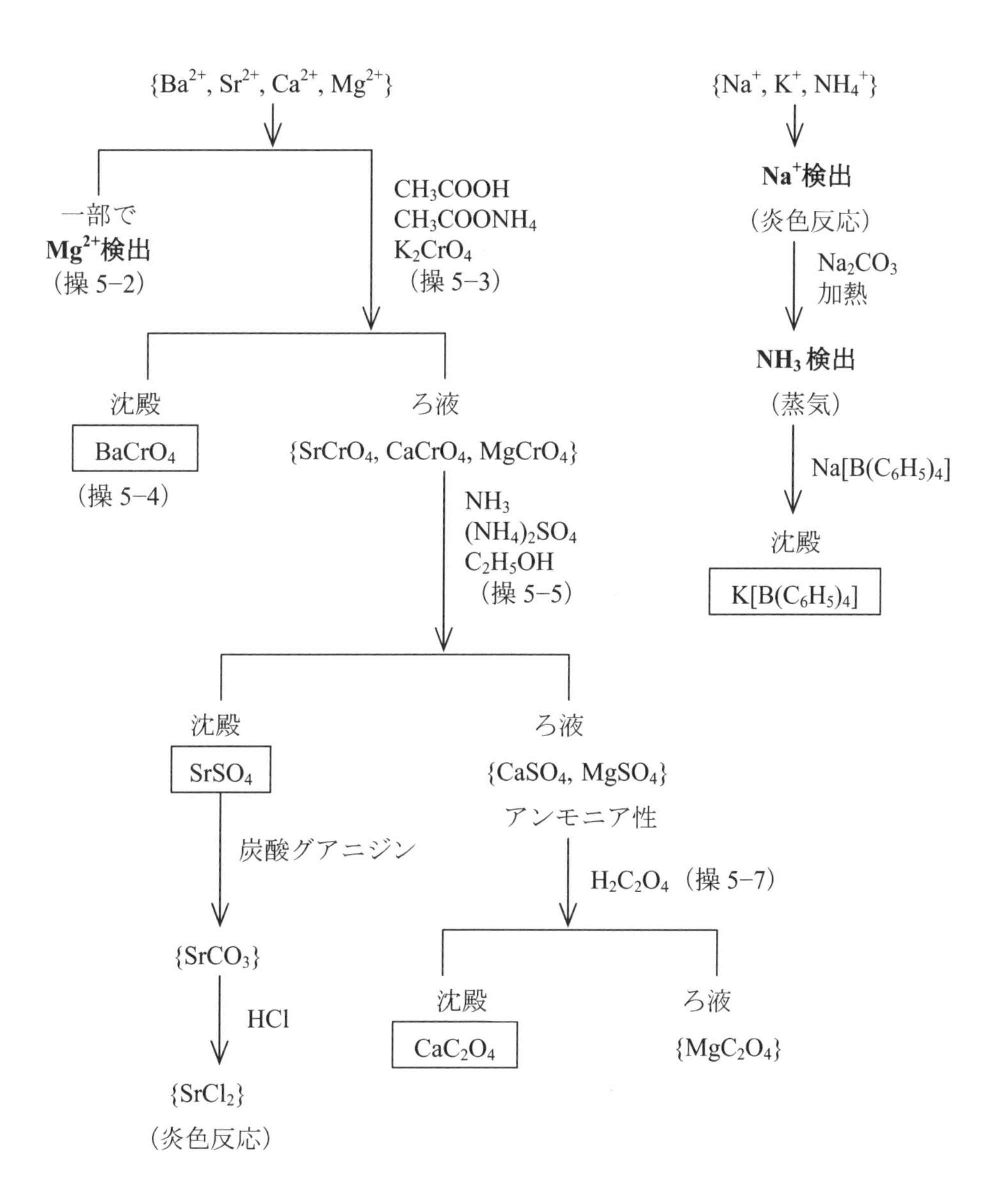

2．原子スペクトル分析

2.1.　原子吸光分光法および原子発光分光法による亜鉛の微量定量

2.1.1.　基礎原理

単体金属は、沸点以上の温度では金属蒸気すなわち原子状態になる。一方、NaClのような金属塩では、高温にするとガス状分子を経て、陰イオンから陽イオンへの電子移動がおこり、NaとClに原子化される。一般に、単体の金属よりも、金属塩の方が原子化されやすい。原子化される過程の概略を図2.1に示す。

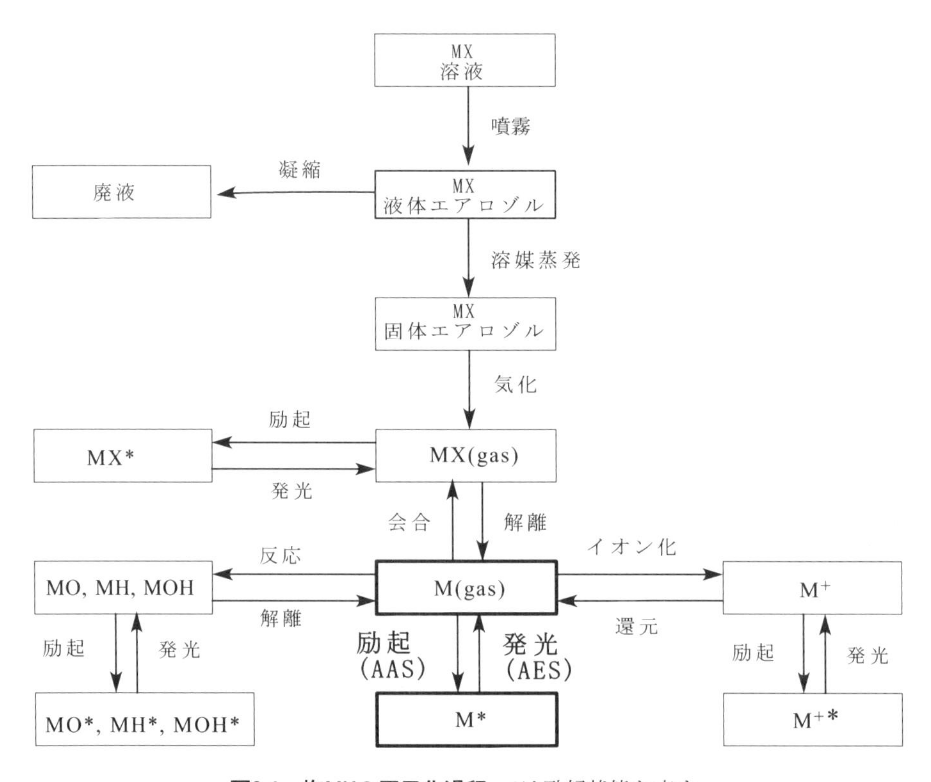

図2.1　塩MXの原子化過程。*は励起状態を表す。

高温のフレームやプラズマなどによって原子化された原子は、一部は励起状態（M*）となり、基底状態の原子数（N_o）と励起状態の原子数（N_j）の割合はボルツマン分布則に従う。

$$\frac{N_j}{N_o}=\frac{g_j}{g_o}\exp\left(-\frac{E_j}{kT}\right) \qquad (2.1)$$

g_o, g_j：基底状態および励起状態の統計的重率

E_j：電子準位jへの励起エネルギー

k：ボルツマン定数、T：絶対温度

したがって、高温になるほど、励起状態にある原子数N_jは大きくなる。しかし、イオン化エネルギーを越えるとイオン化のため、かえって減少する。アルカリ金属のようにイオン化エネルギーが小さい金属は、高温ではイオンの状態（M^+）になりやすい。表2.1にいくつかの金属の共鳴遷移に対するN_j/N_oの値を示す。

表2.1　いくつかの金属の共鳴線のN_j/N_oの値

元素	共鳴線の波長	遷移 基底状態	遷移 励起状態	g_j/g_o	N_j/N_o T = 2500 K	N_j/N_o T = 8000 K
Na	589.00 nm	$^2S_{1/2}$	$^2P_{3/2}$	2	1.14×10^{-4}	9.44×10^{-2}
Ca	422.67 nm	$^1S_0$	$^1P_1$	3	3.67×10^{-6}	4.26×10^{-2}
Cu	324.75 nm	$^2S_{1/2}$	$^2P_{3/2}$	2	4.02×10^{-8}	7.87×10^{-3}
Zn	213.86 nm	$^1S_0$	$^1P_1$	3	6.20×10^{-12}	6.69×10^{-4}

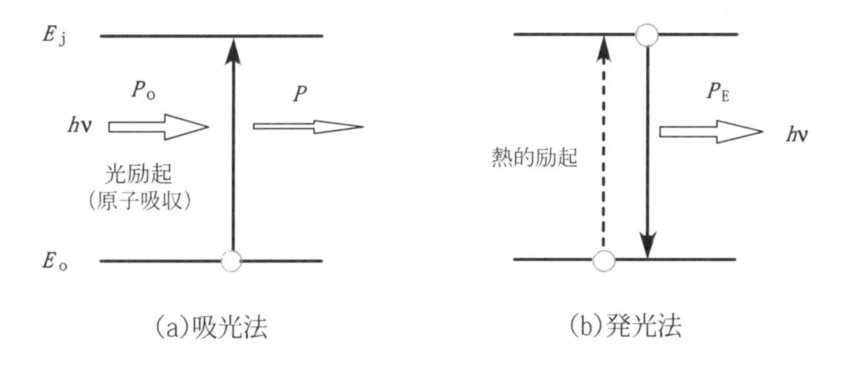

E_o：基底状態、E_j：励起状態
P_o：入射光強度、P：透過光強度、P_E：発光強度

図2.2　原子吸光と原子発光の測定原理

基底状態（エネルギーE_o）にある原子は光エネルギーを吸収して励起状態（エネルギーE_j）に移る（図2.2(a)）。この原子による吸光現象を利用する分析法が、原子吸光分光法（Atomic Absorption Spectroscopy）である。一方、高エネルギー状態（E_j）にある原子が低エネルギー状態、たとえば基底状態（E_o）に遷移するときの光（電磁波）の放射（図2.2(b)）を測定する分析法が原子発光分光法（Atomic Emission Spectroscopy）である。原子吸光法では原子を励起するための光源が必要であるが、発光法では原子化部と励起源が同じであるため、光源を必要としない。

2. 1. 2.　原子吸光分光法

原子化は、一般にフレームや高温炭素炉を用いて行うが、そのときの温度は2000~3000 Kであり、ほとんどの原子は表2.1に見られるように基底状態にある。したがって、基底状態にある原子数は全原子数に等しいとみなせる。測定に用いられるスペクトル線は、ほとんどの場合共鳴線（原子が励起状態から基底状態に戻るときに放射されるスペクトル線）である。

基底状態にある原子の励起状態への遷移は、光源からの入射光が特定の遷移の振動数（波長）と正確に等しいときのみ起こる。このとき入射光の放射束（radiant power 単位時間当たりのエネルギー）P_0の一部が吸収される。透過光のエネルギーPは式(2.2)で表される。

$$P = P_0 \exp(-k_\nu b) \tag{2.2}$$

k_ν：振動数νでの分析元素の気相中の吸光係数

b：原子蒸気相の厚み（光路長）

これより、吸光度（absorbance）$A = \log(P_0/P)$は式（2.3）で表される。

$$A = \log\frac{P_0}{P} = 0.4343\frac{2}{\Delta\nu_D}\sqrt{\frac{\ln 2}{\pi}}\frac{\pi e^2}{m_e c}N_0 fb \tag{2.3}$$

$\Delta\nu_D$：ドップラー幅（ドップラー効果によるスペクトル線の広がり）

e：電気素量、m_e：電子の静止質量、c：光速度

f：振動子強度

この式が原子吸光分析における定量の基本式である。すなわち、吸光度Aは原子蒸気中の基底状態の原子の数N_0に比例する。

原子吸光分析装置は機能上から、光源部・原子化部・分光部・測光部に大別される。図2.3(a)にその系統図を示す。原子吸光分析の最大の特徴は、光源部と原子化部である。光源は目的元素の共鳴線を放射し、その線幅が原子の吸収線の線幅（$\Delta\nu_D$）より狭く、放射束が大きく、かつ安定であることが望ましい。通常は、中空陰極ランプ（hollow cathode lamp）が用いられる。試料を原子化するにはいくつかの方法があるが、最も一般的な方法は化学フレームの熱エネルギーを利用するものである。この実験では、アセチレン－空気フレーム（最高温度2300 K）を用いる。

2.1.3.　原子発光分光法

発光分光分析法は1860年KirchhoffとBunsenがいわゆる炎光分析により原子スペクトルを観測してCsとRbを新元素として発見したことに端を発している。その後、励起方法（光源）・分光器・測光部およびコンピュータによるデータ処理などが著しく進歩し、発光分光分析は微量元素分析法として、多くの分野において重要な役割を果たしている。

発光過程は、高いエネルギー準位の励起状態から、より低いエネルギー準位に落ちるときに、電磁波を放射する過程を言う。励起状態はいくつもあるので、発光は不連続の線ス

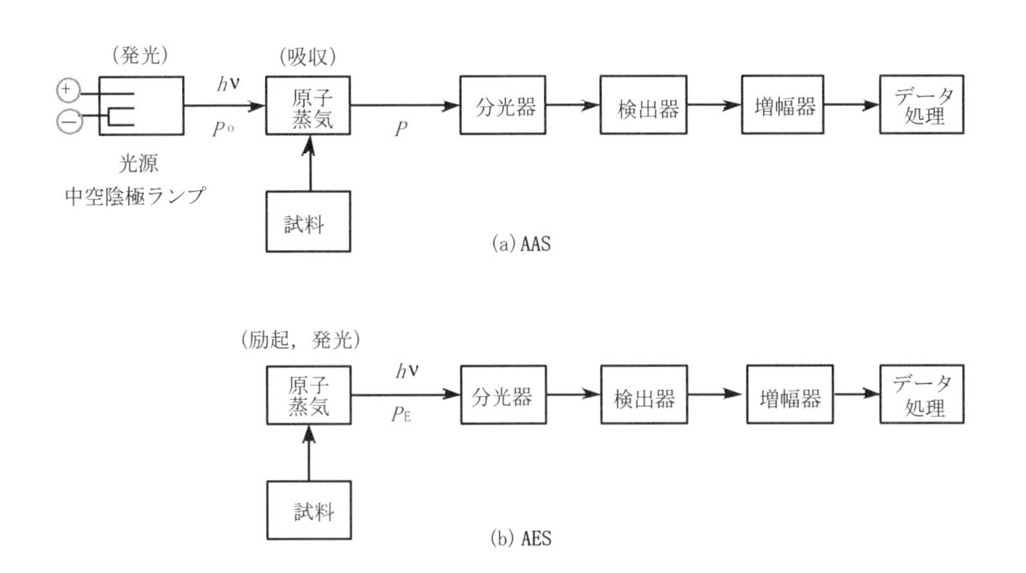

図2.3　原子吸光(a)および原子発光(b)分析装置の系統図

ペクトルになる。その中でも、共鳴遷移が大きい放射束の光を放射するため、通常分析線として用いられる。

発光の放射束（発光強度）P_Eはその遷移に対応する励起状態にある原子の数N_jに比例する。したがって、式（2.2）の関係より、励起エネルギー源（光源）に導入された原子の数（$N=N_o+\Sigma N_j$）に比例する。

$$\begin{aligned} P_E &= K'\ N_j \\ &= K_{AES}N \end{aligned} \tag{2.4}$$

すなわち、分析対象元素の発光スペクトル線の発光強度を測定することにより、その元素の定量分析が可能となる。またスペクトル線の振動数(波長)より定性分析が､可能である。

発光分析装置は、図2.3(b)に示すように、励起源（光源）・分光器・検出器・データ処理部からなっている。光源としては、現在では定量精度等の観点から、フレームおよび誘導結合プラズマ（ICP: Inductively Coupled Plasma）が用いられる。通常フレーム温度は原子吸光分析の項で述べたように、2000~3000 Kであり、表2.1に見られるように、この温度ではアルカリ金属やアルカリ土類金属では一部の原子が励起されるが、重金属では全くといっていいほど励起されない。フレームを用いる分析法は、炎光分析と呼ばれて、アルカリ金属やアルカリ土類金属の定量に適している。(炎色反応はこれらの金属の定性分析に用いられている。p.26 1.6参照)

一方、重金属では、励起状態の原子を生成するにはフレームよりも、より高温な励起源が必要となる。現在よく用いられている励起源は誘導結合プラズマ（ICP）であり、Arプラズマ中の温度は6000~10000 Kである。アルゴンプラズマトーチの概略を図2.4に示す。高周波出力（27.12 MHz, 1~2 kW）を誘導コイルにかけると、振動磁場が形成され、気体に渦電流が生じ、これが熱に変換される。ICP励起源には多くの利点がある。まず、試料はフレーム発光分析法や原子吸光分析法のように、噴霧チャンバーへのネブライザー（霧吹き）を通じて溶液の状態で導入できる。また現代の計測システムにおいては、多くのスペクトル線の発光強度を同時に測定することができ、多元素同時定量が可能である。また、プラズマのような高温では、フレームで起こる化学干渉（酸化物や難解離性塩の生成など）はほとんど起きず、多くの元素が分析対象となる、などがあげられる。

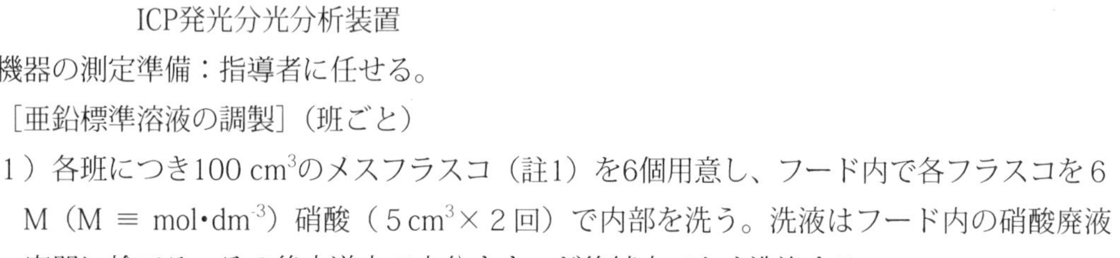

図2.4　ICPトーチの概略図

2. 1. 4.　実験

使用機器：原子吸光分光光度計

　　　　　ICP発光分光分析装置

機器の測定準備：指導者に任せる。

［亜鉛標準溶液の調製］（班ごと）

1）各班につき100 cm^3のメスフラスコ（註1）を6個用意し、フード内で各フラスコを6 M（M ≡ mol•dm^{-3}）硝酸（5 cm^3×2回）で内部を洗う。洗液はフード内の硝酸廃液容器に捨てる。その後水道水で十分すすいだ後純水でよく洗浄する。

2）それぞれのメスフラスコに、8 M硝酸を分注器（dispenser）で20 cm^3加える。各メスフラスコにラベル等を用いて次の亜鉛標準溶液を識別できるようにする。

3）亜鉛標準溶液（100 mg Zn/L, 1 L ≡ 1 dm^3 = 1000 cm^3）を相当するメスフラスコにマイクロピペット（註2およびp.43図1）を用いて0 μL（ブランク）、100 μL、200 μL、400 μL、600 μL、1000 μL加える。

4）メスフラスコをときどき振り混ぜながら標線の約1 cm下まで純水を入れ、最後は駒込ピペットでメニスカスの最下端が標線に一致するように純水を加える。溶液を一様にするためにメスフラスコに活栓をして、倒立させてよく振る。

（註1）標準溶液の調製や溶液を一定の体積にする場合に用いる。ガラス表面（内壁）を

水でぬらしたとき一様にぬれず水滴が残るときは汚れているので、柔らかいブラシに洗浄液をつけてさらによく洗う。

（註2）マイクロピペットの使い方が正しくないと、正確な検量線が得られないので充分注意すること（マイクロピペットの取扱いの項p.43を参照）。

［試料溶液の調製］（1人一本調製）

1）50 cm^3メスフラスコおよび100 cm^3三角フラスコの内部をフード内で6 M硝酸（5 cm^3×２回）で洗う。洗液はフード内の硝酸廃液容器に捨てる。水道水で十分すすぎ次いで純水でよく洗浄する。洗浄後、フラスコの口の水気をキムワイプで拭きとる。

2）プラスチック製ディスポーザブル秤量皿を上皿電子天秤の皿上に静かに置き扉を閉めた後に、風袋差し引きボタンを押して、表示値を0.000 gにする。

3）試料（粉ミルク）約１ g（0.9 g以上1.1 g未満）を、2)の秤量皿に、こぼさないように加える。扉を閉めた後に表示される秤量値（0.001 gのオーダーまで）をノートに記録する。

4）秤量を終えた試料を完全に、こぼさないように1)の三角フラスコに入れる。このとき洗瓶を用いて、秤量皿に試料が残らないようにする。

5）試料の入った三角フラスコに、８M硝酸を分注器で10 cm^3加えた後、試料をよく分散させる。沸騰石を1, 2個加えた後、フード内のホットプレート上で加熱し、溶液が黄色透明になるまで15～20分間沸騰させる。沸騰中、硝酸ガスが発生する。フードの扉は閉め、ガスの吸入およびヤケドに注意すること。

6）フード内で室温まで冷却し、純水約10 cm^3を加えた後、四つ折りろ紙（p.14図3）を用いてろ過する。ろ液は50 cm^3メスフラスコに受ける。次いで試料溶液の損失を最小にするために洗浄操作を行う。純水約５cm^3をもとの三角フラスコに入れ、内壁をよく洗ってろ紙上に注ぐ。洗液はメスフラスコにとる。この洗浄操作をさらに２回行う。このときメスフラスコの標線を越えないように充分注意すること。最後に純水で全容を50 cm^3にし、メスフラスコに活栓をして溶液が一様になるようによく振る。

［測定］

1）純水を噴霧させた状態で、ゼロ合わせつまみで記録計の適当な位置にベースラインを合わせる。

2）純水－ブランク－純水－標準溶液（一番濃度の低いものから高いものへ）－純水－試料溶液－純水の順で続けて噴霧しデータ（図2.5）をコンピュータに記憶させる。

3）測定終了後それぞれの溶液に対する吸光度A（原子吸光分析）あるいは発光強度P_E（ICP発光分析）をベースラインからの高さとして求める。

4）検量線（ここでは標準溶液の濃度と吸光度Aあるいは発光強度P_Eとの関係－図2.6）を

描き、これを用いて試料溶液中の目的成分であるZnの濃度（mg/L）を求める。

5）粉ミルク中に何ppm（**p**arts **p**er **m**illion百万分率、例えば、mgZn/kg試料）の亜鉛が含まれているかを計算する。

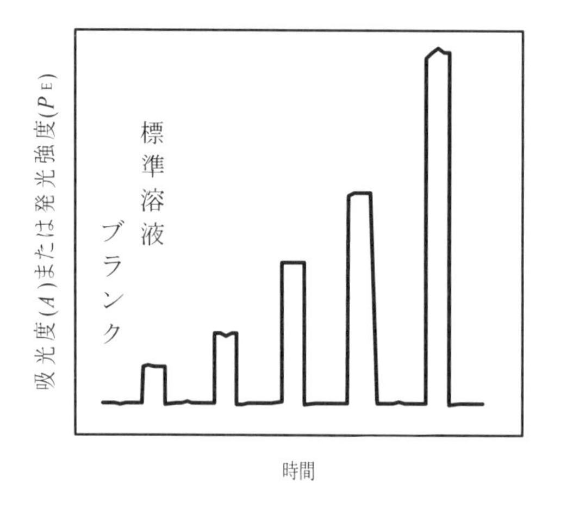

図2.5　測定例

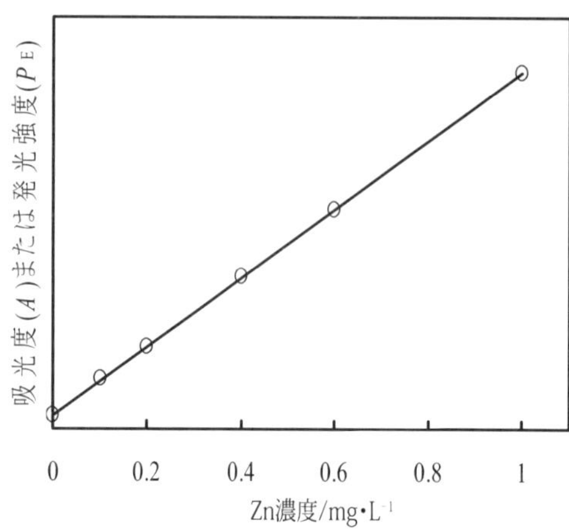

図2.6　検量線

【マイクロピペットの取扱い】

1．概要

使用するマイクロピペットは直読式デジタルマイクロメーターを備えた容量連続可変式ピペットである（図1）。採取する容量によって数種のモデル（P–XXX）があるが、今回用いるものはP–1000（適用容量範囲 100 μL ~ 1000 μL）型で、相対誤差1%以下の精度をもつ高品質の機器である。したがって、取扱いには充分注意する必要がある。

2．容量のセット

容量調節リングを回し、採取したい容量にデジタル目盛りを合わせる（図1の例では500μL)。この時容量を増す方向にセットする場合は、一度その目盛りを少し越え、その後希望目盛りに合わせる。減らす方向にセットする場合は、そのまま直接目盛りを合わせる。

3．操作方法

1）チップホルダーの先端にチップ（ポリプロピレン製青色）を少しひねるようにして入れ、しっかり固定させる。

2）親指でプッシュボタンを最初に止まる点（第一停止点）までゆっくり押し下げる。（図1①）

3）そのままの状態でピペットを垂直に保ったまま、採取しようとするサンプル溶液（この実験では100 mg/L Zn標準溶液）にチップの先端を5 ~ 10 mm浸す。

4）プッシュボタンを**ゆっくり**はなし、サンプル溶液を吸引する（図1②)。

5）1, 2秒待ってチップの先端を溶液から引き上げる。

6）ピペットを垂直に保ったまま、容器（この実験ではメスフラスコ）の内壁にチップの先をつけ、プッシュボタンを第一停止点までゆっくり押し出す（図1③)。1, 2秒後、プッシュボタンを完全に押し下げて、採取した溶液を完全に容器内に移す（図1④)。

7）そのままの状態で、チップの先端を容器の内部にすべらせ注意深く上げる。

8）プッシュボタンをはなす。

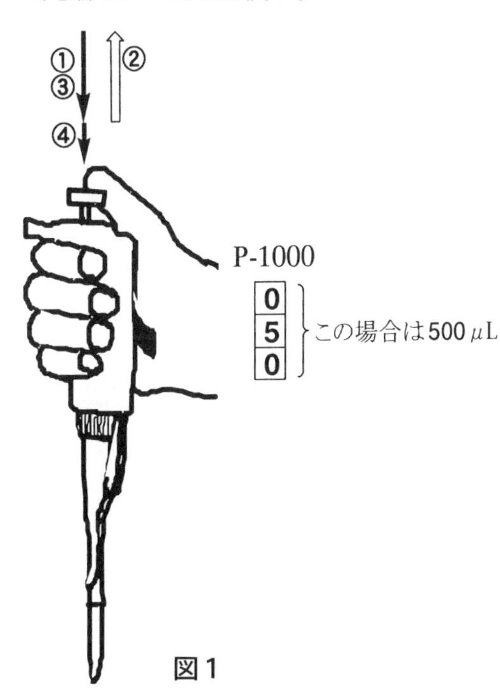

図1

3．有機化合物の反応と合成

3.1.　有機実験を始めるにあたって

1807年、Berzeliusは生物に由来するものを有機物と呼び、鉱物などに由来するものを無機物と名付けた。現在では、有機化合物（organic compounds）は炭素を含む化合物として定義されている。有機化合物は比較的安定である。結合の種類には一重結合、二重結合、三重結合があり、結合が連続することによって、直鎖、分岐あるいは環状の構造を形成することができる。炭素―炭素結合以外にも、さまざまな元素が炭素と共有結合を形成できる。

1828年、Wohlerが尿素を合成した。人工的に有機物を合成した初めての例である。これを機に自然界にある有機分子や自然界にない人工的な有機分子が次々に合成されるようになった。医薬品、プラスチックなど、私たちはさまざまな有機化合物を生活に利用しており、それらは現代の社会生活に欠かせないものとなっている。

私たちの体の10%近くが炭素である。生命機能・維持に欠かせない有機化合物としては核酸、アミノ酸、糖質、脂質といったものがある。科学の発展によって、ヒトのみならず、植物・微生物・ウイルスに至るさまざまな生物の仕組みが、分子レベルで解明されている。その成果は病気治療、農薬などの開発に役立っている。

化学実験Ⅰでは、安全に実験を行うための基礎として、有機化合物の取り扱い方、および、さまざまな器具の取り扱い方を学ぶ。

ここでは次の５つのテーマについて解説する。

有機実験操作法
アスピリン錠剤からアセチルサリチル酸の抽出
メチルオレンジの合成
酢酸イソアミルの合成
有機化合物の分離：薄層クロマトグラフィーの利用

有機化合物の変換反応として、ジアゾ化、ジアゾカップリング反応、加水分解、エステル化を行う。有機化合物の単離・精製方法として、抽出分離、再結晶、蒸留、そしてシリカゲル薄層クロマトグラフィーを行う。それぞれの実験は１日で完結させ、実験終了時には、質疑応答、ノートの確認などを受けること。レポートの提出期限は原則１週間後とし、指定された場所に提出する。

有機実験の心構え

有機実験ではさまざまな器具を使い、操作も多岐にわたる。安全に実験を行うために、以

下の点を再確認してほしい。

実験の予習

テキストを熟読し、各操作の意味と注意点を理解し、把握しておく。実験ノートに実験計画と内容を書いておく。

実験室に入る前に

① 白衣を着用し身を守る。
② 長い髪は束ねる。
③ ハイヒール・サンダル・ハーフパンツは禁止する（物理的に化学薬品から足を守る。緊急時に動きやすいように）。
④ 毛羽立った化学繊維は引火しやすい。綿などの燃えにくい素材の衣服を着用する。

実験室に入ったら

① 実験室ではゴーグル、保護メガネを着用する。
② コンタクトレンズは外す（目に入ったときに隙間に試薬が残存し危険である）。
③ 白衣を着用する。
④ 緊急時に備えて緊急シャワー・洗眼器・消火器・避難路の位置を確認する。
⑤ ガラス器具の破損による事故を防止するため、破損やヒビ（クラッキング）がないか実験前に確認する。小さなキズは発見しにくいのでよく見ること。

危険への対処

不明な点は、担当者に聞くこと。自分勝手な判断は事故につながる可能性がある。

① 実験中は反応の進み具合や状況を絶えず監視しておく。事故が起こったときに、とっさに逃げることができる。
② 事故が起こったときは、大声でしらせること。
③ 実験はフード内で行う。
④ 有機溶媒や合成した有機化合物は指定された場所に廃棄する。むやみに流しに捨てない。
⑤ 試薬が手や皮膚につく、あるいは目に入ったらすぐに洗う。

共同利用する場の整理整頓

① 共有する試薬は、こぼさないように丁寧に取り扱う。こぼした試薬は教員の指示にしたがって清掃する。とくに濃硫酸の取扱いには注意する。
② 実験器具は他のクラスと共有するため、実験後はきれいに洗浄しておく。

③　有機実験は乾燥した器具を使うことが多いので、次の実験において器具が乾燥しているように配慮する。
④　フード内の整理整頓もわすれずに。
⑤　実験終了後、ガスの元栓はかならず閉めフタをする。

実験ノートの確認

反応の進行の程度や結果は人によって異なる。そのため、実験ノートに結果や様子を適宜記入する。各自の実験結果を確認するために、ノートの提出を求められることがあるので、ノートの記入を怠らないようにすること。

3. 2.　危険防止について

実験は安全に行わなければならない。そのためには、加熱、加圧、減圧、冷却、発熱など、さまざまな実験方法の原理や、それらを行うための実験器具の仕組みを理解する必要がある。教員の説明をよく聞いて、注意事項を守る。実験内容を予習し、集中して実験を行えば、事故を未然に防ぐことができる。

実験室では多くの学友と共に実験を行う。事故による被害は、自分だけにとどまらず、周囲の人をも巻き込む可能性があることを忘れてはならない。火傷や、硫酸による皮膚の炎症などは、実験室で起こりやすい事故であるが、こうした軽微な事故の積み重ねは大きな事故につながる。どのような事故が起こるのかを、想定することが、事故を防ぐポイントである。また、消火器の場所・使い方、避難路の確保、洗眼場所、非常用シャワーの使い方など、緊急時に自分がどのように対処すべきか、心がまえをしておく。事故が発生してからでも、適切に対処すれば、被害を最小限にとどめることができる。

火災時の注意

フード内で実験を行えば、大きな火災に発展する可能性は低い。火災が生じたら担当者にすぐに知らせる。その時、周りの実験者がサポートする。

注意事項

①　引火性溶媒をバーナーのそばに置かない
②　火災が起きたら、バーナーの火を消し、引火する可能性のある試薬を遠ざける。
③　消火器を出火場所に集める。
④　消火はその場合に応じた適切な消火方法を考える。酸素の遮断（蓋をする、ぬれタオルをかぶせる)をまず試みる。それが難しい場合は消火器を使う。水をかける方法は、有機溶媒を飛散させるため、火の手を大きくしてしまうことがある。
⑤　避難の指示が出たら、誘導にしたがって非常口から速やかに避難する。

薬品の注意

酸・アルカリ試薬を多用するので、とくに目に入らないように慎重に取り扱う。失明を防ぐためにゴーグル、保護メガネの使用は必須である。目に入った時は、すぐに水でよくすすぐ。洗眼器があるのでその設置場所を覚えておくこと。濃硫酸を取りあつかう実験では、手・皮膚だけでなく、衣服への付着にも充分注意する。硫酸は衣服を焦がし、皮膚に浸透する。白衣を着用し衣服や肌へ直接試薬が付かないように装備する。場合によっては手袋を着用する。濃硫酸を扱った場合は、付着の有無にかかわらず、頻繁に手を洗うこと。こうした事故の原因は、誤ったピペットの使用法や、硫酸を試薬ビンの外にこぼすなどの不注意によるものである。正しいピペットの持ち方、操作法を身につけること。

3.3. 実験器具と基本的操作

有機化学実験の特徴は、多くの器具類、反応装置から最も実験にふさわしいものを選び出して反応装置を組み立てることである。そのため、実験器具の形、名前、特徴などを理解・把握しておくことが必要である。

1）実験器具の取扱い

ガラス器具

実験では、いろいろなガラス器具を用いる。付録の実験器具図に器具の名前と形状を記載しているので、よく確認しておく。

① ヒビ割れのあるガラス器具を加熱すると熱によるガラスのひずみから､割れてしまい、引火や試薬の飛散などによる事故につながる。使用前に必ず確認しておくこと。

② 有機実験は水の混入を嫌う場合が多い。そのため器具は乾燥しているものを用いる。次の実験で器具が乾燥しているようにしておくこと。

③ ガラス器具の接続部分はスリ合わせになっている。スリの面を傷つけたり、固形物が付着していると、試薬の漏れにつながるので注意する。

④ フタの部分やコックの部分など、ガラスどうしの接触面は、密着性を高めるためにスリ合わせ（ざらざら面）になっている。スリの面を乾燥した状態で使用すると傷がついて気密性が損なわれる。

⑤ 器具の洗浄後、スリ合わせをくっつけたまま（栓をしたまま）放置すると、離れなくなってしまうことがある。スリ合わせははずした状態で乾燥させる。

⑥ スリ合わせ部分に試薬がついたままになっていると、固まって離れなくなる。使用後は必ず洗浄しておくこと。

スタンド、クランプ

実験器具を固定する器具である（図１）。クランプ、ホルダーなどの固定はネジ式になっている。固く締め付けすぎない程度に締めて、固定する。組み立てる際のコツは、操作をやりやすいように、固定する器具の「位置（高さ）」に注意することである。加熱実験では、スタンドやクランプは熱くなっていることがある。不用意に触れると火傷するので注意する。

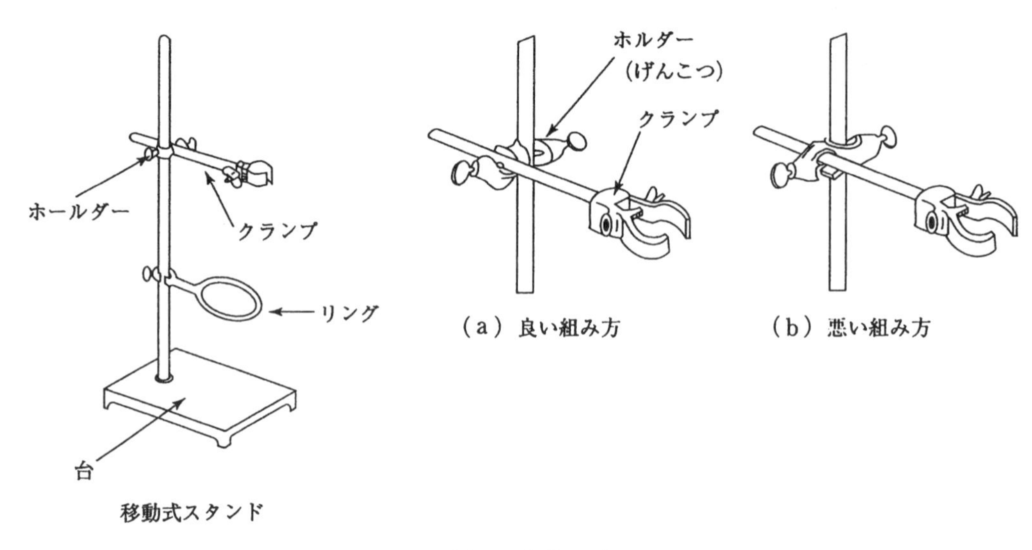

図1　クランプ

減圧アスピレーター

減圧下、吸引濾過の際に用いる（図２）。水道の水圧を使い、水流のジェットによって空気を押し出して減圧にするものである。アスピレーターを使用する前に、減圧になっているかどうかを確認すること。減圧を解除するときは「減圧のまま水道栓を閉じない」こと。アスピレーター側に空気が入る状態（開放系）で水道栓を締める。これを怠ると、水が逆流して水が混入することで、サンプルを損なうことがある。

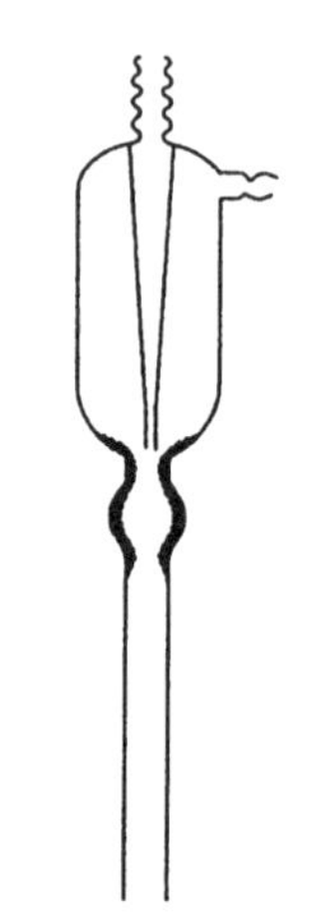

図2　水流アスピレーター

精密機器

電子天秤や各種分光計などの精密機器は慎重に取り扱い、試薬で汚さないこと。測定や秤量に使う各種ガラス器具はきれいに洗い、乾燥したものを使う。もし試薬などをこぼした場合はただちに清掃する。

2）基本的実験操作と注意点

化学実験では、加熱、冷却、溶解、攪拌、乾燥、濾過などのさまざまな実験操作があり、それに伴ってさまざまな実験器具を使う。誤った実験操作は事故のもとになる。注意点を守り、適切に使用すること。

加熱　Heating

反応を短時間で進めるための簡便な手段として、あるいは、液体の蒸留などを行う場合加熱実験を行う。実習では加熱器具としてガスバーナーを用い、湯浴あるいは直火のいずれかで行う。熱した器具に不用意に触れると火傷するので注意する（図３）。

バーナーにはガスと空気（酸素）の流量を調整するための、２つの調整リングがある。ガスだけが燃えている炎は赤く、煤の発生を伴う。そのため、空気を適宜入れることで、より高温の燃焼状態にするように、ガスと空気の流量の両方を調整する。高温の炎（外縁部、青い炎）は温度が高く、内縁部（赤い炎）は温度が低い。加熱には、高温の外炎部を使う。

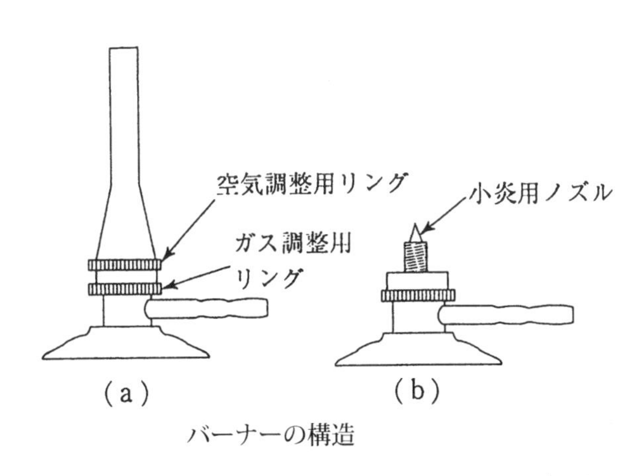

バーナーの構造

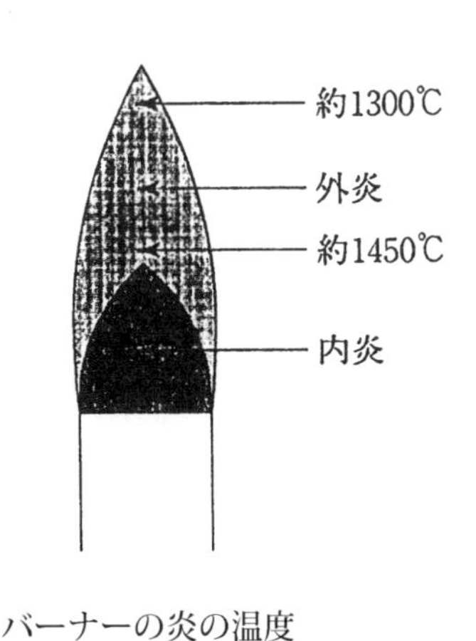

バーナーの炎の温度

図3　バーナー

<u>その他注意点</u>

① <u>加熱実験装置は密閉系にしない</u>。加熱によって生じた反応系内の有機物が気化するため、密閉系では内圧が上昇する．耐圧限界を超えると爆発的にガラス器具が破損し危険である。必ず、圧力の逃げ道を確保しておく。

② フード内で実験する。自分や周りの実験者を含めて、気化した試薬や溶媒を吸わないように配慮する。

③ 溶媒の蒸留や加熱還流の際には、突沸を防ぐため、沸騰石を２～３個入れること。

④ 沸騰石を入れ忘れた場合は教員の指示にしたがう。

⑤ 湯浴は、空焚きにならないように注意する。

⑥　フード内でバーナーを使うと、排気による空気の流れで、炎が揺れ安定した加熱が得られない。炎の揺れを抑えるために、防風板で三脚・バーナーをカバーする（p.17図6）。

冷却　Cooling

反応容器を水あるいは氷水に浸し冷却する。反応容器はスタンドあるいはクランプでしっかり固定する。均一に冷却するために攪拌する。

溶解　Dissolution

一般に、試薬がよく溶ける溶媒を用いる。溶媒に混在する微量の水や不純物が反応の進行を妨げることがある。その場合は、適切な乾燥処理と蒸留によって精製した溶媒を用いる。化学反応の進行は溶剤の種類によって影響を受けることが多く、溶媒の選択は重要である。

攪拌　Stirring

溶けにくい試薬を溶解させる、あるいは、反応の進行を促進するために反応溶液を攪拌する。短時間で進む反応では、簡便な方法として、ガラス棒やスパチュラを用いて攪拌することがある。その場合、ガラス棒やガラス容器を割らないように注意する。長時間の攪拌が必要な場合は、テフロンコーティングされた磁石（攪拌子）を反応容器に入れ、マグネティックスターラーを用いて攪拌子を回転させる。

分液漏斗を用いた抽出　Extraction

互いに混ざり合わない２つの溶媒を用い、目的物を溶解しやすい溶剤へ移行分離させて、混合物から目的物を分離する液体―液体分配法である（図４）。これにより、脂溶性の高い有機物を有機溶剤の層に、水溶性の高い有機物や無機物を水層に移行・分離することができる。
抽出後、水層と有機溶媒をそれぞれ分離する。有機溶媒には水が含まれるため、有機溶剤に不溶の乾燥試薬を加えて水分を取り除く。有機化合物の性質に応じて乾燥剤を使い分ける。酸性～中性の有機分子の乾燥には無水の硫酸マグネシウムや硫酸ナトリウムが、アミンなどの塩基性の有機分子を含む場合は、水酸化ナトリウムや炭酸カリウムなどが用いられる。乾燥剤を自然濾過あるいは吸引濾過で除去し、有機物を含んだ有機溶媒を得る。

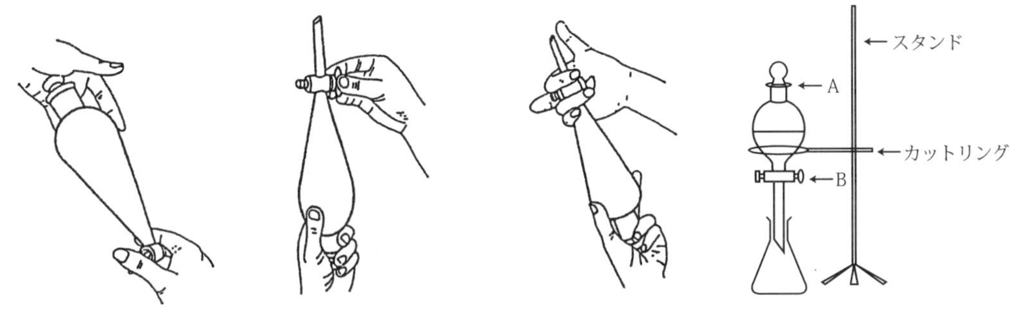

図4　分液漏斗

濾過　Filtration

自然濾過

ヒダ折り濾紙を用いて有機溶媒から固形物を濾過する方法である。ヒダ折り濾紙は、4つ折りの濾紙に比べて、濾過の際に表面積を大きくとることができるため、素早く濾過できる（図5）。

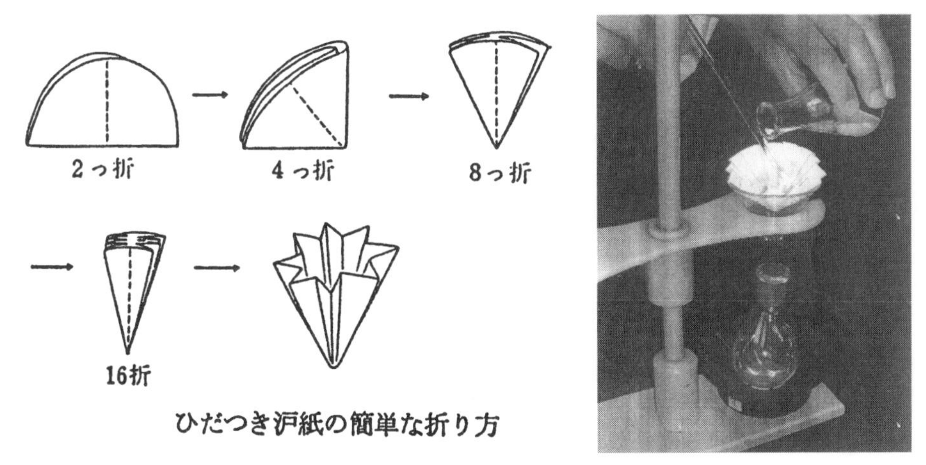

図5　ヒダ折り濾紙・自然濾過

吸引濾過

粘度の高い化合物や大量の結晶をろ過したい場合、あるいは微細な結晶が析出し濾紙が目詰まりすることが想定される場合、水流アスピレーターなどの減圧装置を使って吸引濾過する（図6）。使用後に減圧を解除するときは「減圧のまま水道栓を閉じない」こと。アスピレーター側に空気が入る状態（開放系）で水道栓を締める。これを怠ると、水が逆流して水が混入することで、サンプルを損なうことがある。

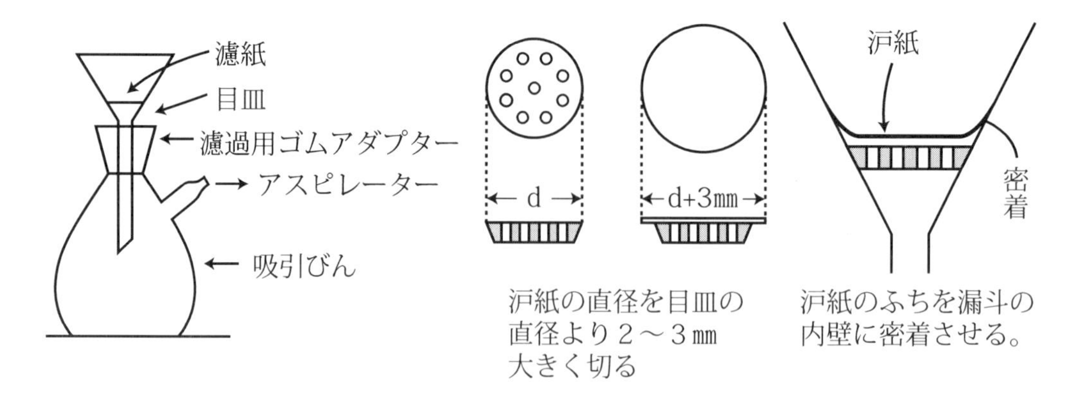

図６　吸引濾過

蒸留　Distillation、 濃縮　Concentration

精製しようとする液体に含まれる不純物が不揮発性であったり、あるいは揮発性であっても沸点が、目的物の沸点と著しく異なっているときには、蒸留によって目的物を精製することができる（図７）。また、揮発性の溶媒に溶解している不揮発性の固体を得る場合にも蒸留による濃縮を行う。化合物の沸点、目的物と不純物の沸点差に応じて、加熱器具、常圧あるいは減圧などの条件と、適切なガラス器具、減圧装置を選ぶ。本実験では、常圧蒸留を行う（３．５）。各器具はしっかりと、しかし締めすぎないように固定する。加熱を伴う実験を行った後は熱を帯びているので、火傷に注意する。

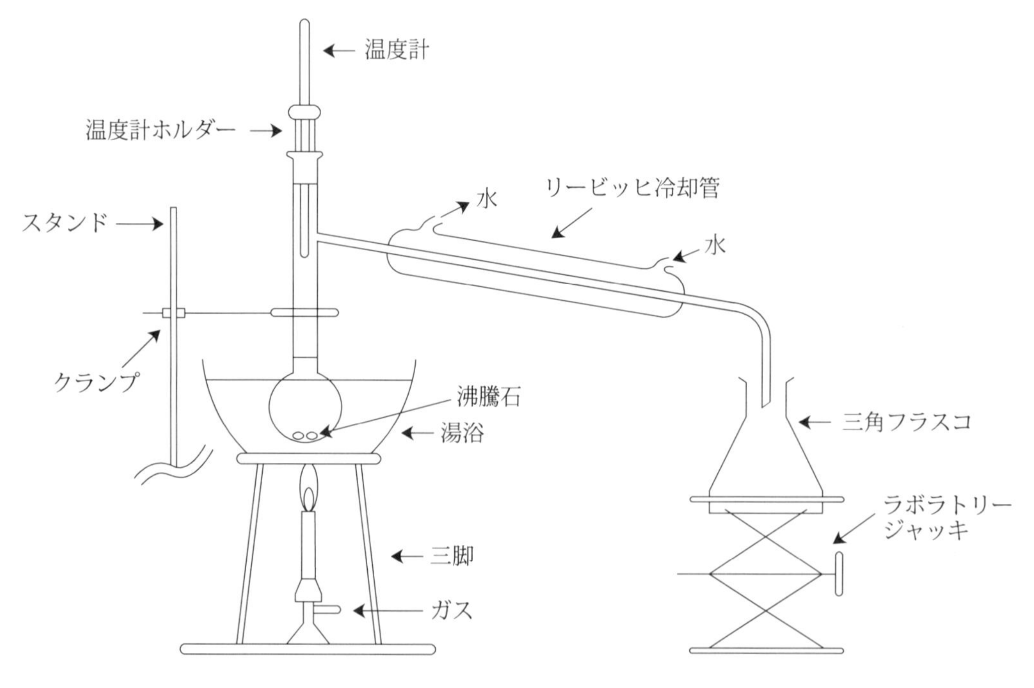

図７　常圧蒸留装置

固体試料の乾燥　Drying

自然乾燥や乾燥器（デシケーター・減圧と常圧がある）を使って試料中の水分や溶媒を除く。大量に水分を含むものは、濾紙の間に固体試料をはさみ込んで水分をよく切る。乾燥器や乾燥剤の使い方は教員の指示に従う。

融点・分解点

物質固有の値として、大気圧の変動による影響もないため、結晶性有機化合物の純度決定や同定に古くから利用されてきた。とくに、ＮＭＲやクロマトグラフィーなどの機器分析が発達していなかった時代には、融点が純度決定の指標であった。現在でも、結晶性の新規化合物が得られた場合は、融点の報告が義務付けられている。

純度の低い固体では、凝固点降下と固体内の組成変動のために、融点の幅が広がるとともに、融点そのものが純物質に比べて低くなる。１分あたり、１～２℃昇温したとき、純物質の融点は0.5～1℃の範囲になる。既知の試料がある場合は、試料と既知物を混合して融点を比較して純度を確認する（混融試験）。融点の測定法には、ガラスキャピラリー法と顕微鏡法がある。現在では、試料が少なくて済む後者がよく用いられれる。ホットプレートの上に顕微鏡観察用のカバーグラスを置き、その上に顕微鏡下で見える程度の結晶を置き、ホットプレートの温度を上昇させて、融点を測定する。

再結晶　Recrystallization

固体の溶解度が温度によって異なることを利用した精製法である。アセトアニリドを例に考える。アセトアニリドの水に対する溶解度は、100 ℃で6.5 g / 100 mL、20 ℃で0.52 g / 100 mLである。100 ℃、100 mLの水に飽和したアセトアニリドの溶液を20 ℃まで冷却した場合、溶解度の差に相当する量（約6 g）のアセトアニリドが析出する。一般に分子が結晶化する場合、結晶格子に不純物が入り込みにくいため、再結晶することによって純粋な化合物を得ることができる。溶媒に対する溶解度が分かっていない新規な化合物を再結晶する場合には、溶解度差が大きくかつ、冷却条件下において不純物が充分に溶解する溶媒を選択する。高純度の結晶を得るためには、溶媒、温度などの条件を精査する必要がある。

試薬の秤量

固体試料の秤量

電子天秤を用いて秤量する（図８）。電子天秤は水平調節ネジで水平に保たれている。**粗雑な使い方は誤差を生じる原因になるので慎重に取り扱うこと。**

① 固形試薬は薬包紙にはかりとる。薬包紙は折り目をつけて用いる（折り方は実習で指示する)。

② 電子天秤に折り目を付けた薬包紙をのせ、「TARE」ボタンを押し、目盛を0 gに補正する。

③ 固体を薬包紙上に固体を少しずつはかりとり、目的の重さになるように調整する。

④ 試薬をこぼすと、自分だけではなく周りの人の健康に害を及ぼすことになるので、ただちに清掃する。

⑤ 目的量を超えた場合、天秤上で試薬を除去してはいけない。薬さじが天秤に触れると天秤に負荷がかかり、誤差を生じる原因となる。

⑥ 薬包紙は指定の回収容器へ。

天秤の使い方

精密機器！　天秤、その周囲はきれいに保つ！！

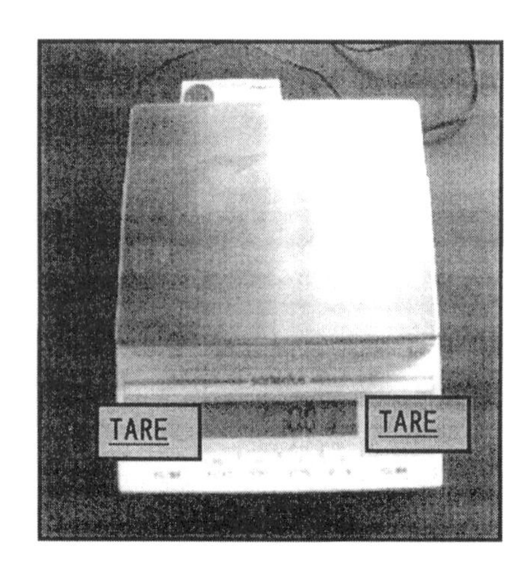

1)水平調整ねじを調整
2)電源ON,ウォーミングアップ

学生はここから

3)薬包紙を天秤上皿の中央に置く
　薬包紙は対角線に沿って折る
4) TARE ボタンを押す(風袋差し引き)
<u>ゼロ表示になる</u>
5)試料を薬包紙の中央に入れる
6)数値が安定したら、数値を記録
7)薬包紙は指定の回収容器へ

図８　電子天秤

液体試料（体積表示）の場合

　必要に応じたメスシリンダー・漏斗を用い、はかり取る。

大きいメスシリンダーの場合　　　　　　小さいメスシリンダーの場合

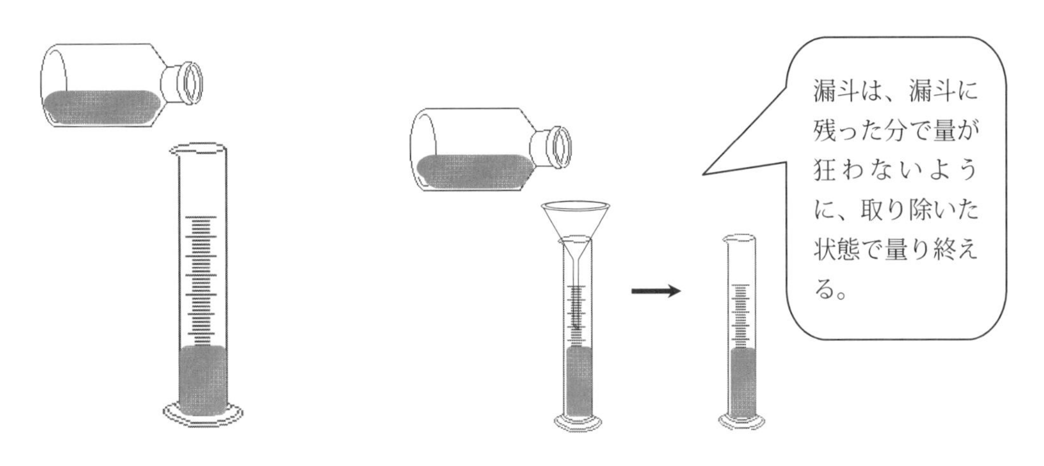

液体試料（質量表示）の場合

　電子天秤に容器（三角フラスコ、ビーカー、試験管など）をセットして、駒込ピペットを使い、はかり取る。電子天秤の測量範囲を超えないように全体の重さを考えておく。

＊試料は取り過ぎないように少量ずつ取るようにする。

＊もし取りすぎても試薬びんには戻さない。

3.4.　実験の進め方（実験ノート）とレポート

1）実験の記録

　人間の記憶は必ずしもあてにならないので、実験の内容を正確かつ完全に記録する習慣をつけることが必要である。正確な記録があれば、万一失敗した場合にその原因の究明が容易になり、同じ過ちを繰り返さずにすむ。このために**実験ノート**（各自準備すること）を用意し必ず記入する。実験を行いながらノートを記入することが大切である。実験ノートの記載要領を次に示す。57ページに実験ノートの具体例を示した。

（実験前）　☆テーマ
☆年月日
☆反応式
☆出発物、試薬、溶媒などについてのデータ（分子量、物理定数）
☆生成物についてのデータ（分子量、理論収量、物理定数の文献値）
☆装置（スケッチあるいは簡単な説明）
☆実験の手順（フローシート）

（実験中）　☆用いた試薬量（g、cm^3、mol）、実験操作、観察事項、時間経過、生成物の収量、沸点、融点など

（実験後）　☆収率の計算、考察、疑問点など

2）レポート

レポートの書き方は実験内容の評価に大きな意味をもつので、よく考えて作成しなくてはならない。それには正確にかつ簡潔に要領よく書くように心掛ける。A4レポート用紙を用いて次の順で書く。

目的　反応式を必ず書き、反応の意義、種類、機構など調べたことをまとめ、実験の目的をはっきりさせる。

方法　自分で行った操作を簡潔に記述する。指導書の内容を繰り返す必要はなく、指導書と異なったところをはっきりさせる。

結果　反応中あるいは後処理の段階で観察したことを記録し、生成物の重量、収率（理論収量に対する、実際に得られた生成物の収量の百分率。出発物質の物質量の量関係に注意すること）、融点、沸点等を文献値と比較しながら記述する。得た結晶の色や結晶形（針状、板状、プリズム状、粉末状などに大別する）も記載する。

考察　実験操作、観察事項、実験結果との関連において、自分の考えを述べる。実験に用いた試薬の性質を調べることや、使用モル数を算出することは、その反応を理解するヒントとなるものであり、考察の手助けとなるものである。いくつかの設問が与えられているので、それらについても解答すること。単なる感想文に陥らないよう注意すること。

実験ノート記載例

3．8　酢酸イソアミルの合成

ページ：21
日付：平成17年6月12日
晴れ、気温28℃

$$H_3C{-}C({=}O){-}OH + (H_3C)_2CH{-}CH_2CH_2OH \xrightarrow{H^+} H_3C{-}C({=}O){-}O{-}CH_2CH_2CH(CH_3)_2$$

	分子式	分子量	密度	使用量	物質量
酢酸：	$C_2H_4O_2$	60.1	1.05 g/mL	25 mL	0.44 mol
イソアミルアルコール：	$C_5H_{12}O$	88.2	0.82 g/mL	20 mL	0.19 mol
硫酸：	H_2SO_4	98.0	1.84 g/mL	5.0 mL	0.09 mol
炭酸水素ナトリウム(5%)：	Na_2CO_3	106.0		25 mL	0.29 mol
酢酸イソアミル：	$C_7H_{14}O_2$	130.2			

13:25	100 mLのナス型フラスコに酢酸25 mLを取った。
13:30~14:00	硫酸５mLを加えた。その中にイソアミルアルコール20 mLを加え、軽く振り均一な溶液とした。
14:00~14:30	そのフラスコに沸騰石を２個入れ、左図の装置を組んで、バーナーで直火で穏やかに30分還流した。
観察	その間に液の色が黒っぽく変色した。
15:00	火を消し、室温まで冷却した。反応液を漏斗を用いて分液漏斗に移し、水40 mLを加え３分間激しく振った。二層に分かれにくかったので、食塩を１g加え軽く振り、分液漏斗の上の栓を解放し静置した。
15:20	液が二層に分離したので、下層（水層）を静かに抜き取り、有機層に新たに水40 mLを加え、同様に二層分離させ、水層を抜き取った。 有機層に５％炭酸水素ナトリウム水溶液を25 mL加え軽くふってはコックを解放し、分液漏斗の内圧が高まらないように注意しながら振り混ぜた。ガスの発生が見られた。 ＜＜途中省略＞＞
16:30~17:20	透明になった有機層の上澄みをデカンテーションにより乾燥した漏斗を用いて一体型蒸留装置に移した。フラスコに沸騰石２個を入れ、図4.2の装置を組んで蒸留することとした。受器には50 mLの三角フラスコを3個用意し、それぞれの重さを測った。 フラスコＡ；23.3 g、Ｂ；19.1 g、Ｃ；20.5 g
結果	初留；20℃~120℃（フラスコＡ）、3.8-1（課題3.8の1番目の化合物の意味）とする、フラスコ込みの重さ：43.3 g；留分：20.0 g 主留；137℃~142℃（フラスコＢ）、3.8-2とする。 フラスコ込みの重さ：33.3 g、留分：14.2 g (0.11 mol)、収率：58%

3.5.　有機実験操作法

有機実験は、秤量・蒸留・抽出といった用語で記されるが、その中にはさまざまなノウハウや注意すべき点が濃縮されている。ここでは3.6.以降の実験の準備段階として、1）試薬の秤量、2）分液漏斗を用いた抽出操作、3）濾過の方法、4）蒸留装置の組み方を学ぶ。これによって、実験をスムーズかつ安全に行うための基礎を学ぶ。

実験1　分液漏斗の使い方と自然濾過

分液漏斗の使い方と抽出によって分離した有機溶媒を乾燥後、自然濾過する（図9）。

実験器具：分液漏斗、スタンド、リング、ホルダー、受器（三角フラスコ、ビーカーなど）
試　　薬：酢酸をわずかに含む酢酸エチル溶液、5％炭酸水素ナトリウム水溶液、無水硫酸ナトリウム

初めに水のみを使い分液漏斗の使い方を確認する。分液漏斗の上下2つの栓に漏れがないかを確かめる。漏れがないことを確かめたら、実際の抽出操作を行う。

① 酢酸を含む酢酸エチル（15 mL）をメスシリンダーにはかりとる。
② 5％炭酸水素ナトリウム水溶液（20 mL）をメスシリンダーにはかりとる。
③ これら2つの溶液を分液漏斗に移す。微弱にガスが発生するため、激しく振ると内圧が急上昇する。作業の始めは、ゆっくり操作し、内圧を下げるためにコックの開閉を頻繁に行う。その際、抽出液が外に飛び出すことがあるので、分液漏斗を人のいる方には向けてはならない。
④ 分液漏斗を振っても内圧がかからなくなってきたら、1分間分液漏斗を振り、リングに静置する。この時、上のスリ栓をかならず外しておく。
⑤ 下層（水層）を、下のコックを開いて適当な容器にとりわける。上層（有機層）を上部スリ栓側から適当な容器にとりわけ、無水硫酸ナトリウム（大さじ一杯）を加えて脱水する。
⑥ ヒダ折り濾紙で自然濾過する。

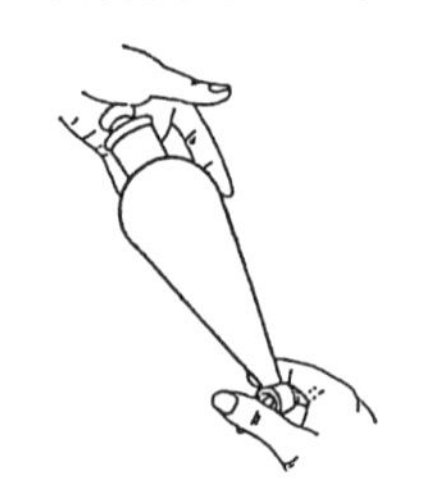
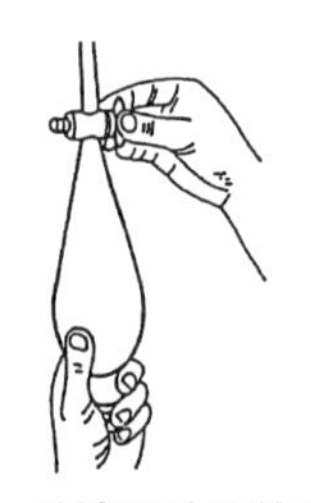
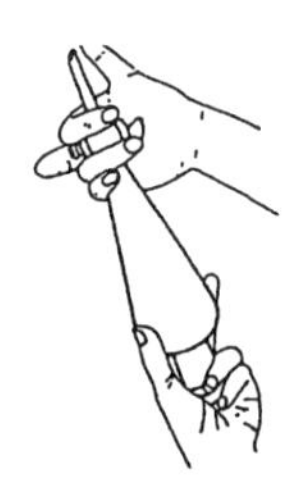

図9　分液漏斗の使い方

実験２　吸引濾過

吸引濾過装置を組み立て、硫酸バリウムの懸濁液を濾過する（図10）。

実験器具：吸引ビン、濾紙、目皿（直径2 cm）、濾過用ゴムアダプター、アスピレーター

実験

① 水道栓を全開にし、アスピレーターが機能しているかどうか（減圧になっているかどうか）を事前に確認する。減圧になっていないときは、教員に申し出る。

② 硫酸バリウム（500 mg）を天秤で秤り取り、水（15 mL）を加えて懸濁液とする。

③ 吸引濾過装置を組み立てる。

④ 濾紙を目皿の大きさに切り取る。濾紙、目皿、漏斗の接触面が密着してないと結晶が漏れ出してしまう。

⑤ アスピレーターで減圧吸引しながら、濾紙を少量の水で湿らせ、密着させる。

⑥ 懸濁液を濾過する。

注意点：減圧を解除する（蛇口を閉める）ときは、空気の入り口を確保したのちに行う。減圧下に蛇口を閉めると、水が吸引ビン側に逆流してあふれることがある。

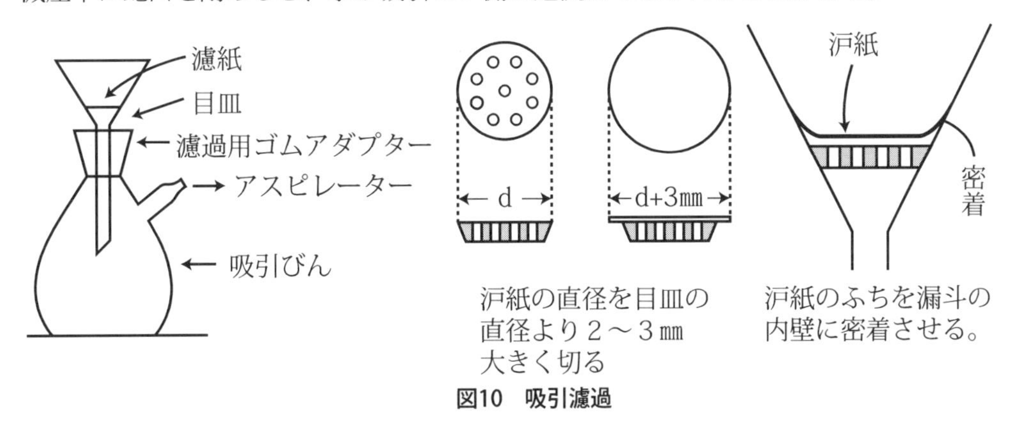

図10　吸引濾過

実験３　蒸留装置の組み立て

蒸留装置を組み立て、ガラス器具や温度計ホルダーに不備がないか、適切な組み立てができているかを確認する。適切な水量で冷却水を流してみる（図11）。

用いる器具：ナス型フラスコ、一体型蒸留用ガラス器具、温度計、温度計ホルダー、三角フラスコ、ラボジャッキ、ステンレスボール＊、三脚、ガスバーナー、防風板、クランプ、クランプホルダー、スタンド。＊直火の場合はセラミック金網を使う。

確認

① 温度計ホルダーにゆるみがないか。内部にOリングが入っているか。

② ナス型フラスコにヒビ割れがないか。

③ 水道栓を開きすぎて過剰な水圧がかかるとチューブが外れ、水が噴出・散乱する。穏やかに水が流れるように水道栓を調節する。

④ 沸騰石（2～3個）を忘れずに加える

⑤ 温度計の球の位置、冷却水の流れの向きを正しくセットする。

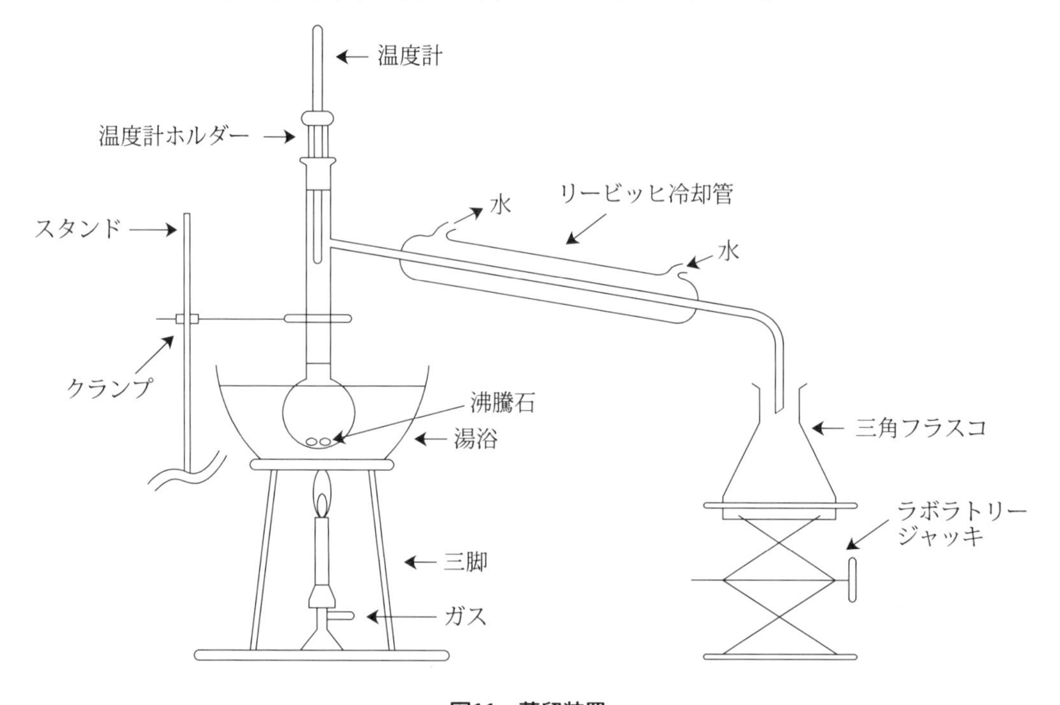

図11　蒸留装置

3.6.　アスピリン錠剤からアセチルサリチル酸の抽出

「アスピリン(Aspirin)」はドイツ・バイエル社により市販されたアセチルサリチル酸を含む解熱鎮痛剤の商標である。アスピリンの起源は古代ローマ時代にさかのぼり、その時代の薬物学誌（マテリアメディカ）には、ヤナギ(Salix)に鎮痛活性があることが記載されている。後に、ヤナギの成分であるサリシンという分子（配糖体）が、体内で加水分解・酸化されてサリチル酸となって鎮痛活性を示すことが明らかになった。

サリシン →(生体内での加水分解)→ サリチルアルコール →(生体内での酸化)→ サリチル酸　アセチルサリチル酸

サリチル酸は苦味が強くまた副作用もあった。この点を克服したものがアセチルサリチル酸である。また、服用しやすく錠剤化したことで、広く普及するに至った。現在では、解熱、鎮痛薬としてのみならず、リュウマチ薬、血小板の凝集抑制薬としても用いられている。アセチルサリチル酸が胃に作用すると副作用を生じる。そのため錠剤に緩衝剤を含ませて、胃からのアセチルサリチル酸の吸収を抑制する工夫がなされている場合もある。

本実験では、アセチルサリチル酸を錠剤から単離し、加水分解してサリチル酸へと誘導後、定性試験を行う。アスピリンは、アセチルサリチル酸をデンプンやセルロースを主とする基剤と混合したのち、錠剤成型される。アセチルサリチル酸はエタノールに溶けやすく、基剤はエタノールにほとんど溶けない。溶解性の違いを利用して、錠剤からアセチルサリチル酸だけをエタノール中に抽出する。アセチルサリチル酸を加水分解するとサリチル酸が生じる。両者の構造的な違いを定性試験によって確かめる。

1．アスピリン錠からアセチルサリチル酸の単離

1）使用する試薬：アスピリン錠剤 (500 mg アセチルサリチル酸含有/1錠剤)　3錠、99%エタノール（沸点78 ℃）15 mL

2）使用する器具：三角フラスコ（50 mL）2個、乾燥したナス型フラスコ（50 mL)、吸引濾過装置、蒸留装置

3）実験方法

① 錠剤を濾紙などにはさんで、んで、できるだけ細かく砕く。三角フラスコ（50 mL）に、細かく砕いた錠剤と99%エタノール15 mLを加え、フード中で湯浴を使ってエタノール懸濁液が沸騰するまで加熱する（図12)。沸騰開始後、2分間加熱を続ける

② 温かいうちにエタノール懸濁液を自然濾過（ヒダ折り濾紙）する。ろ液の受器には50 mLのナス型フラスコを用いる。

③ フード中湯浴上で、ろ液中のエタノールを蒸留・留去する（図13)。沸騰石（1，2個でよい)、適度な冷却水の流量、ビニルホースが金網に触れてないかなどに注意する。

④ フラスコ中のエタノールが留去され、エタノールが出てこなくなったら、ナス型フラスコを蒸留装置から取り外し、フラスコ中の蒸留残渣に水（12 mL）を加える。

⑤ アセチルサリチル酸が結晶化して懸濁した場合は、湯浴上で温めて均一溶液にする。三角フラスコ（50 mL）に水溶液だけをうつす。沸騰石が三角フラスコに入らないようにする。温かい間に素早く操作すること。

⑥ 溶液を放置するとアセチルサリチル酸の結晶が析出する。吸引濾過して結晶を集める。三角フラスコに付着した結晶は、少量の冷水で洗い落とし、吸引濾過して集める。

⑦ 濾紙に結晶をはさんで、水をできるだけ取り除く。得られたアセチルサリチル酸を秤量し、１錠剤中のアセチルサリチル酸の含有量との比較から回収率を計算する。

スタンド
クランプ
湯浴
三脚
ガス

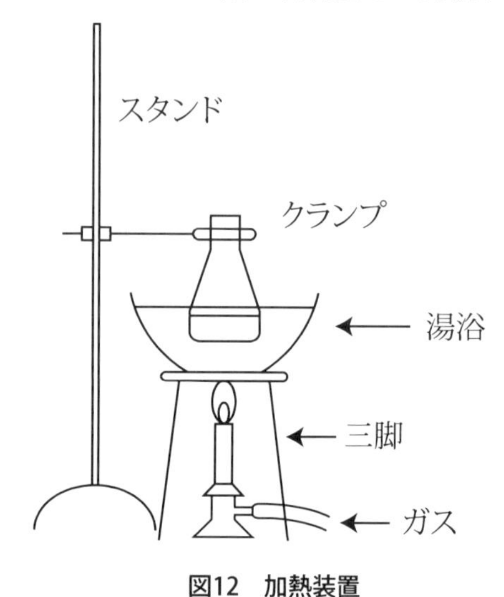

図12　加熱装置

温度計
温度計ホルダー
スタンド
水
リービッヒ冷却管
水
クランプ
沸騰石
湯浴
三角フラスコ
ラボラトリー
ジャッキ
三脚
ガス

図13　蒸留装置

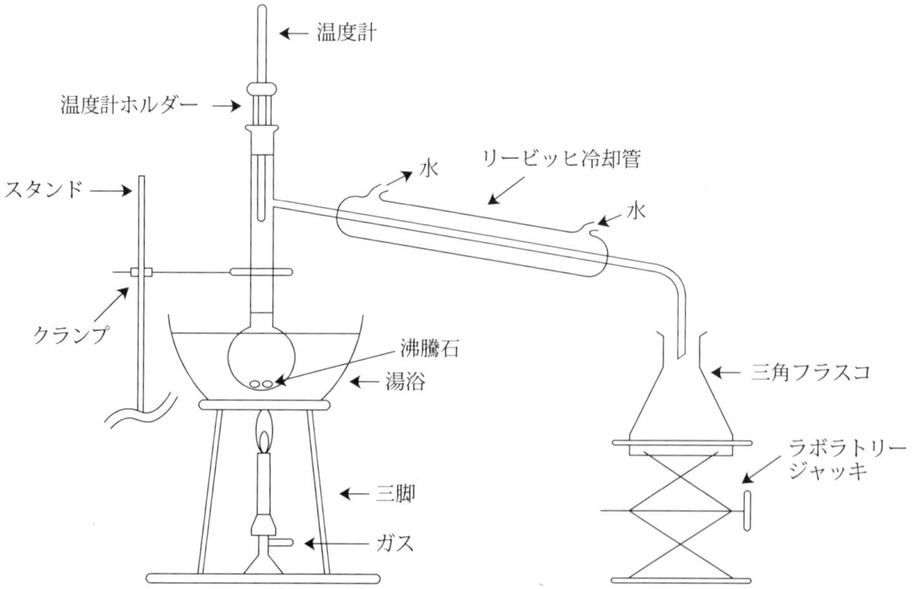

2．アセチルサリチル酸の加水分解

使用する試薬：アセチルサリチル酸、10%水酸化ナトリウム水溶液、6 M塩酸
使用する器具：試験管(1本)、吸引濾過装置

実験方法
① アセチルサリチル酸（0.2 g）を試験管にとり、10%水酸化ナトリウム水溶液（2 mL）を加え、沸騰した温浴上で10分間加熱する。**(保護メガネ着用のこと)**
② 試験管を氷水で冷却したのち6 M塩酸（2 mL）を加えて酸性にするとサリチル酸が析出する。溶液が酸性に傾いているかどうかをpH試験紙で確認する。
③ サリチル酸の懸濁液を吸引濾過して、結晶を集める。
④ 結晶を濾紙にはさみ、水分を充分取り除いたのち秤量する。

3．サリチル酸の定性試験

使用する試薬:アセチルサリチル酸、サリチル酸、99%エタノール，塩化鉄(III)水溶液（数滴)、飽和炭酸水素ナトリウム水溶液
使用する器具：試験管（4本）

実験方法
① 塩化鉄試薬による呈色反応
試験管3本（A，B，C）を準備する。試験管Aにサリチル酸（0.01 g）をはかりとり、エタノール(1 mL)の溶液にする。試験管Bにアセチルサリチル酸(0.01 g)をはかりとり、エタノール（1 mL）の溶液にする。試験管Cにはエタノール（1 mL）だけを加える。A、B，Cの溶液に塩化鉄試薬、2～3滴を加え、色の変化を比較する。
② 中和反応
アセチルサリチル酸（約0.03 g）を試験管に取り、そこに飽和炭酸水素ナトリウム水溶液2 mLを加える。気泡が生じるかどうかを確認する。気泡は小さいのでよく観察すること。

設問
① アセチルサリチル酸が飽和炭酸水素ナトリウム水溶液に溶けるのはなぜか？その際発生する気体は何か記せ。
② 安息香酸およびフェノールのp*K*aは、それぞれ、4.20、9.95である。炭酸のpKa_1とpKa_2はそれぞれ6.35、10.34である。安息香酸やフェノールの水溶液を等モルの炭酸水素ナトリウムと混合すると、気体が発生するかどうか、酸塩基平衡を考慮して考察

せよ。

③　アルカリによる加水分解をけん化saponificationと呼ぶのはなぜか、答えよ。

④　塩化鉄試薬により呈色に差が生じるのはなぜか答えよ

⑤　実験２で用いた試薬類の当量関係を求めよ。

3.7.　メチルオレンジの合成

アゾ色素と呼ばれる染料は、アゾ結合（-N=N-）を持つ化合物で、芳香族アミンのジアゾ化によって得られるジアゾニウム塩をフェノール類や芳香族アミン類とカップリングすることで合成する。

アゾ色素は繊維の染料として用いられるばかりでなく、最近では、電流、光、水素イオン濃度などの外部刺激に応答して可逆的に色を変える、機能性色素（ディスプレーやメモリーとしての応用）として研究が盛んである。また芳香族ジアゾニウム塩はオフィスコピーなどの光感材料やカラー写真の高感度非銀塩感光材料としての利用が期待されている。

本実験では、スルファニル酸のジアゾニウム塩と*N,N*―ジメチルアニリンのカップリング反応により、pHの指示薬として知られているメチルオレンジを合成する。これにより再結晶および吸引濾過について学ぶ。メチルオレンジはpH 4.4よりアルカリ側でアゾ型となり、黄色を呈し、pH 3.1より酸性側ではキノイド型として赤色を呈する。実際に、pHの変化が色に及ぼす影響について、観察する。

$HO_3S-C_6H_4-NH_2$ $\xrightarrow{Na_2CO_3}$ $NaO_3S-C_6H_4-NH_2$

スルファニル酸

$\xrightarrow{NaNO_2\ /\ HCl}$ $^{-}O_3S-C_6H_4-\overset{+}{N}{\equiv}N$ $\xrightarrow{C_6H_5-N(CH_3)_2}$

$^{-}O_3S-C_6H_4-\overset{+}{N}(H)=N-C_6H_4-N(CH_3)_2$ $\longleftrightarrow$ $^{-}O_3S-C_6H_4-N(H)-N=C_6H_4=\overset{+}{N}(CH_3)_2$

［キノイド型：red ］

$\xrightarrow{NaOH}$ $NaO_3S-C_6H_4-N=N-C_6H_4-N(CH_3)_2$

［アゾ型：yellow ］

ジアゾニウム塩は一般に熱に不安定で、爆発的に分解する可能性がある。合成は氷冷下に行い、取り扱いには充分注意する。本実験で取り扱うスルファニル酸から合成するジアゾニウム塩は比較的、熱に安定である。

1．アゾ色素の合成

使用する試薬

N,N―ジメチルアニリン（分子量121.2、密度0.956 g/cm^3、沸点192－194 ℃）
酢酸（分子量60.05、密度1.049 g/cm^3、沸点118 ℃）
スルファニル酸（分子量173.2、分解点>300 ℃）
亜硝酸ナトリウム（分子量69.00）
2％炭酸ナトリウム水溶液
濃塩酸（35％水溶液、密度1.180 g/cm^3）
10%水酸化ナトリウム水溶液（密度1.109 g/cm^3）

使用する器具

試験管、三角フラスコ（100 mL, 200 mL）、ビーカー（100 mL），吸引濾過装置（直径7.5 cmの漏斗を使用）

実験方法

① A液の調製
ピペット（試薬ビンに備え付け）を用いて、試験管に*N,N*―ジメチルアニリン（0.8 mL）と酢酸（0.7 mL）をはかりとり、よく混合する。

② B液の調製
100 mLのビーカーに2%炭酸ナトリウム水溶液（20 mL）をとり、スルファニル酸（1.2 g）を2%炭酸ナトリウム水溶液に加える。温浴で温めると、気体の発生を伴いながら均一の溶液になる。ビーカーを水道水で冷却したのち、亜硝酸ナトリウム（0.5 g）を加える。

③ 三角フラスコ（200 mL）に氷（備え付けのビーカー１杯分）と濃塩酸（1.5 mL）を加える。撹拌しながら、B液を加えると無色のジアゾニウム塩が析出する。溶液のpHは中性～弱酸性であることをpH試験紙で確認する。結晶が析出しない場合は、ガラス棒などで三角フラスコのガラス壁をこすり（seeding）結晶の生成を促す。

④ ３～４分間撹拌したのち、A液を加えると暗赤色のアゾ化合物が生成する。粘稠な溶液となるため、均等に混合するように、よく撹拌する。アゾ化合物の生成が確認されないまま次の加熱実験を行うと危険であるため、その場合は教員と相談する。

⑤　暗赤色化合物の溶液に10%水酸化ナトリウム水溶液（9.0 mL）を加え、沸騰石を入れ弱火（温浴ではなくセラミック金網上で）、穏やかに沸騰するまで加熱する（図14）。保護メガネを着用すること！！机の上で穏やかに冷却するとアゾ色素の結晶が得られる。水道水でゆっくり冷却すると色素の結晶が得られる。析出した結晶を吸引濾過して集める。

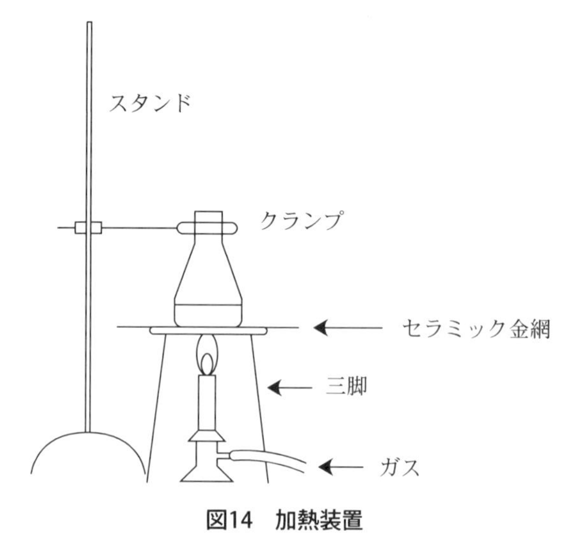

図14　加熱装置

2．アゾ色素の再結晶

①　50 mLの三角フラスコに上で得られたアゾ色素の結晶と水（約15 mL）を順次加える。沸騰石を入れ、弱火（温浴ではなくセラミック金網上で）、穏やかに沸騰するまで加熱する。結晶が溶けて均一の溶液になっていることを確認したのち、火を消し（元栓も閉めること）三角フラスコをそのままゆっくりと冷却する。急激に冷却すると微細な結晶が得られ濾過に時間がかかる。
②　析出した結晶を吸引濾過して集める。
③　得られた結晶を濾紙にはさんで充分に水を取り除いたのち、秤量する。

3．ｐＨ変動によるアゾ色素の色の変化

試験管２本に水（1～2 mL）をはかりとる。１本は希塩酸を数滴加えて酸性の水溶液にする。もう１つはうすい水酸化ナトリウム水溶液数滴を加えてアルカリ性にする。アゾ色素の結晶をごく少量を試験管に加え、酸性とアルカリ性における色の変化を観察する。

設問

① スルファニル酸が炭酸ナトリウムに溶けるのはなぜか？また、その際発生する気体は何か答えよ。

② 試薬の当量関係を計算せよ。なぜそのような当量関係になっているか考察せよ。

③ メチルオレンジの収率を計算せよ。スルファニル酸と*N,N*—ジメチルアニリンのうち使用した物質量の小さい方を基準とすること。

解説　補色について

光が空気中からプリズムに入るときに屈折という現象が起こる。光の曲がり方は光の波長によって少しずつ違っているために、さまざま波長から構成される白色光は、さまざまな色に分かれる（分光）。太陽光（白色光）をプリズムを使って分光すると、連続した波長の光から構成されていることがわかる。虹は水滴による分光である。連続した波長の光から構成されている太陽光は白色である。この中から、黄色の光を遮ると集めた光は青色に、また、青色の光を遮った場合は黄色になる。この時の黄色と青色の関係を補色と呼ぶ。トマトにはリコピンが含まれ、リコピンは青緑の光を吸収する。それ以外の波長の光は、トマトから反射される。トマトが赤く見えるのは、ある特定の波長の光以外から構成される反射光からなる色（補色）である。

補色の関係

吸収波長（nm）	目に見える色（補色）
紫（～400）	黄緑
藍（～450）	黄
青（～490）	橙
緑（～530）	赤紫
黄（～570）	藍
橙（～600）	青
赤（～700）	青緑

参考文献　フィーザー/ウィリアムソン有機化学実験,第８版、丸善

3.8.　酢酸イソアミルの合成

オキソ酸のひとつであるカルボン酸とアルコールを酸触媒存在下に加熱すると脱水縮合反応がおこり、エステルが生成する（Fischerエステル合成、基礎化学実験Ⅱ安息香酸メチルの合成参照）。エステルには特有の香りを持つものが多くある。とくに炭素数の少ないカルボン酸とアルコールが縮合して生成するエステルは植物の果実や花の香気成分に含

まれている。こうした香りの特性を利用して、低分子量のエステルは香料や食品添加物として利用されている。また、昆虫がコミュニケーションのために利用するフェロモンなどにも、エステルが多く見いだされている。生体成分である脂質はグリセロールに長鎖カルボン酸がエステル結合した構造を持っている。

酸触媒を用いたエステル化反応は以下のように表される。可逆反応であるため、エステルを合成したい場合には、平衡を右に傾ける工夫が必要となる。

$$\mathrm{H_3C{-}C({=}O){-}OH} + \mathrm{HOCH_2CH_2CH(CH_3)_2} \overset{H^+\ \text{加熱}}{\rightleftharpoons} \mathrm{H_3C{-}C({=}O){-}OCH_2CH_2CH(CH_3)_2} + \mathrm{H_2O}$$

本実験では、エステル化反応により得られるエステルを抽出、蒸留精製する実験を行う。具体的には、1）加熱還流下での実験、2）分液漏斗を用いた抽出、3）有機溶媒の乾燥、4）自然濾過、5）蒸留などの実験法を学習する。

1．酢酸イソアミルの合成

使用する試薬

酢酸（分子量60.05、密度1.049 g/cm^3、沸点118 ℃）
イソアミルアルコール（分子量88.15、密度0.82 g/cm^3、沸点132 ℃）
濃硫酸（分子量98.08、密度1.84 g/cm^3）
５％炭酸水素ナトリウム水溶液
無水硫酸ナトリウム

使用する器具

分液漏斗、ナス型フラスコ（50 mL, 100 mL）、球付き冷却管、蒸留装置、温度計（水銀200 ℃を使用）、三角フラスコ（50 mL）。
分液漏斗以外はすべて乾燥していることを確認する。またナス型フラスコに、星のような傷が入っていないか、よく確認する。

実験法

濃硫酸の取り扱いには充分注意する。白衣および保護メガネを着用する。試薬ビンからこぼさないように秤り取る。衣服、皮膚に付いたら大量の水で直ぐに洗う。目に入った場合、直ぐに洗眼器で洗浄する。

① ナス型フラスコ（100 mL）に酢酸（25 mL、備え付けのメスシリンダーを使う）お

よびイソアミルアルコール（20 mL）をはかりとる。混合溶液に濃硫酸（5 mL）を器壁をつたわらせながらゆっくりと加える。ナス型フラスコのスリの部分に濃硫酸をつけないように注意する。濃硫酸は密度が大きいため、フラスコの底の方にたまる。フラスコを注意深く振り混ぜながら、均一な溶液にする。この作業を怠たると、エステル化がうまく進行しない。

② フラスコに沸騰石（2，3個）を入れる。実験の途中で入れ忘れに気付いた場合は教員に申し出る。

③ 加熱還流装置を組み、直火（セラミックの金網上）で加熱する。加熱・沸騰によって気化した反応溶液は球付き冷却管の球の部分で冷やされ、液体となってフラスコに循環する（還流）。冷却水を流すホースが、加熱されたセラミック金網や三脚に触れ、焦げて穴が開かないように注意する。

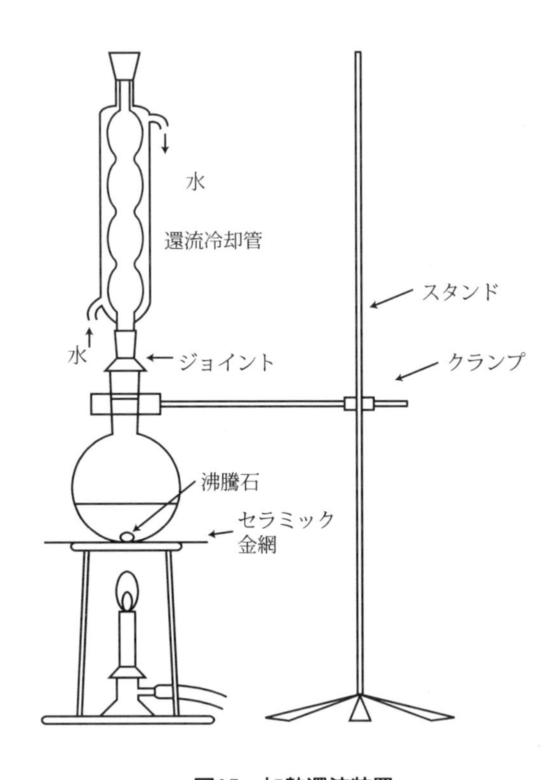

図15　加熱還流装置

④ 穏やかな沸騰と還流が30分間継続するようにバーナーの炎を調整する。この間に、分液漏斗のスリやコックの部分に漏れがないか確認する。

⑤ 反応後、室温まで冷却したのち、分液漏斗に反応溶液だけを漏斗を用いて移す。沸騰石は入れない。分液漏斗に水（40 mL）を加えて抽出を行う。操作の初めは、コックの開閉をこまめに行い、内圧を抜く。圧がかからなくなり安定したら、1分間、分液

漏斗をよく振り混ぜる。

⑥ 分液漏斗をリングに静置すると水層と有機層の２層に分離する。２層に分離しない場合は教員に申し出る。

⑦ 水層（下層）をビーカー（100または200 mL）にとりわける。

⑧ 分液漏斗に水（40 mL）を加えて、同様の抽出操作を行う。

⑨ 分液漏斗に５％炭酸水素ナトリウム水溶液（25 mL）を加えて抽出する。**ガスの発生を伴うため、内圧を抜く作業を頻繁に注意深く行う**。水層のpHを確認し、酸性を示すようであれば、再度、５％炭酸水素ナトリウム水溶液（25 mL）を加えて抽出する。pH試験紙を用いて水層がアルカリ性であることを確認した後、有機層を分液漏斗の上部から乾いた三角フラスコ（50 mL）に移す。

⑩ 薬さじに１～２杯の無水硫酸ナトリウムを加えて軽く振り混ぜ、有機層を脱水乾燥する。ヒダ折り濾紙を用いて有機層だけをナス型フラスコ（50 mL）に移しとる。
三角フラスコの残留液体はアセトンで一度洗い、フード内の廃液タンクに廃棄する。
乾燥剤もフード内の指定場所に廃棄する。

⑪ 沸騰石を２，３個加えて、直火（セラミックの金網上）で蒸留する。エステルの収量を計算するため、蒸留したエステルの受け器（乾燥した三角フラスコなど）の重さを事前に記録しておく。沸点142 ℃を示す化合物が目的物である。蒸留の際に温度が142 ℃付近で一定になったら、受器にエステルを受ける。エステルの重さを量り、カルボン酸とアルコールのうち使用した物質量の小さい方を基準として収率を計算する。

設問

① イソアミルアルコールは慣用名である。ＩＵＰＡＣ命名法による名称を記せ。

② 分液操作において5％炭酸水素ナトリウム水溶液で抽出を行うのはなぜか？化学反応式を用いて説明せよ。

③ 本実験において用いられた試薬の物質量を記せ

④ エステルを収率よく得るにはどうしたらよいか？反応平衡を生成物側に移動させるという観点から答えよ。

⑤ 酢酸イソアミルの香りは何の香りと似ているか報告せよ。

⑥ 本実験では酸触媒を用いて、エステルを合成した。これ以外の方法で、アルコールとカルボン酸からエステルを合成する方法を調べて報告せよ。

アセチルサリチル酸

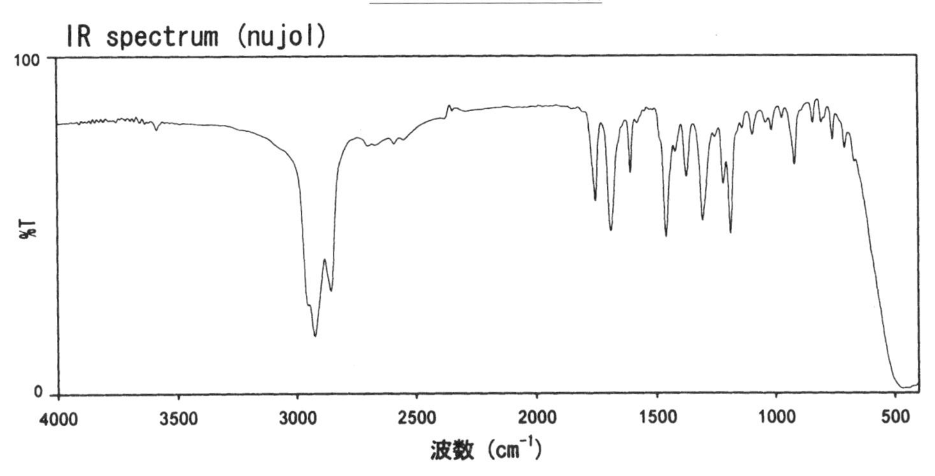

^{1}H NMR spectrum ($CDCl_3$ solution: δ7.27)

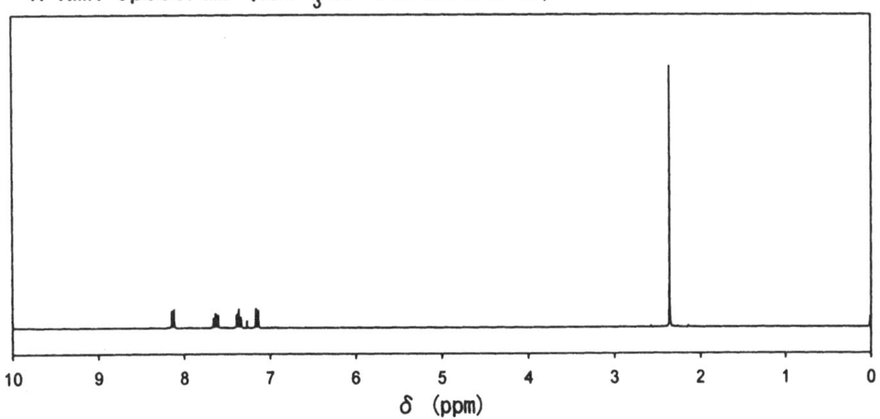

^{13}C NMR spectrum ($CDCl_3$ solution : δ77.0)

two peaks

220 200 180 160 140 120 100 80 60 40 20 0

δ (ppm)

サリチル酸

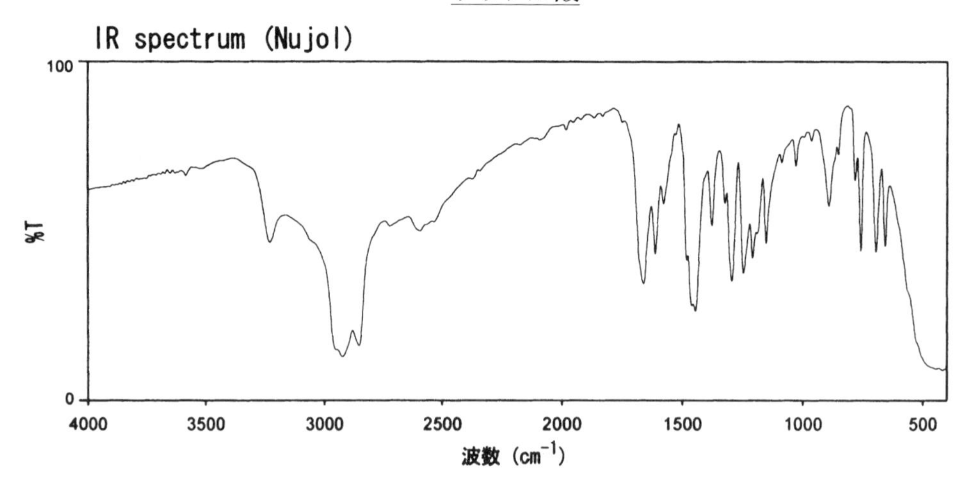

IR spectrum (Nujol)
100
%T
0
4000
3500
3000
2500
2000
1500
1000
500
波数 (cm⁻¹)

1H NMR spectrum (CDCl3 solution: δ7.27)

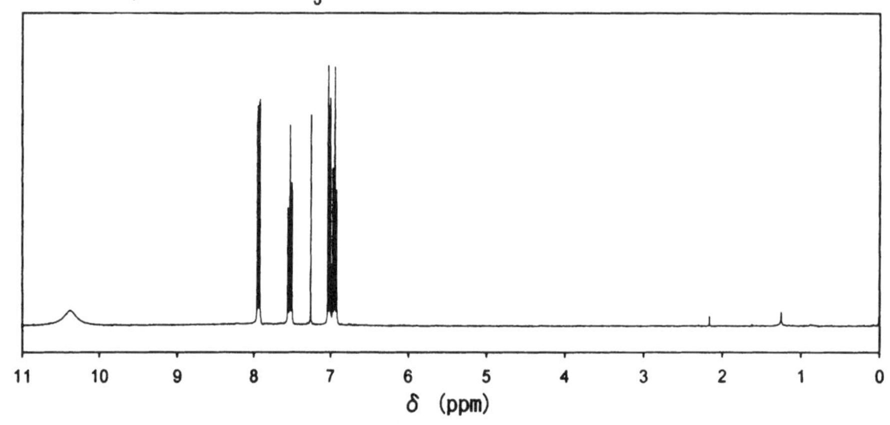

11
10
9
8
7
6
5
4
3
2
1
0
δ (ppm)

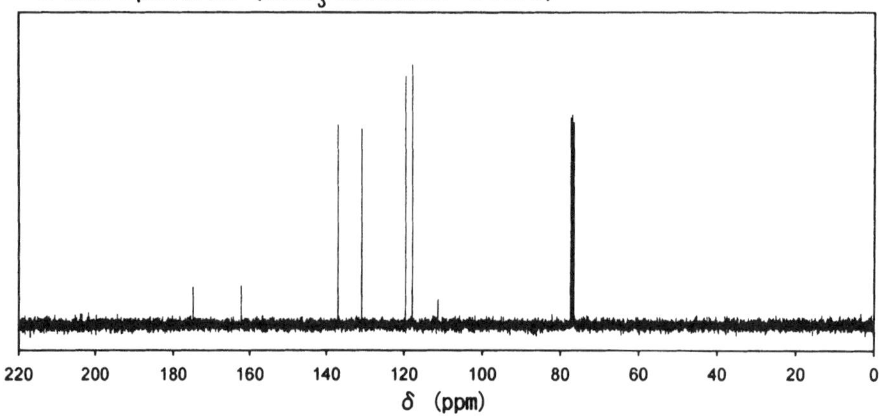

13C NMR spectrum (CDCl3 solution: δ77.0)
220
200
180
160
140
120
100
80
60
40
20
0
δ (ppm)

酢酸イソアミル

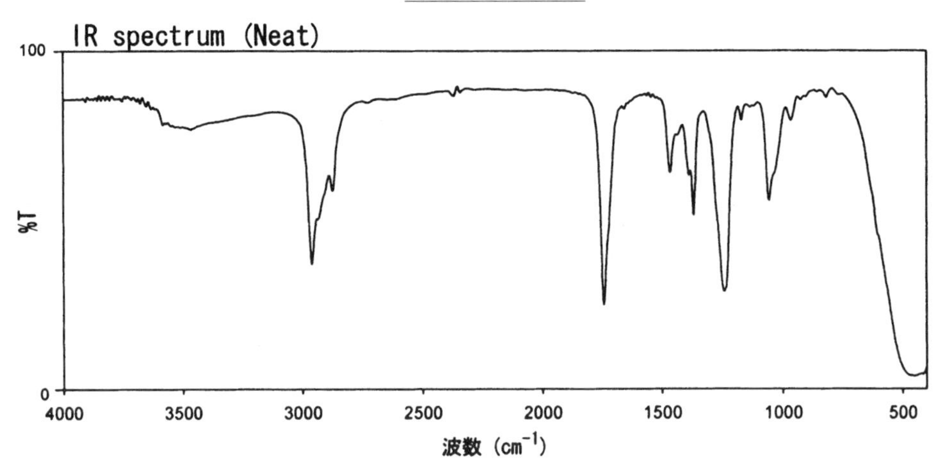
IR spectrum (Neat)
100
%T
0
4000
3500
3000
2500
2000
1500
1000
500
波数 (cm^{-1})

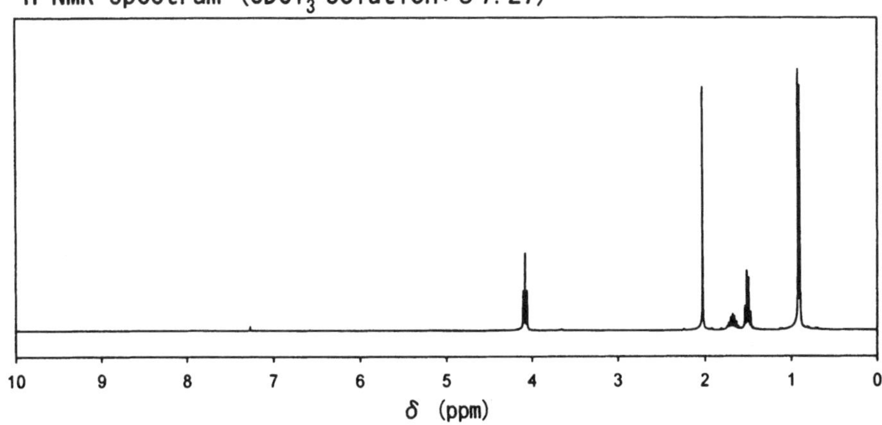
^{1}H NMR spectrum (CDCl$_3$ solution: δ7.27)
10
9
8
7
6
5
4
3
2
1
0
δ (ppm)

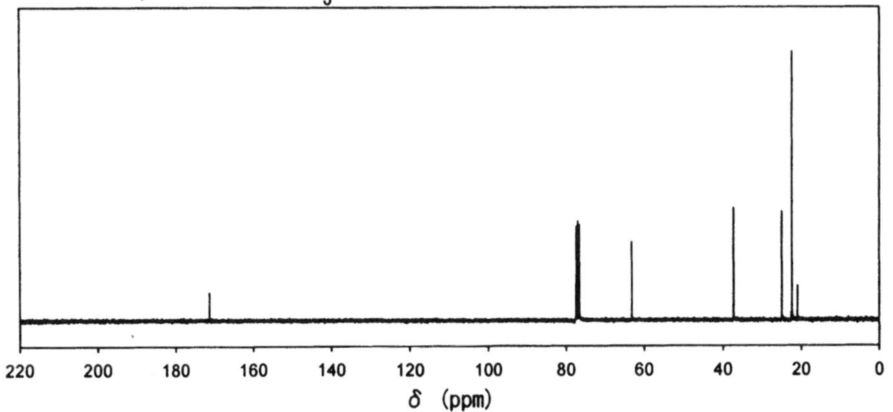
^{13}C NMR spectrum (CDCl$_3$ solution: δ77.0)
220
200
180
160
140
120
100
80
60
40
20
0
δ (ppm)

3.9.　有機化合物の分離：薄層クロマトグラフィーの利用

混合物中に含まれる有機分子の構造を解析するためには、まず混合物に含まれる物質を純物質として取り出す必要がある。その方法として、（1）濾過、（2）抽出、（3）蒸留、（4）昇華、そして（5）クロマトグラフィーなどが用いられる。基礎化学実験（有機実験）では、昇華以外の方法について実験を通じて学ぶ。ここでは（5）シリカゲル薄層クロマトグラフィー（Thin-Layer Chromatography、略してTLC）を用いた、芳香族化合物やホウレン草に含まれる色素の分離を行う。

シリカゲルはケイ素酸化物の重合体であり、さらさらの微粒子である。それをガラスやアルミホイルまたは紙の表面に薄く塗布したものがTLCである。TLCによる分離は、固層（シリカゲル）と液相（溶媒）と分離したい物質との分子間相互作用の違いを利用している（相互作用の詳細については最後ページの解説を参照）。分離は溶媒の移動にともなっておこる。TLCの場合、溶媒の移動は下から上である（図16）。

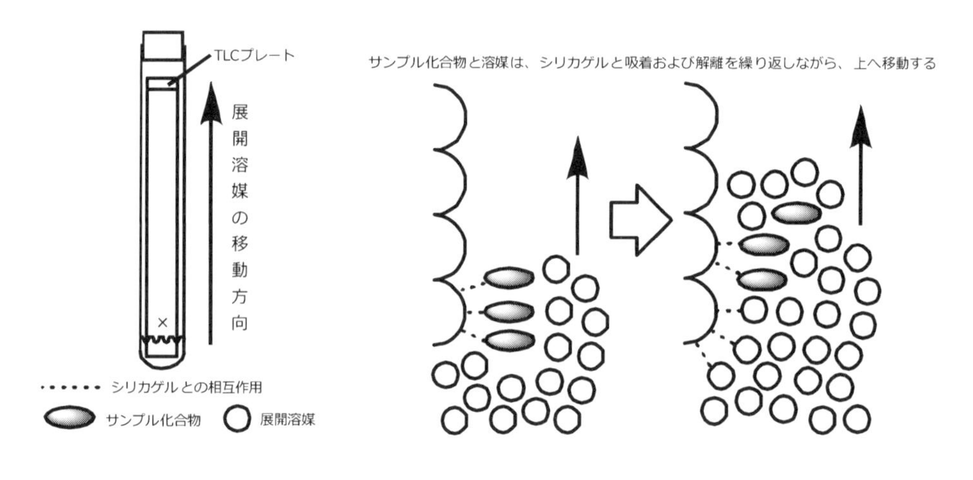

図16　薄層クロマトグラフィー

固相（シリカゲル）に物質を作用させると、物質はシリカゲルの表面に吸着される。そこに液相（溶媒）を置くと、物質はシリカゲルへの吸着と溶媒への移行を繰り返す。溶媒を一方向に移動させると、溶媒に移行した物質は、溶媒の移動方向に運ばれる。その先でシリカゲルに遭遇すると、また吸着と移行が繰り返される。吸着されやすいものは移動せず、溶媒に移行しやすいものは、溶媒とともに大きく移動する。

極性が大きく異なる２種類の物質を含む混合物を、「×印」のところに吸着させた後、適切な溶媒で分離すると２つのスポットに分かれる。物質とシリカゲルとの吸着力が、物質が溶媒に移行するよりも強いとあまり移動しない。逆に、物質とシリカゲルとの吸着よりも、物質が溶媒に移行しやすいと、物質は溶媒とともに大きく移動する。シリカゲルは極性の高い物質を吸着しやすい。そのため、移動しにくい物質は極性がより高く、移動しやすい物質は極性がより低い。クロマトグラフィーをうまく行うには、分離したい物質の極性に合わせて溶媒を選択することが重要となる。これについては、実際に実験を行って確かめる。

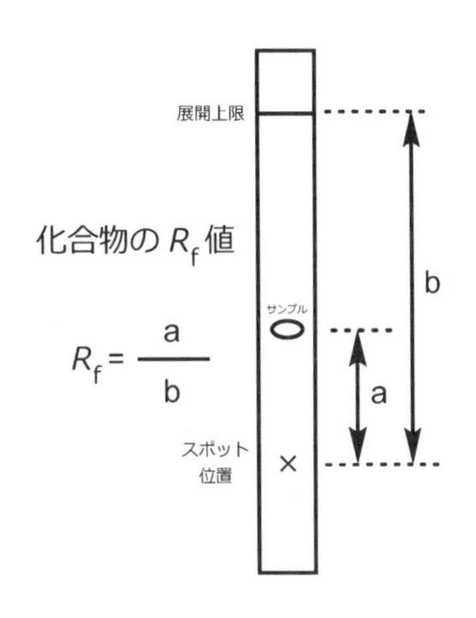

図17　R_f 値の求め方

物質の移動度は、物質固有の物性値であり、R_f 値と呼ばれる。その算出法は図17に示すとおり、R_f 値はスポットした位置から展開後のスポットの中心までの距離aを、展開溶媒が移動した距離bで割った値である。物質の極性が高いと R_f 値は小さく、極性が低いと大きな値となる。また R_f 値は、展開溶媒の極性によって変化する。

本実験では、ナフタレンと２-ナフトールの分離を行う。次に、ほうれん草に含まれる複数の色素成分の分離を行う。各成分の R_f 値を求め、その値を文献値と比較することで色素成分を同定する。

１．ナフタレンと２-ナフトールのTLC解析

使用する試薬：ナフタレン（分子量128.17、密度1.14 g/cm^3）および２-ナフトール（分子量144.17、密度1.28 g/cm^3）薬さじで各小さじ半分程度、酢酸エチル（分子量88.11、密度0.897 g/cm^3、沸点77.1 ℃）、ヘキサン（分子量86.18、密度0.659 g/cm^3、沸点68.7 ℃）

使用する器具：TLCプレート（薄層クロマトグラフ用クロマトシートⅡ、200×10 mm、富士フイルム和光純薬製）２枚、25 mLメスシリンダー、1.5 mLマイクロチューブ３つ（３～４名の各グループで、サンプル溶液調製用２つ、マイクロピペットチップ洗浄用１つ）、試験管、ゴム栓、ピペットチップ、鉛筆（またはシャープペンシル）、定規、UVランプ
（注）TLCプレートは、表面に指紋を付けないようにピンセットで取り扱う。

① 展開溶媒の調製：25 mLメスシリンダーを用い２種の異なる展開溶媒（酢酸エチル：ヘキサン＝30：70、10：90）を調製する。展開溶媒は各グループ（３～４名）で10 mLずつ調製し、数名でシェアして使用する。
② TLC用サンプル溶液の調製：マイクロチューブにナフタレンを、薬さじで小さじ半分程度加える。ヘキサンをマイクロチューブの1.5 mLの目盛りまで加え、フタをしてよく振り完全に溶解させる。２-ナフトールも同様に、酢酸エチルを溶媒としてサン

プル溶液を調製する。サンプル溶液は各グループ（3～4名）でシェアして使用する。アセトンをマイクロチューブに入れ洗浄溶液とする。

③ マイクロピペットチップの先端をサンプル溶液につけ、毛細管現象で溶液を吸い上げる。

④ TLCプレートの下から15 mmの位置に、サンプル溶液をスポットする（図18）。スポットは、ピペットチップの先端がTLC上に一度触れる程度でよい。ピペットチップは、洗浄溶液で数回洗浄し再利用する（吸い上げたアセトンを、キムワイプ上に廃棄する操作を数回繰り返す）。

⑤ 試験管に展開溶媒を1.0 mLの目盛りまで入れ、ゴム栓で密閉する。

⑥ 試験管の長さに合わせてTLCプレートの上部をハサミで切断した後、ピンセットでTLCプレートを試験管にセットする。スポット位置が溶媒に触れないように、また振動で溶媒が波立たないように慎重にセットする。スポットの位置より溶媒が下になるように注意する。

⑦ 展開溶媒が上から約5 mmの位置に達したら、TLCプレートを試験管から取り出し、その位置に鉛筆で線を引いた後、フード中で風乾する。

⑧ TLCプレートに、UVランプの短波長UV光を照射する。プレート表面には254 nmのUV光で励起されて蛍光を発する指示薬が添加されている。芳香族化合物などの254 nmのUV光を吸収する物質はプレート表面中の指示薬による蛍光放射を減少させ、黒っぽいゾーンとして観察される。検出されたスポットを鉛筆で丸囲みして分かるようにする。

⑨ 各化合物のR_f値を求める。

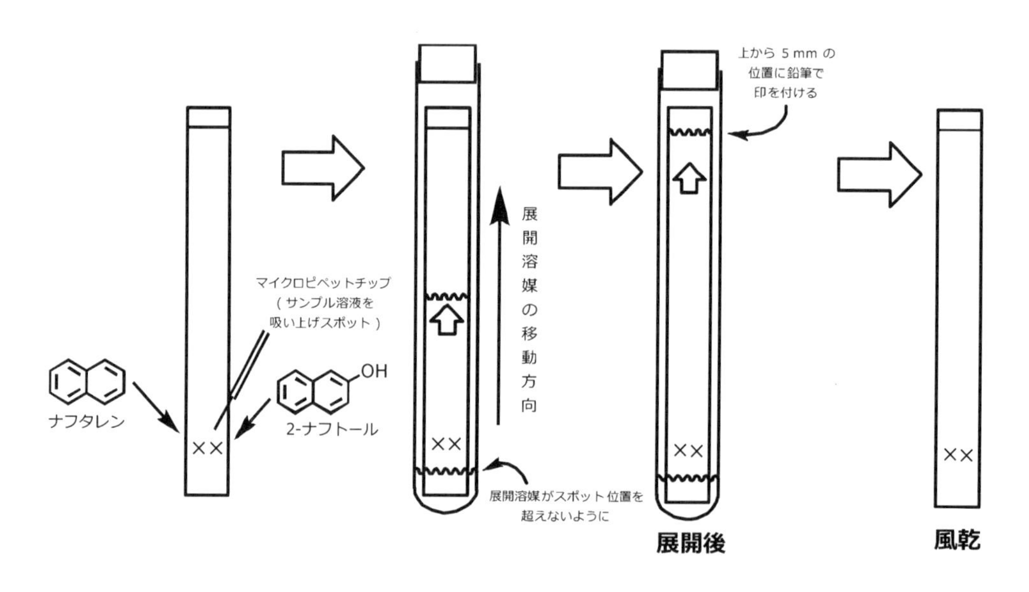

図18　TLCの分析法

2．ほうれん草成分の分離

使用する試薬：ほうれん草粉末［乳鉢中で、ほうれん草（葉の部分、30×30 mm）とシリカゲル（白色小粒、ナカライテスク社製、薬さじ大さじ１杯）を混合］薬さじで小さじ５杯程度、ジエチルエーテル（分子量74.12、密度0.713 g/cm^3、沸点34.6 ℃）、ヘキサン（分子量86.18、密度0.659 g/cm^3、沸点68.7 ℃）、アセトン（分子量58.08、密度0.788 g/cm^3、沸点56.5 ℃）

使用する器具：TLCプレート（薄層クロマトグラフ用クロマトシートⅡ、200×10 mm、富士フイルム和光純薬製）３枚、25 mLメスシリンダー、1.5 mLマイクロチューブ１つ（サンプル溶液調製用）、試験管、ゴム栓、マイクロピペットチップ、鉛筆（またはシャープペンシル）、定規、UVランプ

① 展開溶媒の調製：メスシリンダーを用い３種の異なる展開溶媒（アセトン：ヘキサン＝70：30、30：70、10：90）を調製する。展開溶媒は各グループ（３～４名）10 mLずつ調製し、数名でシェアして使用する。
② TLC用サンプル溶液の調製：マイクロチューブにほうれん草粉末を、薬さじで小さじ５杯程度加える。ジエチルエーテル（1.0 mL）をマイクロチューブの1.5 mLの目盛りまで加え、フタをした後によく振る。その後10分間静置し、上清をサンプル溶液として用いる。なお、ジエチルエーテルは引火する危険性があるのでフード中で取り扱い、すぐにフタを閉めるなど十分に注意する。
③ マイクロピペットチップを用いて、サンプル溶液をTLCプレートにスポットする。サンプルの採取からスポットの過程を５回程度**繰り返し**、スポットを濃くする。スポットの直径を大きくしないように、息を吹きかけ乾かしながら、ゆっくりとスポットする（図19）。試験管に各自調製した展開溶媒を1.0 mLの目盛りまで加え、ゴム栓をする。試験管の長さに合わせてTLCプレート上部をハサミで切断した後、ピン

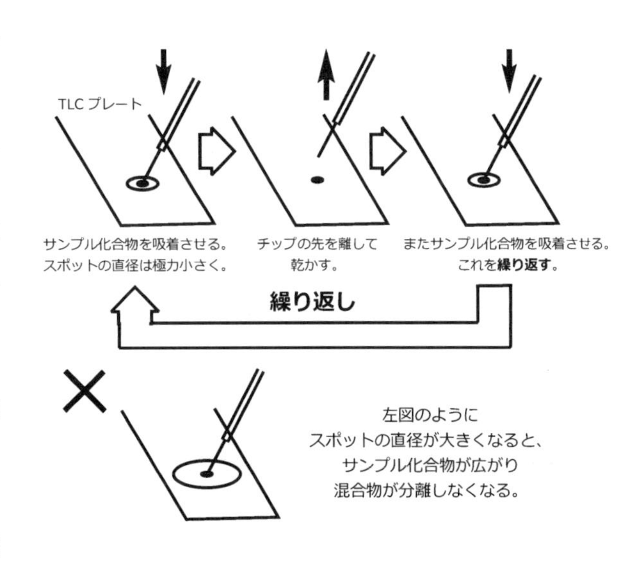

図19　TLC上のスポットの仕方

セットでTLCプレートを試験管にゆっくりとセットする。展開溶媒の上から5 mm程度まで達したら試験管より取り出し、その位置に鉛筆で線を引いた後、フード中で風乾する。各色素のスポットを鉛筆で丸囲みする。3種の異なる展開溶媒、全てで実施する。

④ 展開後のTLCプレートに、UVランプの短波長UV光を照射し、各スポットの蛍光を観察する。

⑤ 各展開溶媒における各化合物のR_f値を求める。図20に示す各化合物のR_f値（アセトン：ヘキサン＝30：70）との比較から、どの色素成分かを同定する。

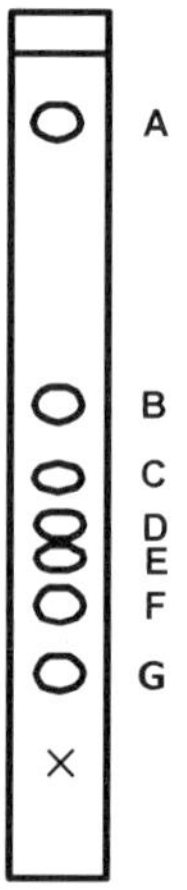

スポット	化合物名	R_f （アセトン：ヘキサン = 30：70）
A	カロテン	0.93
B	フェオフィチン（クロロフィル分解物）	0.59
C	クロロフィル *a*	0.51
D	クロロフィル *b*	0.44
E	ルテイン	0.40
F	ビオラキサンチン	0.32
G	ネオキサンチン	0.17

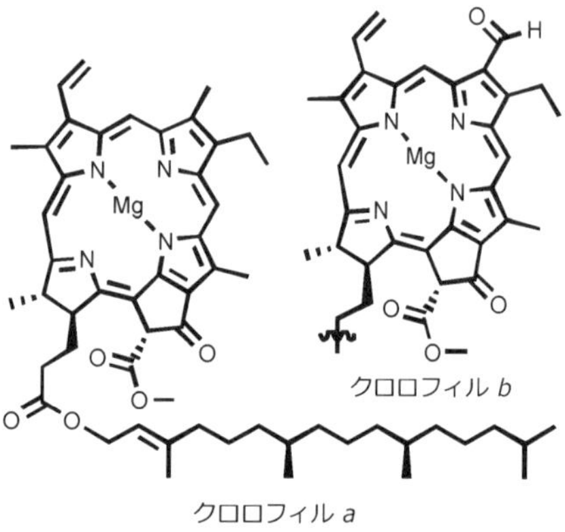

図20　ほうれん草の色素成分とクロロフィル *a* および *b* の構造式

【解説】

分子は、ファンデルワールス力や水素結合などの分子間相互作用によってシリカゲルに吸着している。分子構造から考えて、ファンデルワールス力と水素結合とは、具体的にどのようなものなのか？ シリカゲルは図21に示す様に、構造中にシラノール基（SiOH基）を多数もち、極性が非常に高い状態にある。TLCプレート上にサンプル化合物をスポットすると、図22に示すように、水酸基やカルボニル化合物が分子間でシリカゲルと水素結合を形成する。また、芳香環と水素原子間でファンデルワールス力を形成する場合もあり、プレート上で可逆的な平衡状態にある。

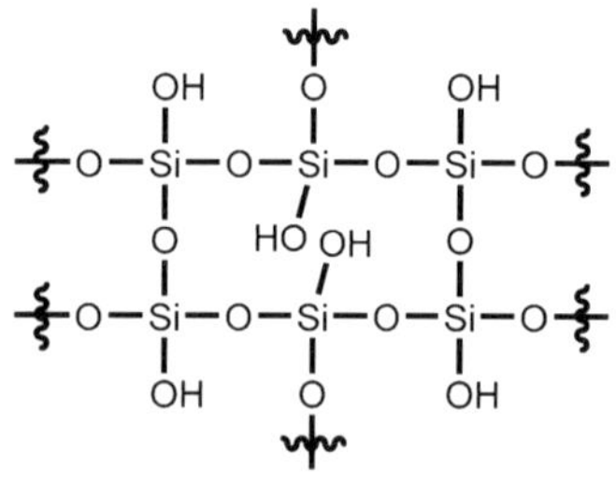

図21　シリカゲルの化学構造

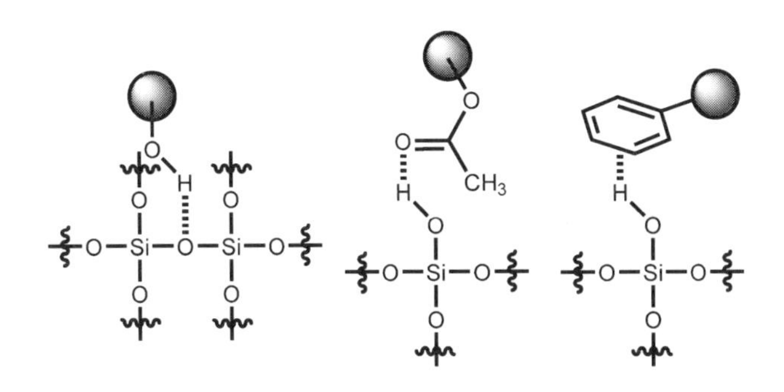

図22　シリカゲルとサンプル化合物の分子間相互作用

設問

① 有機溶媒として用いた酢酸エチル、ヘキサン、そしてアセトンの構造式を示せ。

② 結合の分極とは、電気陰性度が異なる二つの原子が共有結合している際、電気陰性度の高い原子の方に電子が偏ることである。分極の度合いの指標として、誘電率が用いられる。酢酸エチル、ヘキサン、そしてアセトンの３つの溶媒の誘電率を調べると共に、それらの極性を比較せよ。

③ 初めてのクロマトグラフィー（植物色素の分離）はどのように行われたか説明せよ。またカロテンのみを分離するために、溶媒の選択はどのようにしたら良いか。

④ 溶媒の極性を高くすると、混合物のR_f値はいずれも大きくなる。その理由を考察せよ。

⑤ ナフタレンおよび２-ナフトールをTLCで展開すると、化合物間でR_f値に大きな差が生じる理由を説明せよ。

⑥ クロロフィルの紫外可視吸収スペクトルを参考に、クロロフィルが緑色に見える理由を考察せよ。

4．時計反応

4.1.　目　的

この実験の目的は時計反応と呼ばれる反応について、下の２つの影響を調べることにある。時計反応と言う呼び名は実験をすることによって容易に理解できる。

（実験Ａ）反応する物質の濃度を変えると反応速度はどのような影響を受けるだろうか？

（実験Ｂ）温度を変えると、反応速度はどのような影響を受けるだろうか？

4.2.　解　説

つぎの２つの水溶液を準備する。

(a)　ヨウ素酸カリウムKIO_3の0.02 mol·dm^{-3}水溶液（dm^3＝(10^{-1} m)^3）

(b)　1 dm^{3}中に二亜硫酸ナトリウム$Na_2S_2O_5$ 0.2 g、可溶性デンプン４ g、0.5 mol·dm^{-3} H_2SO_4 10 cm^{3}を含む水溶液

水溶液(b)は硫酸酸性であるので、二亜硫酸イオンは加水分解され

$$S_2O_5^{2-} + H_2O \rightarrow 2HSO_3^-$$

となっている（HSO_3^-の濃度約0.002 mol·dm^{-3}）。

(a)と(b)の水溶液をまぜたとき、反応はつぎの３段階に分かれて進行する。**（注１参照）**

$$IO_3^- + 3HSO_3^- \rightarrow I^- + 3SO_4^{2-} + 3H^+ \quad \text{（遅い反応）} \quad (1)$$

$$5I^- + IO_3^- + 6H^+ \rightarrow 3I_2 + 3H_2O \quad \text{（速い反応）} \quad (2)$$

$$I_2 + HSO_3^- + H_2O \rightarrow 2I^- + SO_4^{2-} + 3H^+ \quad \text{（非常に速い反応）} \quad (3)$$

全体として、次式で表される酸化還元反応である。

$$2IO_3^- + 5HSO_3^- \rightarrow I_2 + 5SO_4^{2-} + 3H^+ + H_2O \quad (4)$$

(2)の段階で生じたI_2はすぐにHSO_3^-と反応して（(3)の段階）I^-となる。溶液中にHSO_3^-が存在しないときは、(2)の段階で生じたI_2はデンプンと反応して青色を呈する（**ヨウ素－デンプン反応**）**（注２参照）**。従って、ヨウ素－デンプン反応は(4)の反応の終点を告げる役割をはたしている。

4.3.　使用器具

ストップウォッチ		1個	ビーカー	500 cm^3	1個
メスピペット	5 cm^3	1本	乾いたビーカー	50 cm^3	2個
ホールピペット	5 cm^3	1本	温度計	100 ℃	1本
乾いた試験管		20本	試験管立て		1個
ライフロンチューブ	7 cm	10本	ラベル		

4.4. 実験A

乾いた試験管を5本用意し、5 cm^{3}のメスピペットで溶液 a をそれぞれの試験管に1, 2, 3, 4, 5 cm^{3}入れる（ピペットの扱い方は後で述べる）。これにメスピペットで蒸留水をそれぞれ4, 3, 2, 1, 0 cm^{3}入れ、あわせて5 cm^{3}にして、よく振りまぜる。b 液をホールピペットで5 cm^{3}ずつ5本の試験管にそれぞれ取り、その1本と上記 a 液の入った試験管1本とをライフロンチューブで連結する（**注3参照**）。ストップウォッチをスタートさせると同時に連結した試験管の2液を速やかに混合する。液をよく観察して、色が着いてきたらストップウォッチを止める。濃度の異なる a 液の入った5本の試験管について同じ操作を繰り返す。

4.5. 実験B

4本の乾いた試験管にそれぞれa液をメスピペットで2.5 cm^{3}取る。これに2.5 cm^{3}の蒸留水を加えて5 cm^{3}にしよく振り混ぜる。500 cm^{3}のビーカーに水を入れ、加熱するか氷を入れて冷やすかし、10, 15, 20, 25℃のいずれかの温度にあわせる。このビーカーに、先にうすめた a 液の入っている試験管1本と、b 液を5 cm^{3}入れた試験管を浸し、その温度になるように約10分間置く。試験管を実験Aと同じようにライフロンチューブで連結して着色時間を計る。この間できるだけ温度を一定に保つ。

4つの温度での実験をすべて行うこと。**廃液はすべて流しに捨ててよい。**

4.6. 結果の整理

実験Aについて

1）5つの試料の反応開始時のKIO_3のモル濃度[KIO_3]を求めよ。

2）[KIO_3]と反応時間 t およびその逆数 t^{-1} の関係を表にまとめよ。

3）[KIO_3]を横軸に取り、t^{-1}を縦軸に取って、t^{-1}–[KIO_3]の関係をグラフ用紙にプロットせよ。

実験Bについて

1）絶対温度 T およびそ逆数T^{-1}と、反応時間 t および t^{-1}の関係を表にまとめよ。

2）T^{-1}を横軸に取り、t^{-1}を縦軸に取って、t^{-1}–T^{-1}の関係をグラフ用紙にプロットせよ。

4.7. 考　察

1）実験A、Bからどのようなことが判るか。（ヒント：反応は関係する粒子の衝突によって起こり、活性化エネルギーより大きなエネルギーを持った粒子のみが反応する。）

2）実験A、Bでは反応(1)~(3)のうちのどの反応速度をはかっているか。また終点になって初めて着色するのは何故か。この実験条件下での酸化剤と還元剤の濃度を比較して答えよ。また両者の濃度を逆転させたときは、反応の終点で色はどうなるか。

注1） 時計反応のしくみ

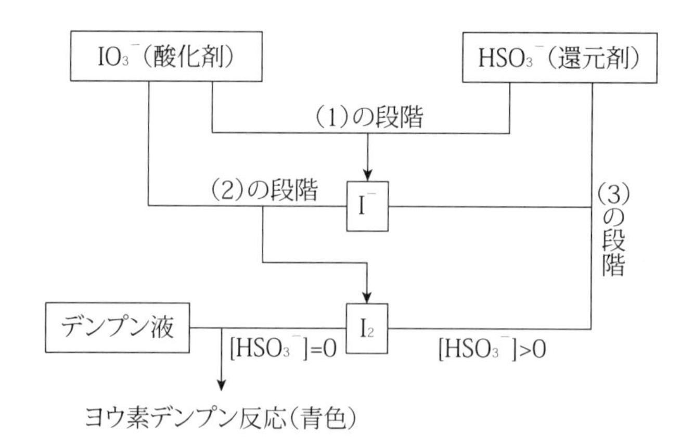

注2） デンプンはD－グルコース分子がα－1,4結合で直鎖状に縮重合してらせん構造をとる。ヨウ素を加えると、このらせん構造の中心にヨウ素分子が入りこんで、包接化合物が形成されることでヨウ素の吸収スペクトルが長波長シフトして青色を呈する。

注3） 2本の試験管をライフロンチューブで連結するのには、まず一方の試験管をチューブの3cm程度まで挿入する。このとき試験管はできるだけ口のあたりを持つ。挿入が困難なときには試験管の口の外壁を少し水で濡らす。次にライフロンチューブを鋭角に曲げ他方の試験管の口を1cm程度挿入する。ライフロンチューブを折り曲げたままでストップウォッチを押すと同時にチューブをまっすぐにして、全体を水平にすると2液は混合する。2, 3回ひっくりかえすと均一に混合する。

［ピペットの扱い方］

ピペットで液をはかり取るには、次のようにする（図1）。

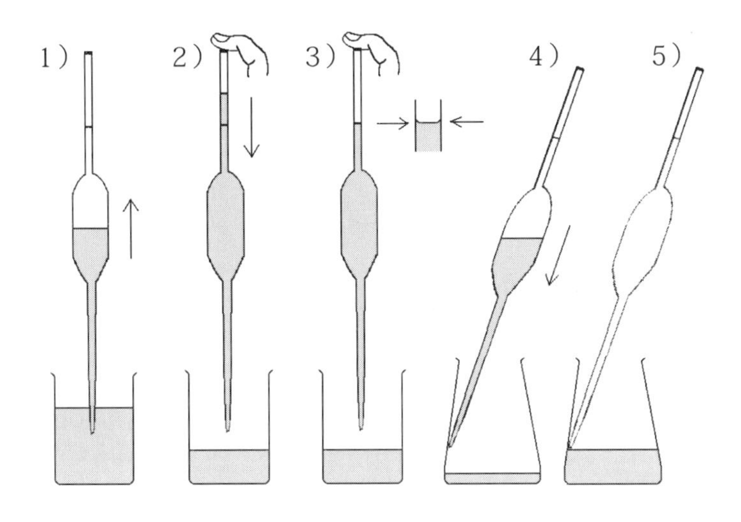

図1．ピペット使用法

1）ホールピペット上部の刻線より少し上まで液を吸い上げる。このときピペットの先端が液面より上がれば、空気がピペットの中に入り、泡ができたり、液が口の中に入ったりするので注意せよ。もし口の中に入ったら、速やかに水で口を繰返しすすぐこと。

2）上端を乾いた人差指でふさぎ、指をゆるめて僅かに空気が入るようにする。（乾いた指の方が微妙な隙間ができて調整しやすい）

3）液面が低下して刻線を通りすぎようとする瞬間に指を強く押さえて止め、下端を容器の内壁に触れさせて付着した液滴を除く。

4）ピペットを容器の上に持っていき、ピペットの下端を器壁に触れさせ指をはなして液を流し込む。

5）液が流出し終わった後、約5秒間ピペットの下端が器壁に触れた状態に保つ。この他に液が流出し終わった後、上端をふさいでピペットの球部を掌で暖めて残液をできるだけ排出させる方法もある。

6）同じピペットを用いて異なった液を取るときは、はかり取る液を少量吸い取り、ピペットを横にしたり回したりしてピペットの中をよく洗い液を捨てる。この操作を2～3回繰り返してから使用する。

7）メスピペットの使用法も原則的にはまったく同じであるが、異なる点は目盛りから目盛りまでを注ぐことで、全部出さないように注意せよ。

8）使っていないときのピペットは駒込ピペットの台の上に置くこと。

9）実験終了後のピペットは水でよく洗うこと。

5．酸化還元滴定

5.1. 目　的

酸化還元反応を利用して、滴定（titration）により溶液の濃度を決定する。

5.2. 解　説

Fe^{2+}は他の物質に電子を与えることにより、簡単にFe^{3+}になる。このように電子を失う反応を**酸化**（oxidation）といい、Fe^{2+}は酸化されたという。これに対し電子を獲得する反応を**還元**（reduction）という。このように酸化反応と還元反応は電子の授受に関係するので、当然のことながら両者は同時に起こる。そこで、これらを総称して**酸化還元反応**（redox reaction）という。自らは還元される物質は他を酸化するので酸化剤と呼ばれ、酸化される物質は同様に還元剤と呼ばれる。同じ物質でも相手によって酸化剤になったり還元剤になったりすることがある。例えば本実験で還元剤として用いるH_2O_2は次のように酸化剤として働くこともある。

$$H_2O_2 + 2e^- \rightarrow 2OH^- \text{（酸が存在すると } H_2O_2 + 2e^- + 2H^+ \rightarrow 2H_2O\text{）}$$

本実験では酸化剤として$KMnO_4$水溶液を用い、還元剤として$(COOH)_2$とH_2O_2の水溶液を用いる。実験はまず濃度既知の$(COOH)_2$水溶液を用いて、$KMnO_4$水溶液の濃度を求め、つぎにそれを用いて過酸化水素水のH_2O_2濃度を決定する。反応が完結したかどうかは、酸化型のMn(VII)→還元型のMn(II)への変化に伴う可視部の吸収スペクトルの変化（色の変化）を利用して知ることができる。還元剤が存在する間はMnの酸化型（赤紫色）は還元されて還元型（無色）になるが、反応が完結すれば、すなわち終点直後では還元剤は無くなり，わずかに過剰の酸化剤が残り，薄い赤紫色になる。酸化剤を少しずつ滴下して着色した瞬間を捉える。

これらの酸化還元反応について少しふれておく。$KMnO_4$は酸性溶液中では次の反応を起こす。

$$Mn^{VII}O_4^- + 8H^+ + 5e^- \rightarrow Mn^{2+} + 4H_2O \qquad (5.1)$$

また　$(COOH)_2$ は

$$(COOH)_2 \rightarrow 2CO_2 + 2H^+ + 2e^- \qquad (5.2)$$

(1)×2と(2)×5の辺々を加えると

$$2Mn^{VII}O_4^- + 6H^+ + 5(COOH)_2 \rightarrow 2Mn^{2+} + 10CO_2 + 8H_2O \qquad (5.3)$$

対イオンも併記した通常の化学反応式で書けば次のようになる。

$$2KMnO_4 + 3H_2SO_4 + 5(COOH)_2 \rightarrow K_2SO_4 + 2MnSO_4 + 10CO_2 + 8H_2O \qquad (5.3')$$

H_2O_2との組合せについても、反応機構とは離れて形式的に次のように書ける。

$$H_2O_2 \rightarrow O_2 + 2H^+ + 2e^- \qquad (5.4)$$

(1)×2と(4)×5の辺々を加えると

$$2Mn^{VII}O_4^- + 6H^+ + 5H_2O_2 \rightarrow 2Mn^{2+} + 5O_2 + 8H_2O \qquad (5.5)$$

対イオンをも併記した通常の化学反応式で書けば次のようになる。

$$2KMnO_4 + 3H_2SO_4 + 5H_2O_2 \rightarrow K_2SO_4 + 2MnSO_4 + 5O_2 + 8H_2O \qquad (5.5')$$

以上の反応式の中で、(5.3)式の反応は少し注意を要する。時計反応の実験で理解したように、反応速度は温度によって大きく影響される。室温では(5.3)式の反応は非常に遅く事実上進まない。一方あまり温度を上げすぎるとMnO_4^-は分解する。(5.3)式の反応を速やかに、かつ確実に進行させる温度としては75 ℃程度がよいとされている。(5.5)式の反応は室温で充分であり、むしろ温度を高くするとH_2O_2が分解する。このように取り扱う物質や反応の特性（活性化エネルギーなど）をよく知ることが実験をするうえで必要である。濃度は溶液 1 dm^3中に反応にかかわる電子 1 molを含むものを基準にすると便利である。モル濃度（M ≡ $mol{\cdot}dm^{-3}$の略記法である）との関係は、たとえば$KMnO_4$ 1 molは反応電子を 5 mol受け取るので、1/5 Mの$KMnO_4$が電子 1 Mに対応する。

標準溶液として用意された0.025 M $(COOH)_2$水溶液の厳密な濃度は、その後につけたファクター(*F*)を乗じたものである。例えば0.025 M (*F*=1.014)であれば、正確な濃度は0.025 M×1.014 = 0.0254 M ということになる。すなわち有効数字はファクターによって決まる。

5.3. 注　意

1）ピペットの取り扱いは時計反応のピペットの扱い方を参照すること。ビュレットの取り扱いがこの実験の成否を決めるので、別の項を設けて説明する。

2）廃液はMnだけをまとめて処理するので、あらかじめ廃液用のビーカー（プラスチック製は使用しない）を決めておく。ある程度廃液がたまったら、実験室の試薬台付近に用意された廃液容器に捨てる。

3）用意された液を取りに行くビーカーは、あらかじめ物質名を書いておくこと。

4）レポートは当日提出する。例えば、どういう測定か、ビュレットの始めの読み、終点の読み、その差、ブランクの読み、その差、それらの差、平均値、計算式、結果などをわかりやすく整理すること。(表5.2参照)

5.4. 使用器具、実験結果の記録の例

表5.1 使用器具

器具	容量	数	器具	容量	数
メスシリンダー	100 cm^3 10 cm^3	1本 1本	ホールピペット	10 cm^3 5 cm^3	1本 1本
ビュレット	50 cm^3	1本	メスフラスコ	100 cm^3	1個
ビュレット台		1台	コニカルビーカー	200 cm^3	4個
湯浴		1式	$KMnO_4$ 用ビーカー*	50 cm^3	1個
温度計	100 ℃	1本	$(COOH)_2$ 用ビーカー*	30 cm^3	1個
洗ビン	500 cm^3	1個	H_2O_2 用ビーカー*	30 cm^3	1個

* 乾いたビーカー

表5.2 実験結果の記録の例

	A			B		
始点の読み	23.30	33.36	31.49			
終点の読み	33.30	43.42	41.35			
その差	10.00	10.06	9.86			
ブランクの始点	33.30	43.42	41.35			
終点	33.36	43.47	41.40			
その差	0.06	0.05	0.05			
正味の滴定量	9.94	10.01	9.81	Aの場合と同様に記録		
平均値	9.92Ø					

5.5. 実験A

0.025 M $(COOH)_2$標準溶液を用いて$KMnO_4$水溶液の濃度を決定する。

乾いたビーカーに取った少量の標準溶液から10 cm^3をホールピペットではかり取り、200 cm^3のコニカルビーカーに入れる。10 cm^3のメスシリンダーを用いて3 M H_2SO_4を5 cm^3を加える。H_2SO_4を入れ忘れると$Mn^{VII}O_4^-$ → $Mn^{IV}O_2$で反応が止まり液が黒くなる。さらに、メスシリンダーで蒸留水25 cm^3を加える。これを湯浴につけて75℃にする。ビーカーの中まで急には温度が上がらないのでしばらく時間がかかる。こぼさないように注意しながら振りまぜるのは時間を短縮するには有効である。このとき、温度計を直接ビーカーの中に入れてはいけない。

これにビュレットの$KMnO_4$水溶液を少量滴下し、マグネチックスターラーでよくかきまぜて反応が進行していることを確かめる。一度反応が進み出すと、(5.3)式にしたがいMn^{2+}ができ、このMn^{2+}が触媒の働きをするので活性化エネルギーが下がり、温度を気にしなくてもよくなる。

終点ではわずかに$KMnO_4$が過剰になっている。また、滴定に用いた蒸留水やH_2SO_4にはわずかな還元物質が溶けこんでいたりする。このため、各滴定についてブランクテストをし、その値を前の滴定値から差し引く。ブランクテストは標準溶液の時と同じ操作を行うが、標準溶液10 cm^3のかわりに蒸留水10 cm^3を加える。つまり蒸留水35 cm^3に３M H_2SO_4を５cm^3を加えた溶液とし、$KMnO_4$を滴下する。測定は３回繰り返し平均をとる。

5.6. 実験B

試料（過酸化水素水）に含まれるH_2O_2の濃度を決定する。

過酸化水素水の少量を乾いたビーカーに取り、ここから５cm^3をホールピペットで取り、100 cm^3のメスフラスコに入れる。これに蒸留水を入れ100 cm^3にする。ついで実験Ａと同じようにこのメスフラスコの中の溶液10 cm^3を取り、蒸留水25 cm^3を、さらに３M H_2SO_4を５cm^3加えて、すでに濃度の判っている$KMnO_4$水溶液で滴定する。解説で述べたように、この場合は温度を上げてはいけない。ブランクテストは測定のつどに行う。

5.7. 結果の整理

濃度m Mの水溶液１cm^3中には$m \times 10^{-3}$ molの試薬を含む。これのV cm^3を使用したとすると、$mV \times 10^{-3}$ molの試薬、すなわち$\nu mV \times 10^{-3}$ molの電子が反応に寄与したことになる。ここで１molの試薬は反応に関してν molの電子を授受するとした。前述のように酸化還元反応は電子の授受が起こる反応であるので、この電子数は酸化剤の受け取る数と還元剤の放出する数が同じでなければならない。酸化剤にｏ、還元剤にｒの添字をつけると、

$$\nu_o m_o V_o \times 10^{-3} = \nu_r m_r V_r \times 10^{-3}$$

となる。νは反応式よりわかる。また、Vは測定値であるので、mは上式から求められる。試料溶液の密度を1.030 $g \cdot cm^{-3}$としてH_2O_2の重量百分率を算出せよ。計算の際には有効数字を考慮せよ。

5.8. ビュレットとメスフラスコの扱い方

5.8.1. ビュレットの使い方

１）滴定液50 cm^3（本実験では$KMnO_4$水溶液）を乾いたビーカーにとる。

２）ビュレットの中の水を捨て滴定液を入れるとき、滴定液の濃度が残った水で薄くならないように、あらかじめ滴定液で洗う。それには滴定液を5~10 cm^3入れて、ビュレットを回したり傾けたりして洗い、液を廃液用のビーカーに捨てる。この操作を2~3回繰返す。このときコックの中やコックの下も洗うこと。

3）ビュレットを台に取りつけてコックを閉じ、念のために廃液用のビーカーを下に置いて、滴定液（$KMnO_4$水溶液）を静かに入れる。入れる液の量はビュレットが補正してあれば、上の０目盛りのあたりまで入れた方が補正が容易である。本実験で用いるビュレットは補正していないので、液面がおおよそ目の高さにくるようにした方がよい。なお、コックの中や下の部分にも液を入れ、空気の泡のないことを確かめる。泡があれば、これを取り除いておく必要がある。

4）準備がすべて整ったら、ビュレットの中の液面より上の内壁についた液がすべて落ちるのを待って目盛りを読む。当然のことではあるが、液面と目とを水平にして、最小目盛りの1/10までを読む。液面の下の線（**メニスカス**）の目盛りを読むべきであるが、液の色が濃くどうしても読めない人は液面の上の線で読んでもよい。

5）コックを両手で持ち、右手でゆっくりとコックを開き一滴ずつ慎重に落とす。反応がよく進むように、マグネチックスターラーでよくかきまぜる。しかしスターラーをあまり早く回転させると、液が飛び散り誤差の原因になる。色の変化の早さを観察し、色の変化が遅くなってきたら、終点が近いので慎重に滴定する。**ブランクテスト**の際に1/2滴、1/3滴と１滴以下の少量を落としたいときは、コックをわずかに開けて、ビュレットの先端に溜め、容器の壁につけたあと、少量の蒸留水で流しこむ。液の色が薄い赤紫色になった状態を終点として、目盛りを読む。この色調を覚えておき、ブランクテストの終点は、滴定の終点の色調と常に同じ色にする（このときブランクテストで３滴以上入れる必要のあるような色調の滴定はやりなおした方がよい）。なお、ビュレットのコックは水平の方向に止めるくせをつけること。

5.8.2.　メスフラスコの扱い方

メスフラスコは定量的に薄めるための器具である。溶質が固体であったり、溶媒が水以外であることは今の場合考えないことにする。

1）よく洗う。とくに首の部分が汚れていて水滴がつくようだと、それだけ濃度に誤差を生じるので注意を要する。

2）溶質（今の場合は試料の過酸化水素水を薄めた液５cm^3）を入れる。

3）首の部分より少し下、すなわち広い液面が残るように水を入れ、よく振りまぜて液が均一になるようにする。

4）水面以上の首の内壁についた水が液中に落ちるのを待って、慎重にかつ落ち着いて刻線に合わす。水を入れるのは駒込ピペットを利用すると便利である。

5）栓をして、もれないように栓を押さえ、振ったり逆さにしたりして、全体が一様な濃さになるようにする。

6．両親媒性分子の単分子膜形成を用いた分子長の推定とアボガドロ定数の決定

6.1.　はじめに

すべての物質は原子から構成されているという事実は、現代科学の根幹をなしている。原子論の萌芽は、古代ギリシアにまで遡ることができる。デモクリトス（B.C. 460年頃－B.C. 370年頃）は「すべてのものは、アトムと空虚からできている」と述べているが、ここでいうアトムとは、「有限な大きさをもち不変なもの」のことであり、空虚とは、「アトムとアトムの間の空間」のことである。デモクリトスの原子論は、現代から見ても的を射た考えではあったが、当時はこの考えを支える実験事実があったわけではないので、強固な実験事実に基づいた現代の原子論とは別のものと考えるべきである。

ラボアジエが行った研究をまとめた「化学要論」の出版（1789年）が近代化学の始まりであると考えられている。それ以降、化学反応に関与する物質の定量的な関係を研究することによって、現代的な意味での原子論（ドルトンの原子論やアボガドロの分子論など）が徐々に浸透していった。しかしながら、ここで大きな問題となったのが、「原子は小さすぎて直接見ることができない」ということであった。確かに原子論は化学反応の量的関係を理解するのに便利な考え方であったが、原子が実在するという直接的な証拠がない以上、「原子」という考えは、化学反応の量的関係を都合よく説明するための方便ではないか、という批判が常につきまとっていた。

現代的な意味での原子論が確立したのは、20世紀初頭のことである。当時でも原子を直接見ることは不可能であったが、その代わりに原子が実在する決定的な証拠となったのが、アボガドロ定数の実験的な決定であった。もし、原子が実在するならば、原子という「つぶ」の数を数えられるはずであり、それに成功した（＝アボガドロ定数を決定した）のがフランス人物理学者のペラン（1879-1942）である。ペランは、アインシュタインの理論に従い、コロイド粒子のブラウン運動を観測・解析することによって、アボガドロ定数を実験的に決定することに成功した。

このように、アボガドロ定数の決定は、現代科学の根幹である原子論にとって極めて重要である。本実験課題では、両親媒性分子が水面上に形成する単分子膜の面積を測定することによって、アボガドロ定数の決定と両親媒性分子の分子長の算出を行う。

6.2.　単分子膜を用いたアボガドロ定数の決定方法と分子長の算出方法

6.2.1.　両親媒性分子と単分子膜

両親媒性分子（界面活性剤）は、分子内に水に溶けやすい部分である親水基と水に溶けにくい部分である疎水基（親油基）の両方をもっている分子である。本実験で用いるステアリン酸やパルミチン酸（高級脂肪酸）は、代表的な両親媒性分子であり、カルボ

キシ基の部分が親水基、直鎖アルキル鎖の部分が疎水基に対応する（図１）。両親媒性分子は水面上で、水を嫌う疎水基を空気の方に、水を好む親水基を水の方に向ける結果、１分子の厚みをもった膜（単分子膜）を形成する（図２）。この水面上に形成された単分子膜のことをラングミュア膜と呼ぶ。ラングミュア膜は、水面上に広がった２次元物質と考えることができる。普通の物質と同じように２次元物質にも物質の３態、つまり、気体、液体、固体状態を考えることができる。なかでも、図２のように両親媒性分子が密に詰まった状態は、「２次元固体」と捉えることができる。

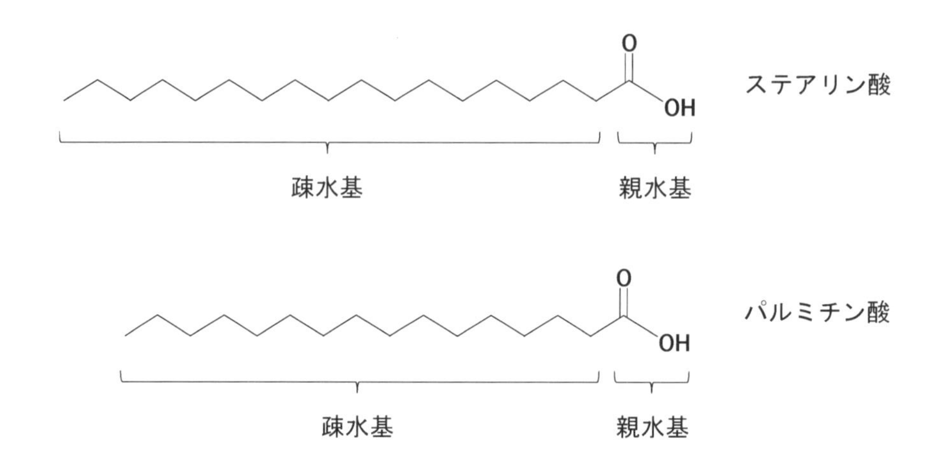

図１．ステアリン酸およびパルミチン酸の分子構造

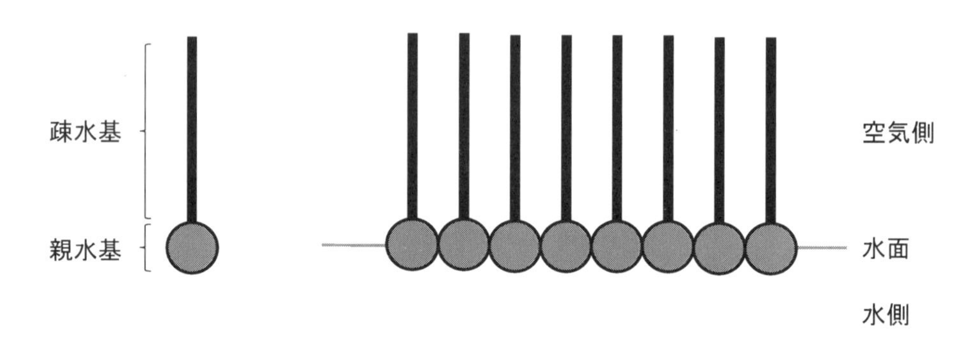

図２．両親媒性分子が水面上に形成する単分子膜

6.2.2.　単分子膜を用いたアボガドロ定数の算出方法

アボガドロ定数を決定する実験には、ステアリン酸を用いる。いま、単分子膜が２次元固体の状態（ステアリン酸が密に詰まった状態）にあるとする。また、単分子膜を構成するステアリン酸の断面積が分かっているとする。このとき、以下の手順に従えば、アボガドロ定数（分子１モル当たりの分子数）を求めることができる。

（1）単分子膜を構成するステアリン酸の物質量を計算する。これは、単分子膜を作るときに水面上に滴下するステアリン酸溶液のモル濃度と、実際に滴下した溶液の体積から求めることができる。
（2）水面上に形成された単分子膜の面積を測定する。
（3）単分子膜の面積とステアリン酸の断面積から、単分子膜を構成するステアリン酸の個数を計算する。
（4）（3）で求めたステアリン酸の個数が、（1）で求めたステアリン酸の物質量に対応するので、比例関係からステアリン酸1モル当たりの個数、すなわち、アボガドロ定数を算出できる。

6.2.3. 単分子膜を用いた分子長の算出方法

分子長を算出する実験には、パルミチン酸を用いる。いま、単分子膜が2次元固体の状態（パルミチン酸が密に詰まった状態）にあるとする。また、パルミチン酸の密度と分子量、及び、アボガドロ定数は既知とする。このとき、以下の手順に従えば、パルミチン酸の分子長を算出することができる。

（1）単分子膜を構成するパルミチン酸の物質量を計算する。6.2.2（1）参照。
（2）（1）の値とアボガドロ定数を用いて、単分子膜を構成するパルミチン酸の分子数を計算する。
（3）水面上に形成された単分子膜の面積を測定する。
（4）（2）と（3）で求めた値を用いて、パルミチン酸1分子の断面積を求める。
（5）パルミチン酸の密度と分子量から、パルミチン酸1モル当たりの体積を求める。
（6）（5）で求めたパルミチン酸1モル当たりの体積とアボガドロ定数を用いて、パルミチン酸1分子当たりの体積を求める。
（7）（4）で求めたパルミチン酸1分子の断面積と（6）で求めたパルミチン酸1分子当たりの体積から、パルミチン酸1分子の長さを算出できる。

6.3. 実　験

6.3.1. 試薬

以下の試薬は実験開始時に配布する。

- ステアリン酸溶液（3.0×10^{-4} M、溶媒はシクロヘキサン）
- パルミチン酸溶液（3.0×10^{-4} M、溶媒はシクロヘキサン）
- シクロヘキサン
- 墨汁
- 蒸留水

6.3.2. 実験器具

実験器具が不足している場合は担当教員もしくはティーチングアシスタントに申し出る

I－6

こと。
・パスツールピペット（２本）
・パスツールピペット用ゴム（１個）
・メスシリンダー（10 mLもしくは20 mLのもの１本）
・スパチェラ（1つ）
・ガラス製シャーレ（1つ）
・ろ紙（２枚）
・茶色のペーパータオル（１枚）
・グラフ用紙（１枚）
・はさみ

6.3.3.　実験操作

6.3.3.1.　パスツールピペット１滴当たりの体積の決定

パスツールピペットにシクロヘキサンをとり、メスシリンダーに一滴ずつ滴下することによって、１mLが何滴に相当するかを測定する。パスツールピペットは２本あるので、それぞれのパスツールピペットに対して測定を行う。

6.3.3.2.　ステアリン酸およびパルミチン酸の単分子膜の作成

（1）流しに置いてある洗剤を使ってガラス製シャーレをよく洗い、水道水でしっかりとすすぐ。洗いとすすぎが不十分だと実験が上手くいかない。シャーレをすすいだ後は、シャーレの中を素手で触らないこと（皮脂がついて実験が上手くいかない)。なお、シャーレの中を拭いたり乾かしたりする必要はない。

（2）ガラス製シャーレの６分目くらいまで水道水を入れる。

（3）スパチェラの先端に少量の墨汁をつけて（図３)、ガラス製シャーレの水面に静かに触れる。このとき、墨汁がさっと水面に広がる様子が観察できるはずである（図４)。墨汁が水面全体に広がらない場合は、シャーレをもう一度しっかりすすいで、操作をやり直す。それでも上手くいかない場合は、担当教員もしくはTAに申し出ること。

（4）ステアリン酸溶液をパスツールピペットにとり、ガラス製シャーレの水面の中央付近に１滴だけ滴下する。ステア

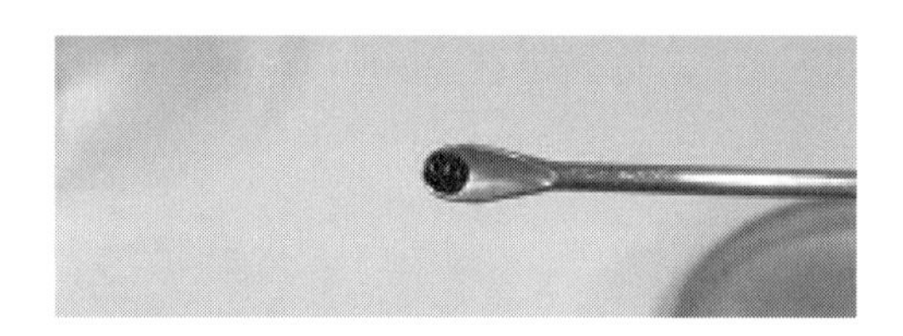

図３．スパチェラにつける墨汁の量

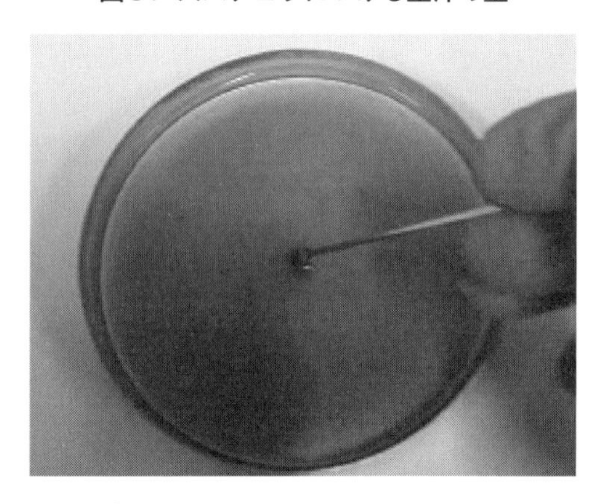

図４．水面上の墨汁の膜

リン酸溶液は水面の近くから滴下すること。滴下後、２分程度静置する。ステアリン酸溶液を滴下すると、墨汁の膜が押しのけられ、円形をした透明な部分が観察できるはずである（図５）。この部分がステアリン酸の単分子膜である。

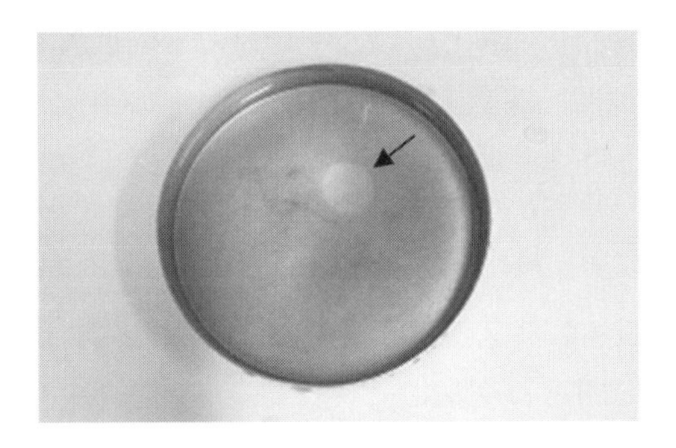

図５．水面上の単分子膜(矢印で示した丸い部分)

(5) ２分程度静置したのち、ステアリン酸の単分子膜が中央付近になるように、ろ紙を水面にそっとのせる。ろ紙全体が水面に触れたら、ろ紙をゆっくりと水面からはがす。ろ紙をペーパータオルに挟んで押し、しっかりと水気を取る。単分子膜の部分には墨が付かないため、ろ紙に単分子膜を写し取ることができる（図６）。

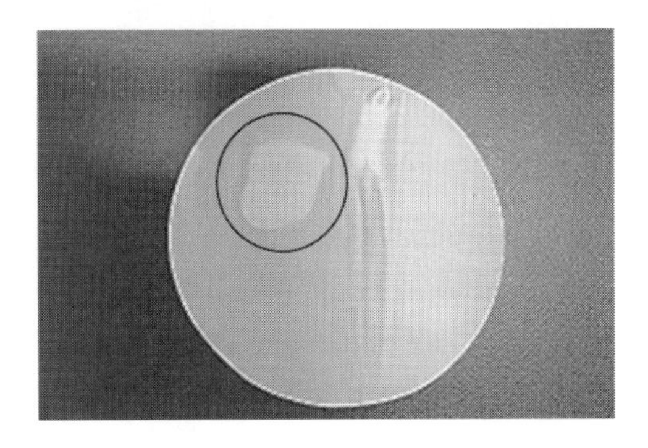

図６．ろ紙に写し取った単分子膜（丸で囲んだ部分）

(6) ガラス製シャーレのなかの水を廃液ビーカーに捨て、水道水を用いてシャーレをしっかりすすぐ。このとき、洗剤を用いてシャーレを洗う必要はない。

(7) パルミチン酸溶液に対して、上記（2）から（6）の操作を行う。ステアリン酸溶液に用いたパスツールピペットとは別のパスツールピペットを用いること。

6.3.3.3.　単分子膜の面積の算出

(1) ろ紙に写し取った単分子膜の部分をハサミで切り取る。

(2)（1）で切り取った単分子膜をグラフ用紙に写し取る。

(3) グラフ用紙の目盛りを数えることによって単分子膜の面積を決定する。

6.4.　結果の整理と考察

以下に示す項目を実験ノートとレポートにまとめること。

6.4.1.　パスツールピペット１滴当たりの体積

(1) パスツールピペットを用いてシクロヘキサンを１mL滴下したときの滴下数を表にまとめよ。表の作成例を以下に示す。

表1．パスツールピペットを用いてシクロヘキサンを1 mL滴下したときの滴下数

	パスツールピペット 1 （ステアリン酸用）	パスツールピペット 2 （パルミチン酸用）
滴下数	…	…

6.4.2.　ステアリン酸の単分子膜を用いたアボガドロ定数の算出

（2）（1）の結果を用いて、シクロヘキサン1滴の体積を求めよ。

（3）（2）の結果を用いて、ステアリン酸溶液1滴に含まれるステアリン酸の物質量を求めよ。ただし、ステアリン酸溶液1滴の体積は、シクロヘキサン1滴の体積と同じとしてよい。

（4）6.3.3.3節（3）で求めた単分子膜の面積を用いて、単分子膜を構成するステアリン酸の分子数を算出せよ。ただし、ステアリン酸の断面積は、2.2×10^{-15} cm^2とする。

（5）（3）および（4）の結果を用いて、アボガドロ定数を算出せよ。

6.4.3.　パルミチン酸の単分子膜を用いた分子長の算出

（6）パルミチン酸1モル当たりの体積を求めよ。ただし、パルミチン酸の密度は0.853 g/cm^3、分子量は256.42（モル質量256.42 g/mol）とする。

（7）パルミチン酸1分子の体積を求めよ。ただし、アボガドロ定数は6.02×10^{23} mol^{-1}とする。

（8）（1）の結果を用いて、単分子膜を構成するパルミチン酸の分子数を求めよ。ただし、アボガドロ定数は6.02×10^{23} mol^{-1}とし、パルミチン酸溶液1滴の体積は、シクロヘキサン1滴の体積と同じとしてよい。

（9）6.3.3.3節（3）で求めた単分子膜の面積と（8）の結果を用いて、パルミチン酸1分子の断面積を求めよ。

（10）（7）および（9）の結果を用いて、パルミチン酸の分子長を算出せよ。

6.4.4.　考察課題

（11）アボガドロ定数を決定する他の方法について調べよ。

6.5.　参考書

・アトキンス、物理化学（下）第8版、第10版、東京化学同人

・土井正男、ソフトマター物理学入門、岩波書店

・竹内敬人ほか、化学基礎、東京書籍

・江沢洋、だれが原子をみたか、岩波書店

基 礎 化 学 実 験 Ⅱ

基礎化学実験Ⅱ

1．アジピン酸の合成（ケトン－エノラートの酸化）

$$\text{cyclohexanone} \xrightarrow[\text{2. HCl}]{\text{1. KMnO}_4\text{, NaOH}} \text{HOOC(CH}_2\text{)}_4\text{COOH}$$

1.1.　目　的

アルカリ性条件下で、シクロヘキサノンを過マンガン酸カリウムで酸化して、アジピン酸を合成する。この反応は形式的に式(1)のように表わされる。

$$\text{cyclohexanone} + 2\,KMnO_4 \longrightarrow KO_2C(CH_2)_4CO_2K + 2\,MnO_2 + H_2O \qquad (1)$$

1.2.　実験方法

合成方法

300 mL（または200 mL）丸底フラスコに過マンガン酸カリウム8.0 gを秤取り、水65 mLを加える[注1]。つづいて30 mL三角フラスコに秤取ったシクロヘキサノン2.7 g（密度ρ＝0.947 g·cm^{-3}）を加えて振り混ぜ、混合物の温度が30℃になるように湯浴であたためる。反応混合物の温度が自然に上昇しないことを確認したのち、5%水酸化ナトリウム水溶液1 mLを加え、よく振り混ぜる。混合物の温度が45℃付近を保つように水浴で時々冷やす。反応による発熱は20から30分程度でおさまる。振り混ぜても温度が上がらなくなったら、沸騰湯浴中で5分程度加熱する。反応の終了の確認は過マンガン酸カリウムの色で行う。ガラス棒で反応溶液を1滴とり、ろ紙につける。ピンク色の輪ができる場合は、さらに加熱を続ける[注2]。

反応の終了を確認したら、溶液が熱いうちにブフナー漏斗を用いてろ過し（実験装置図4)、ブフナー漏斗上に残った沈澱を熱水20 mLで2回洗う。ろ液を300 mL（または200 mL）ビーカーに移し、沸騰石を加え、セラミック金網上、直火で加熱（実験装置図5)、濃縮する。濃縮の途中で100 mLビーカーに移し替え15 mL[注3]程度になるまで濃縮する。濃縮後､器壁に結晶が析出しているのでビーカーを傾けて溶かす。この濃縮液に濃塩酸(約37%, 密度ρ＝1.19 g·cm^{-3}）を加えてpH1～2の酸性にする。さらに濃塩酸2.5 mLを加えかき混ぜた後、氷浴で冷やし結晶を析出させる。結晶を目皿を用いた吸引ろ過で集め、得られた結晶を冷水2 mLで洗う。結晶をサンプル瓶の底を利用してよく押さえつけ十分に水を切り、さらに結晶をろ紙に挟んで水分を除き、最後に試料乾燥器に入れて次週まで乾燥する。

注1；過マンガン酸カリウムは水100 gに対して5.96 g（20 ℃）、14.40 g（40 ℃）溶ける。
注2；フラスコの口や上部や、温度計に付着している過マンガン酸カリウムを水で洗い流したのち加熱する。
注3；100 mLビーカーに15 mLの量を示す目印を先につけておく。

後かたづけ

以下の操作は使い捨てのゴム手袋を着用して行う。この反応で用いた過マンガン酸カリウムは、最終的に二酸化マンガンに変化する。この二酸化マンガンはブフナー漏斗でろ過し集める。二酸化マンガンとそれを集めたろ紙は、それぞれ、指示された所定の場所に別々に集める。また、フラスコ、ブフナー漏斗、温度計、スパチュラに二酸化マンガンが付着して汚れがとれにくい場合はティッシュペーパーでよくふき取った後、バケツに用意してある10%程度の亜硫酸水素ナトリウム水溶液に浸して洗浄するとよい。ティッシュペーパーはろ紙と共に廃棄する。

1.3. 実験に関する注意

過マンガン酸カリウム、硫酸、水酸化ナトリウム、および塩酸はすべて腐食性の試薬であるから取扱いに注意する。とくに目に入らないように保護眼鏡を必ずかけて実験をすること。ろ別した褐色の固体は所定の容器に捨てること。以下の操作において、過マンガン酸カリウムの計量、反応混合物のろ過、二酸化マンガンの付着した反応容器や器具の洗浄、後かたづけに述べた亜硫酸水素ナトリウム水溶液中での器具等の洗浄の際には、使い捨てゴム手袋をつけて行うこと。洗浄液は、指示された所定の容器に廃棄して、決して水道には流さない。

1.4. 結果の整理

アジピン酸の収量を量り、もちいたシクロヘキサノンの物質量から収率を計算せよ。また融点を測定し、文献値と比較する。融点が非常に低かったり、結晶が強く着色しているときは水から再結晶して精製した後、再度融点を調べる。純粋に得られた結晶はヌジョール法で赤外吸収（IR）スペクトルを測定して、カルボン酸のν_{OH}や$\nu_{C=O}$の帰属を行い、その構造を確認する。

1.5. 解　説

通常ケトン類は過マンガン酸塩とは反応しない。しかし、シクロヘキサノンは、塩基性条件下、過マンガン酸カリウムと反応してアジピン酸塩を与える。これはシクロヘキサノンが塩基によりエノール型となることによって過マンガン酸カリウムと反応するためである。反応が進行すると二酸化マンガンが固体として生成する。この反応の初期過程は式(2)のように考えられる。アジピン酸ジカリウムを塩酸で中和して、アジピン酸が得られる。

NaOH　$KMnO_4$　O^-　Mn　CO_2K　CO_2K　(2)

1.6. 設　問

問1：この実験で使用した試薬の物質量を計算して、当量関係について説明せよ。

問2：ケトーエノール互変異性について、シクロヘキサノンを例にして説明せよ。

問3：反応後のろ液を濃縮する際に器壁に析出した物質はなにか？

問4：塩酸でアジピン酸を中和する際に用いた塩酸の量について、実際にもちいた量と理論的な必要量を計算により求めて、その量関係について比較せよ

問5：融点、赤外吸収（IR）スペクトルの測定結果および、この実験で合成した化合物の構造との関係を説明せよ。次ページのスペクトルと比較すること。

問6：二酸化マンガンの付着した汚れは亜硫酸水素ナトリウムの水溶液へ浸すときれいに洗浄することができる。この汚れが取れる理由を、化学反応式を用いて説明せよ。

アジピン酸

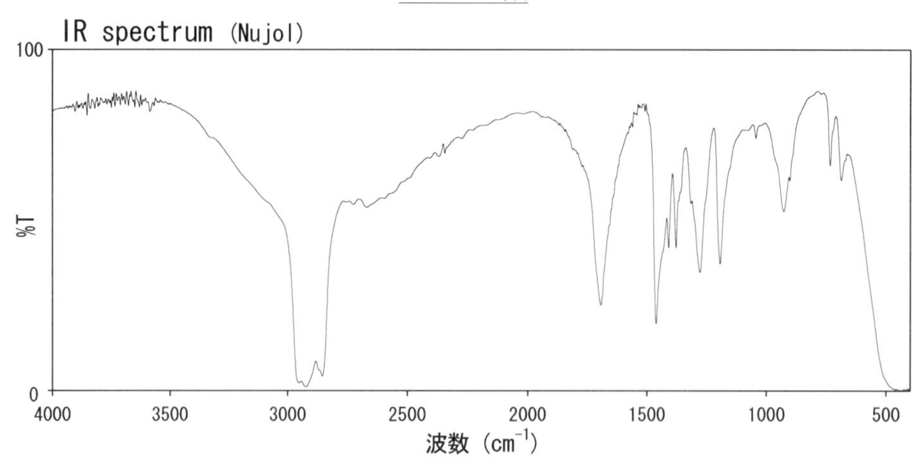
IR spectrum (Nujol)
100
%T
0
4000
3500
3000
2500
2000
1500
1000
500
波数 (cm-1)

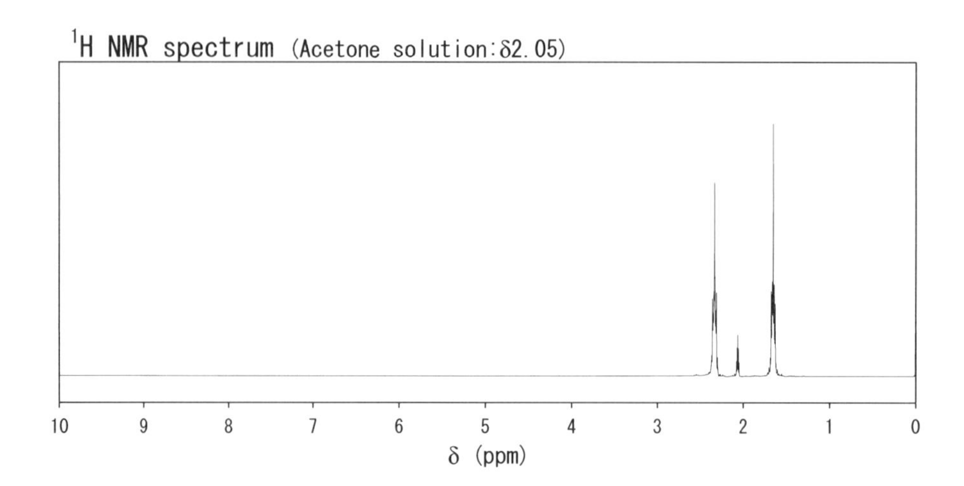
1H NMR spectrum (Acetone solution:δ2.05)
10
9
8
7
6
5
4
3
2
1
0
δ (ppm)

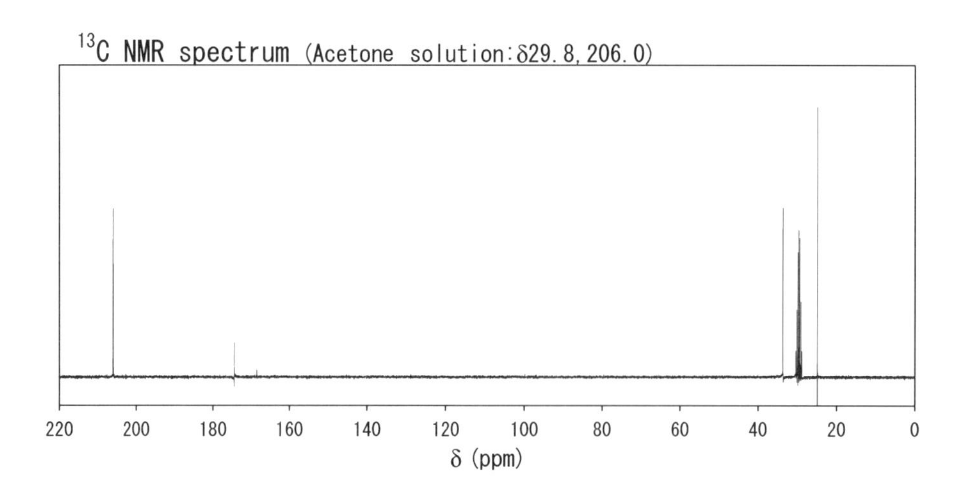
13C NMR spectrum (Acetone solution:δ29.8, 206.0)
220
200
180
160
140
120
100
80
60
40
20
0
δ (ppm)

2．安息香酸メチルの合成（カルボン酸のエステル化反応）

$$\mathrm{C_6H_5COOH + CH_3OH \overset{H^+}{\rightleftharpoons} C_6H_5COOCH_3 + H_2O}$$

2.1. 目　的

Fischerのエステル合成法を利用して、安息香酸メチルを合成する。

2.2. 実験法

300 mLの丸底フラスコに安息香酸6.1 gと，メタノール（比重ρ = 0.791 g·cm^{-3}）20 mLを入れ、濃硫酸1.5 mLを注意深く振りまぜながら少しずつ加える。つづいて、沸騰石2~3 粒を加え、球付き冷却管をセットする（実験装置 図6）。反応容器を湯浴に浸して加熱を開始する。穏やかに器壁を溶媒が還流するように安定させた状態で1時間加熱還流する。ガスバーナーの火を消して反応を停止させ反応溶液を室温まで冷やした後、水38 mLを入れた分液漏斗の中へ慎重に移す。この際、沸騰石が流れ込まないよう注意する。酢酸エチル40 mLで反応容器をすすぎ、分液漏斗に注ぐ。次いで生成物を抽出するために栓をしてよく振りまぜた後に栓を開き静置させる。二層に分かれたら下層（水層）を分液漏斗のコックを開いて流し出す。さらに新たに水12 mLを加えてよく振りまぜ、二層に分かれるのを待ってから水層を除く。続いて有機層（酢酸エチル）に５%炭酸水素ナトリウム水溶液 12 mL を少しずつ加えて、発泡がおさまってきたら、慎重に分液漏斗を左右に振ってみて、泡が出るか確認する。激しく振り混ぜても発泡しなくなったら、pH試験紙を用いて水層のpHを調べてアルカリ性であることを確認する（pH 9以上）。抽出操作により有機層と水層に分離して、水層（＊）は後述の実験のために保存する。分液漏斗に残った有機層は飽和食塩水を加え、水層（下層）を除くことにより洗浄する（塩析効果）。クランプで固定したフラスコに直径45 mmの漏斗をのせ、漏斗には少量の綿を軽く詰める。その上に乾燥剤として無水硫酸ナトリウムを６分目入れ、その上から有機層を注ぐ。この操作により水分が除去されて、乾燥した有機層が50 mLナス形フラスコ中にろ過されて移される。新しい酢酸エチル 2.5~5 mLを乾燥剤の上から注いで乾燥剤を洗う。フラスコに沸騰石を入れて蒸留装置（実験装置 図2）を組み立て、湯浴で加熱して酢酸エチルを除去（留去）する。酢酸エチルの流出がおさまったら湯浴をはずし、新たに沸騰石を加えて、セラミック金網上、直火で加熱して蒸留を続ける。あらかじめ受器フラスコの質量を秤量しておき、沸点150 ℃から190 ℃付近の留出分（沸点の範囲を記録せよ）をこの受器フラスコに集める。

前述の保存していた水層を10%塩酸で酸性（pH 1~2）にする。このとき生じた沈殿を目皿を使った吸引ろ過で集め、沈殿を冷水で洗浄、乾燥した後、収量をはかる。

後かたづけ

回収した酢酸エチル、蒸留したときの前留分および残りかすは所定の容器に捨てること。サンプルは、有機の実験が終わるまでサンプル瓶に保存すること。安息香酸エチルは絶対に水道に流してはいけない。使用した分液漏斗はよく洗浄して、栓とコックを必ず外して保管する。

2.3.　実験に関する注意

炭酸水素ナトリウム水溶液を有機層に加える際、中和反応が不十分なまま分液を行うと、二酸化炭素が発生して分液漏斗内の圧力が高くなり栓がはずれることがある。必ず泡の発生がおさまるのを確認してから、分液操作をする。メタノール、酢酸エチルなど有機溶媒は引火性があり、少なからず害をもたらす物質であるから取扱いには十分注意しなければならない。

2.4.　結果の整理

安息香酸メチルの収量をはかり、もちいた安息香酸の物質量から収率を求めよ。生成物はサンプル瓶にいれてこの実験の最後までとっておくこと。純粋な試料が得られたらnujol法で赤外吸収（IR）スペクトルを測定してカルボン酸のν_{OH}や$\nu_{C=O}$の帰属を行い、その構造を確認せよ。

2.5.　解　説

エステルを合成する方法は、Fischer法以外にもいくつかある。①エステル交換法、②塩基の存在下に酸塩化物とアルコールを反応させる、③酸無水物とアルコールの反応など。エステルを作る最も一般的な方法はFischer のエステル化で、酸触媒の存在下で各種のオキソ酸とアルコールを還流する方法である。この反応の様子は次の反応機構で示される。この酸触媒によるエステル化反応ではすべて平衡反応である。

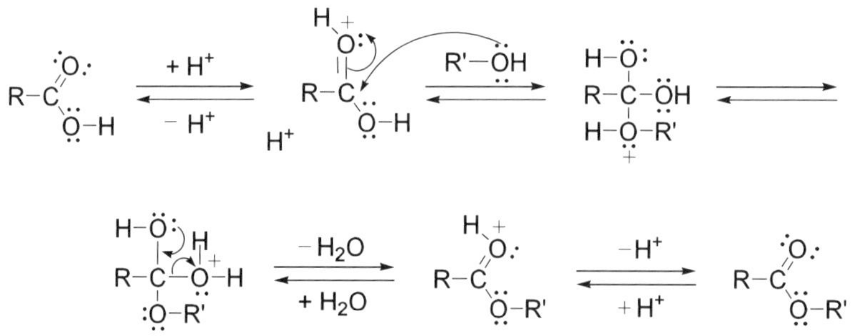

酸触媒によるエステル合成の機構

2.6. 設 問

問１：実験で使用する試薬の物質量を求め、そのような量関係にする理由を考えよ。

問２：Fischerのエステル化での濃硫酸の役割を答えよ。

問３：はじめの分液操作で得られる水層の中に含まれる試薬をすべて述べよ。

問４：有機層を炭酸水素ナトリウム水溶液で洗浄するが、この操作の目的を述べ、このとき起こる化学反応を示せ。

問５：水層（＊）に塩酸を加えた際に起こる反応を化学反応式で示せ。

安息香酸メチル

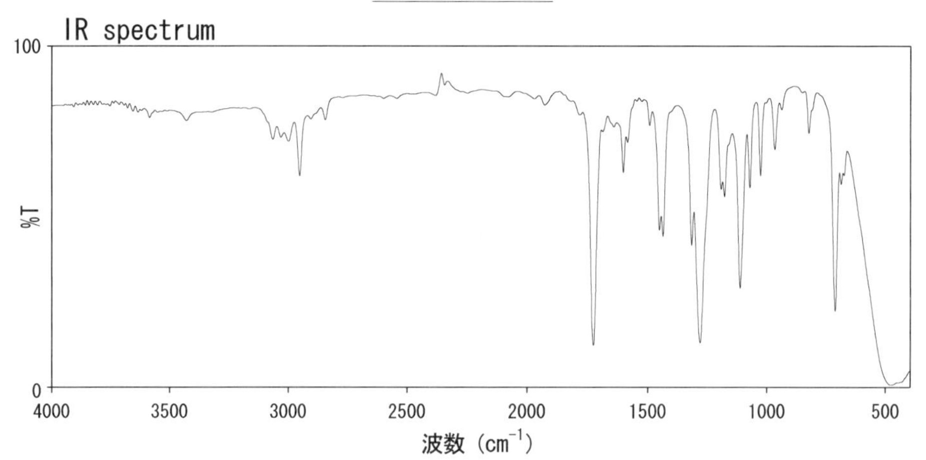
IR spectrum
100
%T
0
4000
3500
3000
2500
2000
1500
1000
500
波数 (cm⁻¹)

1H NMR spectrum (CDCl3 solution:δ7.27)

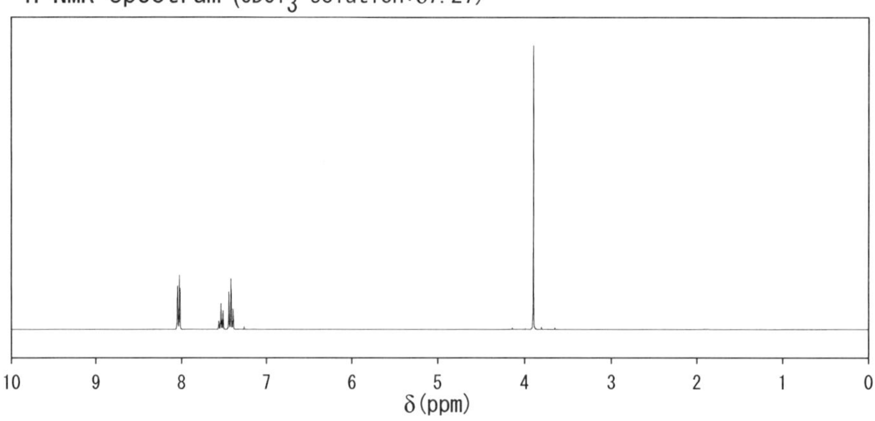
10
9
8
7
6
5
4
3
2
1
0
δ(ppm)

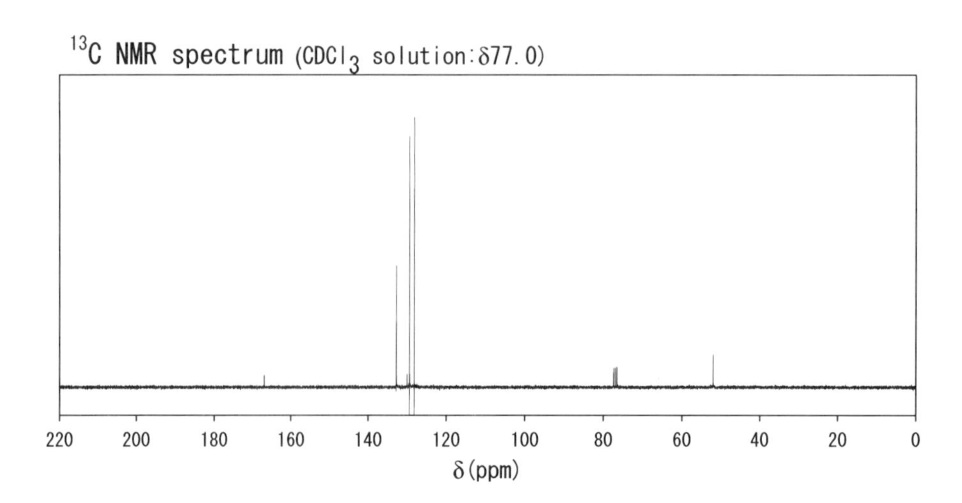
13C NMR spectrum (CDCl3 solution:δ77.0)
220
200
180
160
140
120
100
80
60
40
20
0
δ(ppm)

3．ジベンザルアセトンの合成（アルドール縮合）

$H_3C(C=O)CH_3$ + 2 PhCHO →(NaOH) PhCH=CHC(=O)CH=CHPh

ジベンザルアセトン
Dibenzalacetone

3.1. 目　的

縮合反応を利用してジベンザルアセトンを合成し、塩基触媒による縮合の反応機構、反応の簡便さ、無色だった反応液が黄色の生成物を与えることについて考える。赤外吸収スペクトルがアセトンの吸収（1715 cm^{-1})からジベンザルアセトンになると何がどのように変わるか考察する。固体の取り扱いについても学ぶ。特に再結晶法は高純度の化合物を得るための昔からある優れた方法なのでそのコツを修得する。

3.2. 操作法

回転子が入った50 mLのナス型フラスコに水20 mLを加え、それに2.0 g の水酸化ナトリウムを加える[注1]。発熱するので、必要があれば水で冷却し室温にもどす。この水溶液をA液とする。30 mL の三角フラスコにベンズアルデヒド3.0 gをはかりとり、それにアセトン1.0 mL (d = 0.791)を加え、さらにエタノール5 mLを加える。この液をB液とする。A液にエタノール10 mLを加えた後、マグネチックスターラーでよく攪拌しながら、B液をゆっくりA液に加える。数分後混合液は薄い黄色になり、さらに数分後固体が析出する（一瞬にして薄黄色の固体が析出し液が濁る）。さらに30分攪拌し生じた固体を、目皿ロートを用いて集める。固体を5 mLの水で洗い、目皿の上の固体にガラス棒等を押し付け良く水を切る。生じた固体を50 mL の三角フラスコに移し、それにエタノールを約10 mLほど加え、熱い湯浴をもちいて加熱しながら少しずつエタノールを加え最少量のエタノールに溶解させる（全量20から25 mL）。固体が完全に溶けたら室温まで冷却し（約10分)、その後、氷水に15分ほど浸し充分結晶を析出させる（最少量の熱エタノールに溶かし冷却し再び結晶を出すことにより化合物を精製する手法が再結晶である）。目皿ロートを用いて吸引ろ過する。少量の冷たいエタノールで結晶を洗う。再結晶した固体を約10分風乾（室温下、風にあてエタノールを除き乾燥する操作が風乾である）させる。融点は111 ℃。重さを量り収率を求める（収率の基準は、実際に用いたアセトンのモル数とベンズアルデヒドの1/2のモル数を比較して小さいほうを基準とする)。上手く（最小量のエタノールを用いて）再結晶を行えばジベンザルアセトンが65% 以上の収率で得られる。実験台ごとに赤外吸収スペクトル（KBr法）を測定する。

3.3.　注意点

注１；必ず保護メガネを着用し行うこと。アルカリが目に入ると眼球表面の組織がおかされ、失明の可能性がある。

3.4.　設　問

問１：この反応の機構を示せ。電子の移動は曲がった矢印を用いて示せ。

問２：加えたエタノールの量を気にすることなく、再結晶に使用したエタノールの全量を簡単に知るにはどのようにしたら良いか述べよ。

問３：ベンズアルデヒドは無色であるのに対し、ジベンザルアセトンは薄黄色である。その理由を定性的に説明せよ。

問４：「ジベンザルアセトン」は慣用名である。ＩＵＰＡＣ名を英語で記せ。

アセトンのNMR（^{1}H 300 MHz, ^{13}C 75 MHz, $CDCl_3$）と赤外吸収スペクトル（liquid film）

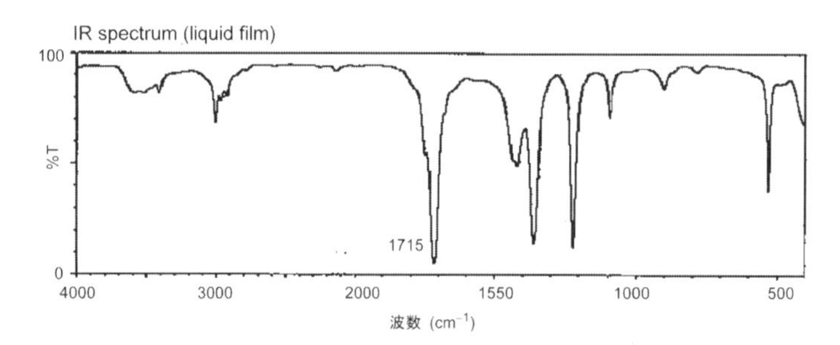

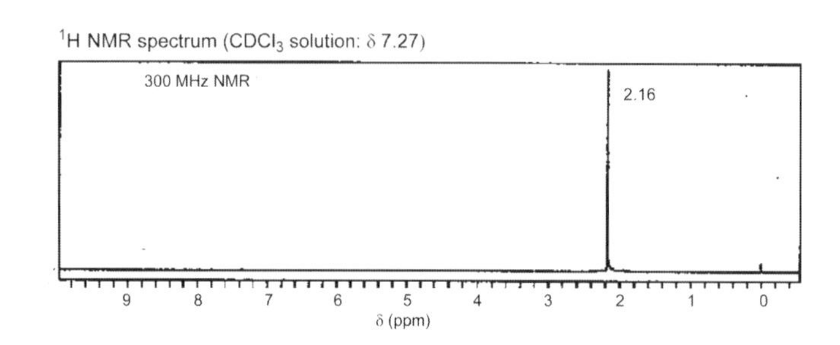

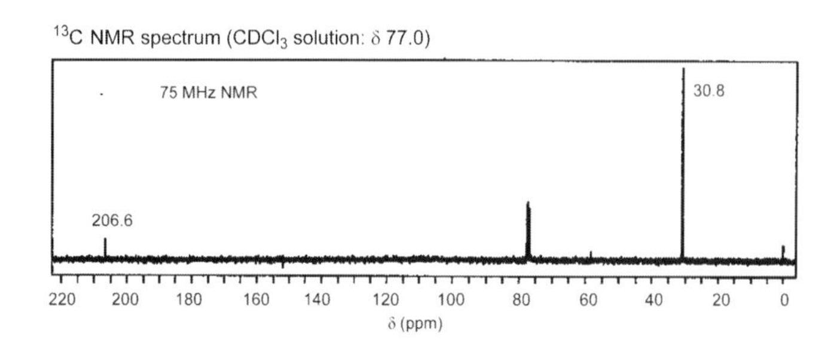

ジベンザルアセトンの赤外吸収スペクトル（KBr）とNMRスペクトル（^{1}H 300 MHz, ^{13}C 75 MHz, $CDCl_3$）

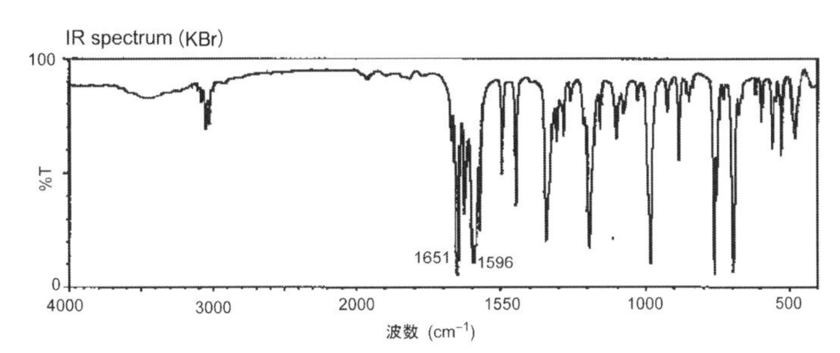

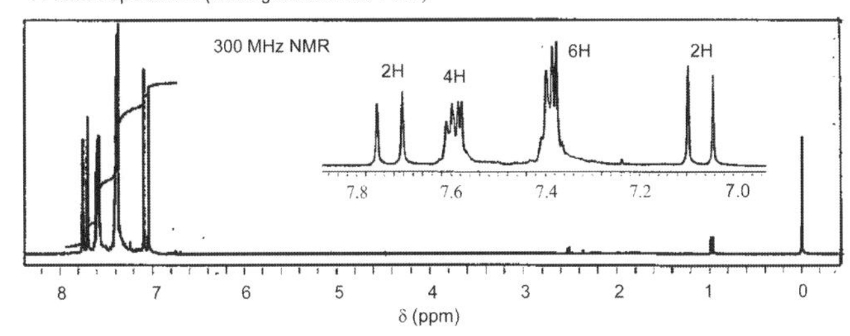

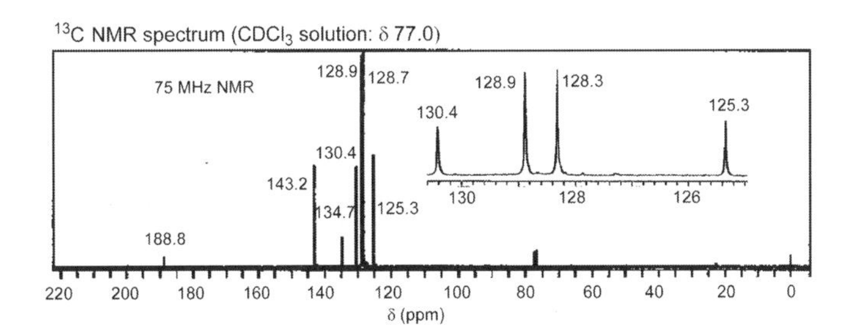

4．2–クロロ–2–メチルプロパンの合成（S_N1反応）

$$H_3C-C(CH_3)_2-OH \xrightarrow{HCl} H_3C-C(CH_3)_2-Cl$$

4.1.　目　的

2–メチル–2–プロパノールを塩酸と反応させて、2–クロロ–2–メチルプロパンを合成する。

4.2.　実験方法

200 mLの分液漏斗の中に2–メチル–2–プロパノール（*t*–ブチルアルコール、比重ρ = 0.786 g·cm^{-3}）14.8 gと濃塩酸（abt. 35%、ρ = 1.180 g·cm^{-3}）50 mLを入れ、栓をせずにゆっくりと大きくゆすり、つぎに栓をして逆さにして、ときどきコックを開けて内圧を常圧にもどしながら、4~5 分間激しく振りまぜる。その後静かに静置して二層に分離するまで待つ、下層（水層）をできるだけ流出し、上層にさらに水15 mLを加え先ほどと同様に振り混ぜる。つぎに５％炭酸水素ナトリウム水溶液 20 mLを加えて、まず栓をせずにゆっくり振りまぜ、発泡がおさまったのを確認してから、栓をして十分振りまぜる。振り混ぜている間も二酸化炭素が発生して、分液漏斗の内圧が高くなる場合があるので、頻繁にコックを開け、ガスを逃がす必要がある。先ほどと同様に水層を除き、再び有機層に水15 mLを加えて振りまぜて洗浄する。有機層と水層を分離した後、有機層を乾燥した三角フラスコに移し、粒状の無水塩化カルシウム２gを加えて乾燥する。有機層が透明になるまでフラスコを振る。次に脱脂綿の小片をつめた漏斗をのせた 30 mLナス形フラスコを用意して、乾燥させた液体を注いで、塩化カルシウムを除く。蒸留装置を組み立て（実験装置 図２）、30 mLナス形フラスコを蒸留装置に連結し、あらかじめ重さをはかった受器を用意する。湯浴で加熱して蒸留で分離する。沸点48~52 ℃（文献値50.7 ℃）の留分を集め、得られた留分の質量を量る。

後かたづけ

蒸留したときの前留分および残りかすは所定の容器に捨てること。サンプルは、有機の実験が終わるまでサンプルびんに保存すること。2–クロロ–2–メチルプロパンは絶対に水道に流してはいけない。使用した分液漏斗はよく洗浄して、栓とコックを必ず外して保管する。

4.3.　実験に関する注意

生成物の沸点が低いので受器を氷で冷やすとよい（この時空気中の湿気が凝縮して試料を汚す恐れがある。どうすれば防げるか？）。受器の外壁をよく拭ってから秤量して収量を求める。

4.4.　結果の整理

この試料は非常に蒸発しやすいので普通の液膜法での IR スペクトルの測定は困難である。２%硝酸銀のエタノール溶液約1 mLに生成物１滴を加え、沈殿が生じる様子（反応が起こる迄の時間、沈殿の色や形等）を観察せよ

4.5.　解　説

2-メチル-2-プロパノールから2-クロロ-2-メチルプロパンを合成する反応は一分子求核置換反応機構（S_N1）で説明される。この機構の特徴は、良好な脱離基（H_2O）が準備されたあと、脱離基が脱離して、カルボカチオンを形成する。このカルボカチオンに求核剤（Nu:）が攻撃して反応が進行する。この反応ではカルボカチオンが生成する段階が律速段階である。求核のNucleophilicのN、置換反応のSubstitutionのS、一分子的という意味１をあわせてS_N1と呼ばれる。この実験はその典型的な例である。実験課題５のS_N2との違いを理解してもらいたい。

4.6.　設　問

問1：この実験を例にしてS_N1反応機構を示し、かつ考えられる副生成物の構造式を書け。
　　またこの反応がS_N2機構でほとんど進まない理由を述べよ。

問2：使用した試薬の物質量を求め、そのような量関係にした理由を述べよ。

問3：有機層を５%炭酸水素ナトリウムを加えて振り混ぜるが、この操作の目的と、このとき起こる反応を化学反応式を用いて説明せよ。

問4：硝酸銀のエタノール溶液と反応させた時に生じる沈殿は何か答えよ。
　　このとき起こっている反応を、化学反応式を用いて説明せよ。

2-クロロ-2-メチルプロパン

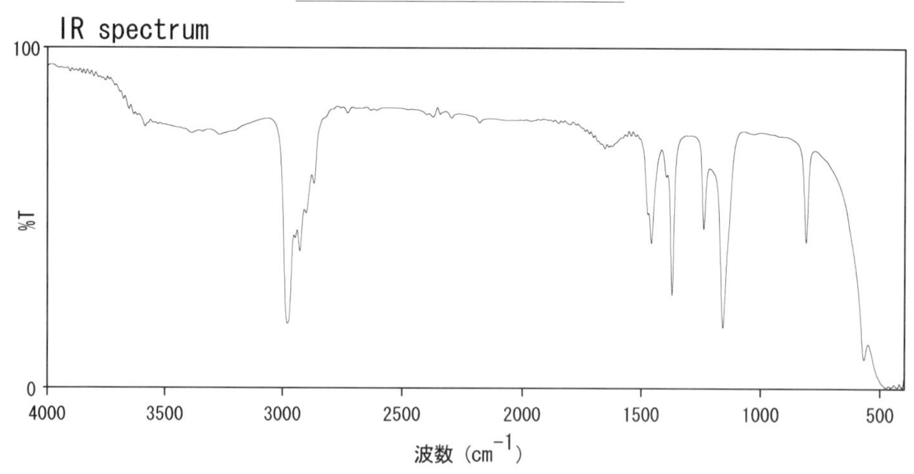

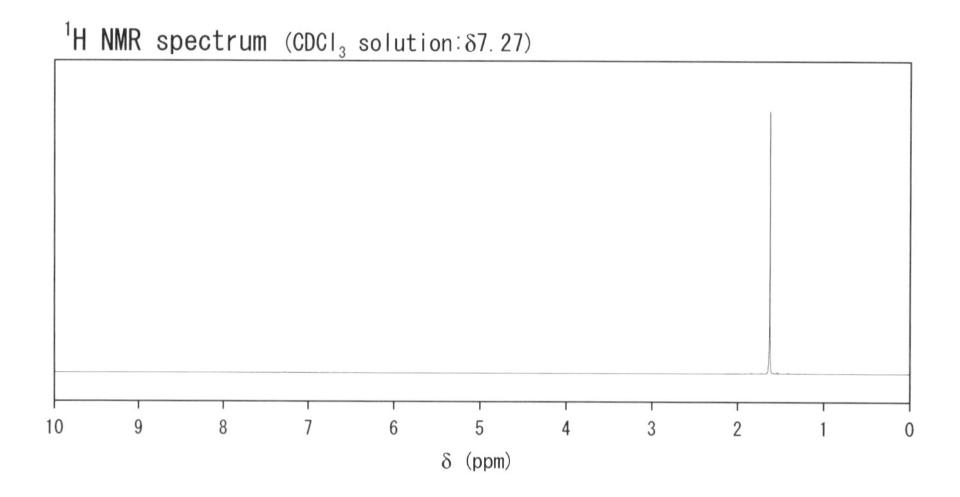

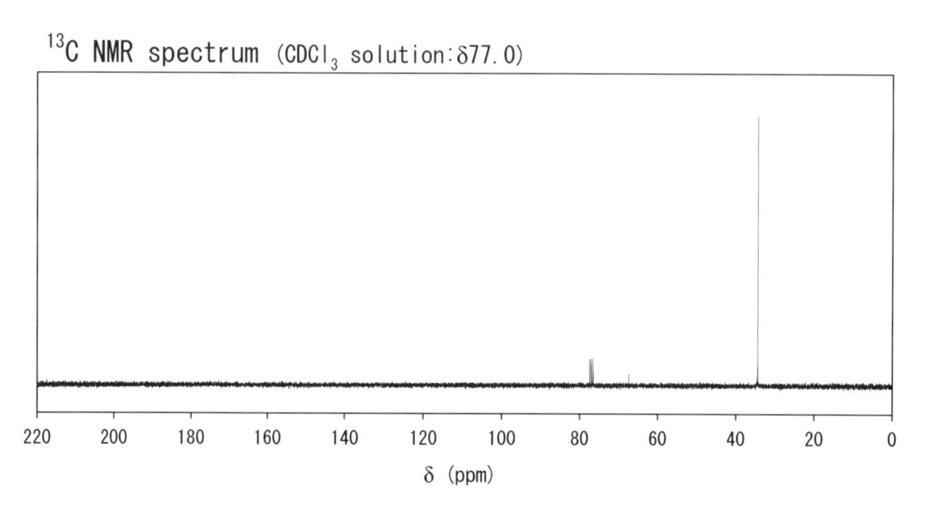

5．1-ブロモブタンの合成（S_N2反応）

$$CH_3CH_2CH_2CH_2\text{-}OH \xrightarrow{HBr} CH_3CH_2CH_2CH_2\text{-}Br$$

5.1.　目　的

1-ブタノールと臭化水素を反応させて、1-ブロモブタンを合成する。

5.2.　実験方法

合成方法

臭化ナトリウム15.2 g、水17 mL、1-ブタノール（比重ρ = 0.810 g·cm^{-3}）9.2 gを300 mLの丸底フラスコに入れ、フラスコを氷水に浸して冷却し、ゆっくり振りまぜながら濃硫酸（abt. 98%, 比重ρ = 1.841 g·cm^{-3}）12 mLを少しずつ加える。つぎにフラスコに沸騰石を入れ、球付き冷却管をフラスコに連結し、セラミック金網上に支柱とクランプで固定する（実験装置 図6）。穏やかに還流するように直火で加熱して、安定させる。この状態で1時間加熱する。加熱を止め5分間放置して混合物を冷却すると二層に分離する。冷却管をはずし、蒸留装置に組替え（実験装置 図2参照、ただし直火）、沸騰石を加えて蒸留する。蒸留の初期には濁った留出液が得られるが、この留出液が均一で透明な液体になるまで、留出液を集める。蒸留の終了が不明瞭な場合は、留出液が約25 mLに達したら蒸留をやめる。留出液を分液漏斗に入れ、水10 mLを加えて振りまぜ、静置する。二層に分離したらこれらを分液する。有機層がどちらか判定するために、水を入れた小さなビーカーを用意して、この中に少量の上層、あるいは下層を加える。このとき水面に油滴がみられる方が、有機層である。有機層の1-ブロモブタンがピンク色（微量の臭素による）を呈しているときは亜硫酸水素ナトリウムの結晶片を 2~3 粒加えて色を除く。有機層を小さい三角フラスコに移す。水層は捨てて分液漏斗を水洗する。有機層を分液漏斗に戻し、濃硫酸5 mLを加えて注意深く振りまぜる。5分間放置してから二層を分離し（上層あるいは下層の1滴をとり、油滴が見えれば有機層、みられなければ水層である）、有機層は再び新しい濃硫酸10 mLを加えてよく振りまぜる。5分間放置した後、1-ブロモブタンをできる限りきれいに分離し、小さいフラスコに移す．分液漏斗を洗浄してから1-ブロモブタンを戻し、10%水酸化ナトリウム水溶液10 mLで有機層を洗浄する（1-ブロモブタンは上層か下層かどちらかの層になっているか確認せよ）。1-ブロモブタンを乾いた50 mLフラスコに移し、塩化カルシウム3 gを加えて、55 ℃以下の湯浴上で注意して振りまぜながら温めて乾燥させる。乾燥した液体を綿の小片をつめた漏斗を用い、30 mLナス形フラスコに移す。沸騰石を 2~3 個入れて、直火（セラミック金網使用）で注意深く蒸留する。沸点99~103 ℃の主留分をあらかじめ秤量したフラスコに集める。

後かたづけ

蒸留したときの前留分および残りかすは所定の容器に捨てること。サンプルは、有機の実験が終わるまでサンプル瓶に保存すること。2-クロロ-2-メチルプロパンは絶対に水道に流してはいけない。使用した分液漏斗はよく洗浄して、栓とコックを必ず外して保管する。

5.3.　実験に関する注意

濃硫酸の取り扱いには十分注意すること。分液操作の前には、分液漏斗のコックと栓の部分から液が漏れていないか必ず確認する。この実験では、有機層が上層か下層かの判断が重要である。濃硫酸を分液漏斗に入れたとき、上下の二液層がそれぞれ何であるかを確認するには、上層と下層をそれぞれ水を入れたビーカーに少量滴下したときに、油滴が水面にできるかどうかで判断するとよい。油滴のできる方が有機層である。

5.4.　結果の整理

1-ブロモブタンの収量をはかり、1-ブタノールの物質量から1-ブロモブタンの収率を求めよ。赤外吸収（IR）スペクトルを測定して、テキストの赤外吸収スペクトルと比較して帰属する。実験課題 4 と同様に硝酸銀による反応を試みよ。沈殿を生じないときは少し温めるとよい。

5.5.　解　説

1-ブタノールから1-ブロモブタンが得られる反応は二分子求核置換反応機構（S_N2）で説明される。この機構の特徴は、良好な脱離基（H_2O）が準備されたあとの、求核剤（Nu:⁻）の攻撃で反応が進行して、脱離基の脱離とともに反応が終了する。求核のNucleophilicのN、置換反応のSubstitutionのS、二分子的という意味 2 をあわせてS_N2と呼ばれる。この実験はその典型的な例である。実験課題 4 のS_N1との違いを理解してもらいたい。

5.6.　設　問

問 1 ：この実験を例にして反応機構を示し、かつ考えられる副生成物の構造式を書け。またこの反応がS_N1機構でほとんど進まない理由を考えよ。

問 2 ：使用した試薬の物質量を求め、そのような量関係にした理由を述べよ。

問 3 ：留出温度は何度であったか述べよ。このように水蒸気と共に水に溶けにくい試料をその沸点以下の温度で蒸留する方法を水蒸気蒸留法という。水蒸気蒸留の原理を述べよ。

問 4 ：この硫酸で分液をする操作の目的は何かを述べよ。

問 5 ：実験課題 4 のS_N1反応機構との違いについて説明せよ。

1-ブロモブタン

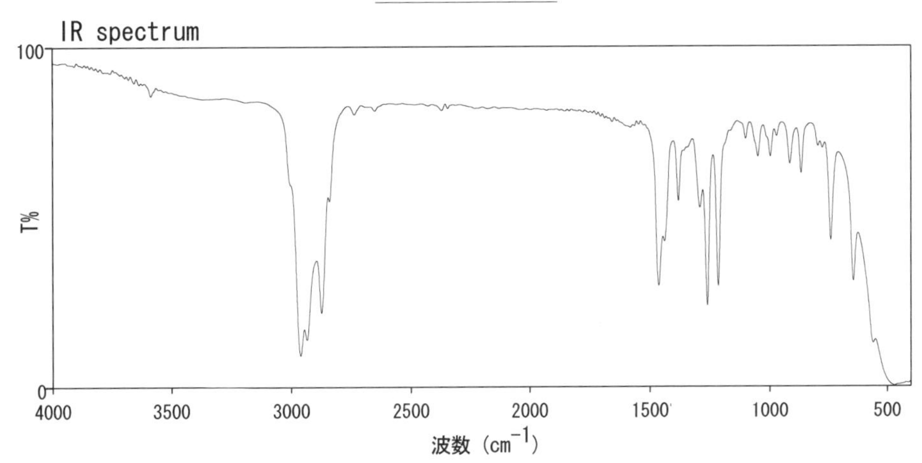
IR spectrum
100
T%
0
4000
3500
3000
2500
2000
1500
1000
500
波数（cm^{-1}）

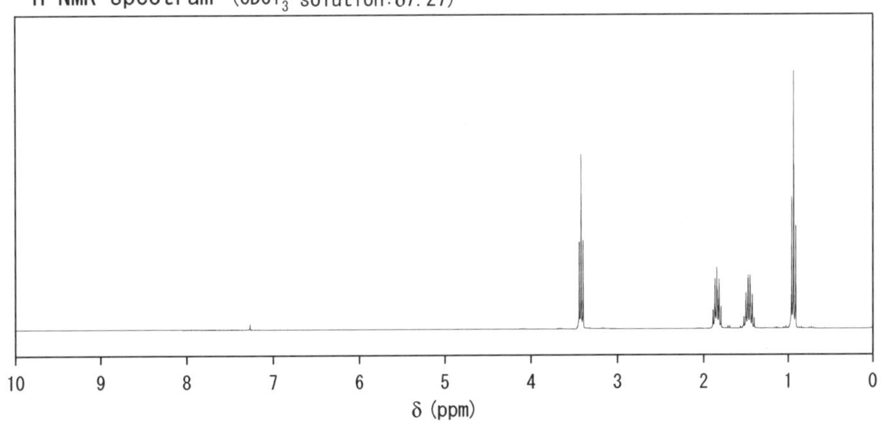
^{1}H NMR spectrum（CDCl$_3$ solution:δ7.27）
10
9
8
7
6
5
4
3
2
1
0
δ (ppm)

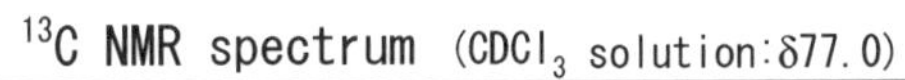
^{13}C NMR spectrum（CDCl$_3$ solution:δ77.0）

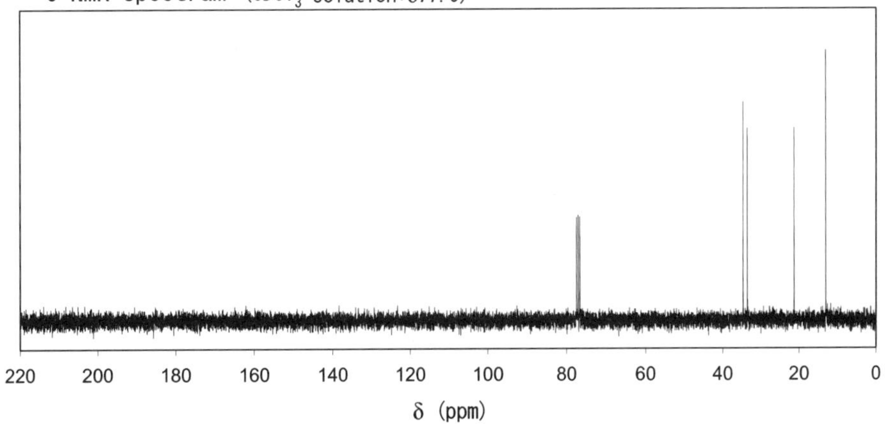
220
200
180
160
140
120
100
80
60
40
20
0
δ (ppm)

6．陰イオンの定性分析
－混合バリウム塩沈澱の赤外線吸収スペクトルとイオンクロマトグラフィーによる分析－

6.1.　目　的

陰イオンの未知試料溶液からバリウム塩沈澱を生成させ、**赤外線吸収スペクトル**の解析によってその種類を同定する。

6.2.　解　説

純粋に化学的な方法による陰イオンの分析は、陽イオンの場合に比べてむずかしい。しかし、赤外線吸収スペクトルを利用すれば、混合物に含まれている陰イオンの種類を極めて容易に決定することができる。これは化学的確認の困難な陰イオンの大部分が**多原子イオン**であり、それぞれイオン内の原子の振動に相当する振動数をもつ赤外線のみを選択的に吸収するからである。

複雑な分子の場合、高い振動数の**基準振動**では、強く結ばれた原子量の小さい原子同士（例えばOH, NH, CH）の核間距離が主として伸縮し、他の原子はあまり動かない。また低い振動数の基準振動では、軽い原子の原子団は一団となって動き、これらの原子団、ならびに分子の骨格となる重い原子がお互いに相対位置を変える。さらにある基準振動で動くのがほとんど一つの原子団の中の原子に限られることがあり、このような振動の振動数を**グループ振動数**という。グループ振動数はだいたい原子団に固有の値をとることが多いので、その原子団の有無の推定の有力な手段となる。

赤外線吸収実験が最も容易なのは波数範囲が650~4000 cm^{-1}のいわゆる岩塩領域で、普及型の分光器はすべてこの範囲のものである。試料は気体、液体、固体いずれの状態でも測定できるが、水はそれ自身赤外線を強く吸収するので、水溶液での測定は困難である。そこで固体無機物質の場合は、ヌジョール（流動パラフィン）とすってペースト状とした試料を用いる**nujol法**、あるいはKBr粉末と一緒にすりつぶし、円盤状に圧縮成形して用いる**KBr法**がよく用いられる。

陰イオンの未知試料溶液は、赤ラベルと白ラベルの試験管（それぞれ6 cm^3ずつ）で提供する。それぞれの溶液にはCO_3^{2-}, $C_2O_4^{2-}$, SO_4^{2-}, SO_3^{2-}のうち２種類のイオンがそれぞれ約0.02 Mの濃度で含まれている。これらをいったん不溶性のバリウム塩沈澱とし、その赤外線吸収スペクトルを既知のスペクトルと比較し、含まれている陰イオンの種類を特定する。

6.3.　赤外線吸収スペクトルによる陰イオンの分析

混合バリウム塩の合成

1）未知試料溶液 5 cm^3を50 cm^3のビーカーに移し、水で約12 cm^3に希釈したのち沸騰近くまで加熱する。1 cm^3はイオンクロマト用に残しておく。

2）別のビーカーに0.5 M $BaCl_2$を 1 cm^3とり、水で約12 cm^3に希釈して同様に加熱する。

3）1)の溶液をかき混ぜながら、そこに2)の溶液を少しずつ加える。全て加え終わってからさらに 5 分間、ときどきかき混ぜながら加熱する。

4）混合物からそれぞれ 6 cm^3ずつ四本の遠心管に等分し、約 2 分間遠心分離する。

5）上澄み液を捨て、三本の遠心管に残った沈澱を水 6 cm^3を使って残りの一つの遠心管に全部移し、よくかき混ぜた後遠心分離する。

6）上澄み液を捨て、アセトン 6 cm^3を加えて沈澱とよくかき混ぜ、遠心分離する。

7）上澄みのアセトンを捨て、沈澱の入った遠心管を試験管ばさみ（もしくはゴム板）で持ち、底をドライヤーで加熱して沈澱を乾燥する。ときどきスパチュラで沈澱をほぐすようにして管の中へも熱風を吹き入れ、沈澱がさらさらした感じになるまで乾燥させる。

後のグループが実験できるよう後片付けし、試料の入った遠心管をもって測定室に移動する。

赤外線吸収スペクトル測定（KBr簡易錠剤法）

1）めのう乳鉢および乳棒に汚れや水の付着がないことを確かめる。よごれている場合はきれいに拭き取る。

2）KBr粉末をスパチュラ 2 杯分、およびその約50分の 1 量の試料を乳鉢に入れ、よくすりつぶしながら混合し、できるだけ細かい粉末にする。

3）錠剤形成器にすりつぶした粉末を入れ、プレス機で真直ぐに押し固め、半透明のKBr膜を形成させる。

4）備え付けの手順にしたがい、赤外線吸収スペクトルを測定する。

5）終了後、乳棒と乳鉢に残った試料はアセトンを用いて拭き取り、充分に乾燥させる。

6）測定したスペクトルを既知物質のスペクトルと比較し、含有陰イオンの種類を特定する。異なる物質でも偶然同じ位置にピークを示すことがあるので、既知物質の主要なピークがすべて検出できてはじめてその存在が確認できる。

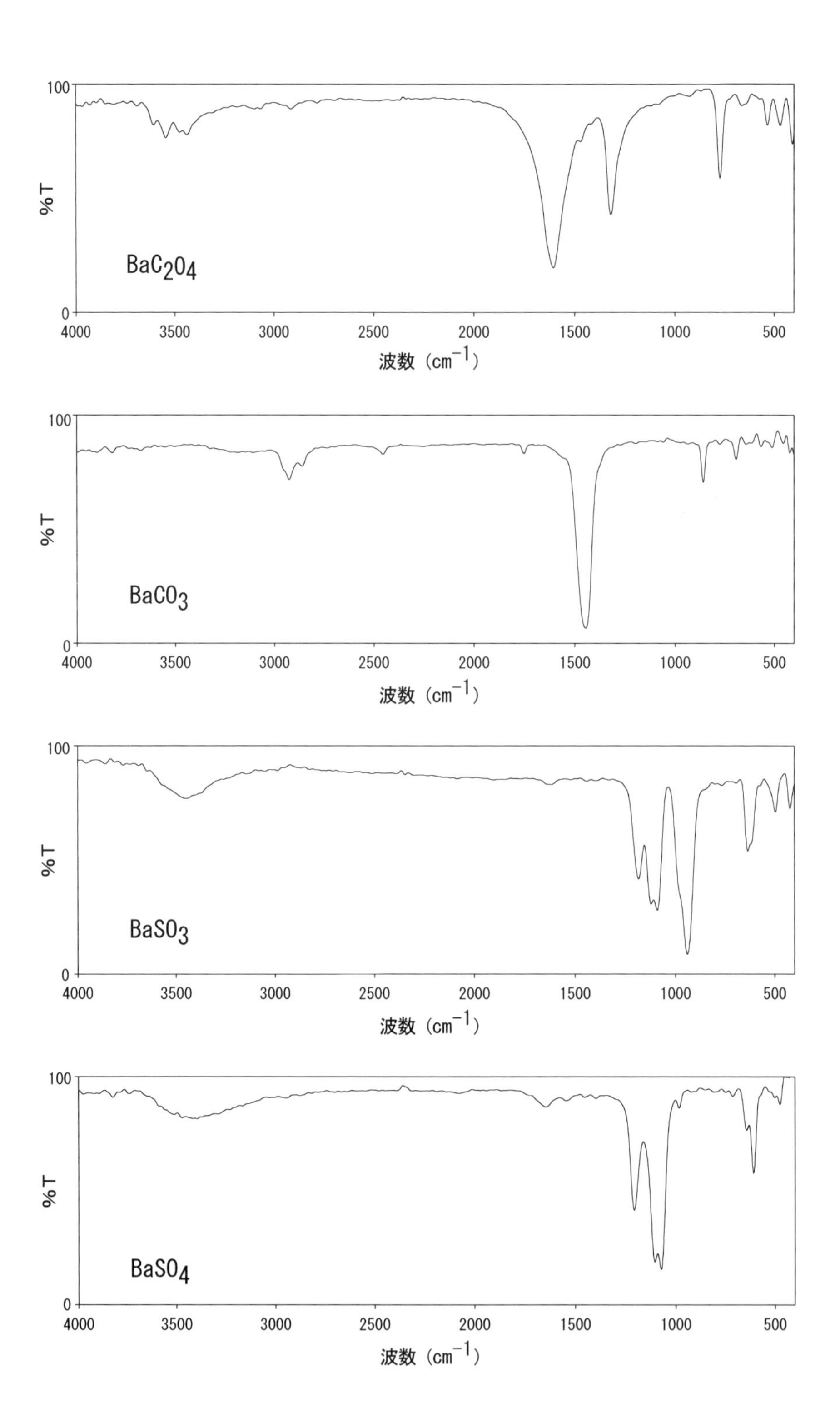
100
%T
BaC_2O_4
0
4000
3500
3000
2500
2000
1500
1000
500
波数（cm^{-1}）
100
%T
$BaCO_3$
0
4000
3500
3000
2500
2000
1500
1000
500
波数（cm^{-1}）
100
%T
$BaSO_3$
0
4000
3500
3000
2500
2000
1500
1000
500
波数（cm^{-1}）
100
%T
$BaSO_4$
0
4000
3500
3000
2500
2000
1500
1000
500
波数（cm^{-1}）

6.4. イオンクロマトグラフィーによる陰イオンの分析

与えられた未知試料に含まれる陰イオンをイオンクロマトグラフィーによって分離・分析する。１グループに２つの未知試料（赤ラベルと白ラベルの試験管）が与えられる。それぞれの未知試料に含まれる陰イオンを推定する。

手順

① 与えられた白色の未知試料から400 μLを
与えられた赤色の未知試料から200 μLを
マイクロピペットを用いて同じ10 mLメスフラスコへ移す。（器具の使用法については、基礎化学実験Ⅰの２．原子スペクトル分析や５．酸化還元滴定の章を参照すること）

② 標線まで移動層水溶液を加えた後、栓をしてよく振り混ぜる。

③ イオンクロマトグラフィーの装置使用書の手順に沿って測定を行う。

問題

得られたクロマトグラムと、全ての陰イオンを含む溶液を用いて得られたクロマトグラムとを比較し、赤と白のそれぞれの溶液に含まれる陰イオンを推定せよ。その根拠も記せ。

イオンクロマトグラフィーとは

クロマトグラフィーは、２相間における物質の分配あるいは吸着性の差を利用して、一方の相を移動させることにより、混合物をその成分物質に分離する方法である（図6.1)。カラムには固定相物質が充填されており、この中を移動相である溶離剤が連続的に流れている。混合物試料をカラム入口（インジェクター）から一定量注入すると、試料成分分子は移動相の流れにのって移動するが、その過程において成分によって異なる強さで固定相に保持される。固定相に対する親和性の強い成分ほど、カラム内の移動速度が遅い。各成分の移動速度に差があれば、カラム出口では分離されて出てくることになる［図中の（A）～（C)]。

今回は陰イオン交換カラムを用いて分離を行う。ポリアクリレート樹脂に第４級アンモニウム基を修飾したものを固定相として用い、それぞれの陰イオンとの吸着力の差を利用して分離する。

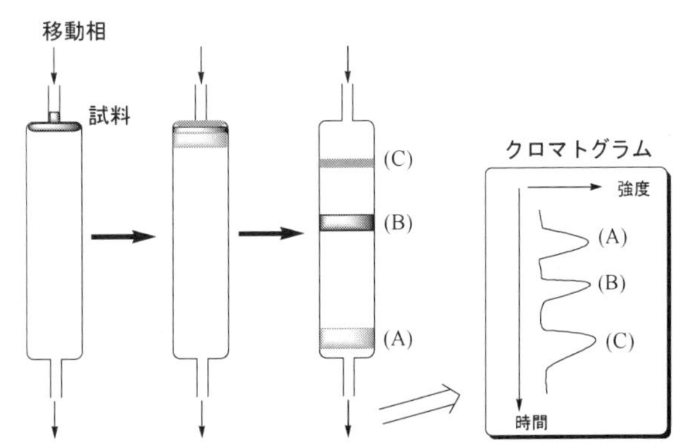

図6.1 カラムクロマトグラフィーによる混合成分の分離

7．遷移金属錯体の合成

7.1.　目　的

遷移金属錯体を合成し、溶液中での**安定度**や**配位子交換速度**について考察する。

注）金属化合物は基本的に有害物質である。金属含有廃溶媒は指定された容器へ回収すること。

7.2.　解　説

1983年にノーベル化学賞を受賞したHenry Taube教授は、配位子の置換の難易によって金属錯体を分類し、0.01 M溶液中で常温における配位子置換反応の半減期が1分程度より長いものを**置換不活性**な錯体(substitution inert complex)、短いものを**置換活性**な錯体(substitution labile complex)と名付けた。本実験では、Ni(II)およびCo(III)の**アンミン錯体**を合成し、置換速度の違いを調べる。

置換不活性な錯体は錯形成の平衡に達するまでに時間がかかるので、錯体の分解速度も遅いがその錯体が平衡論的に安定、つまり錯形成の平衡が生成系に片寄っているとは限らない。例えば、Cr(III)のアンミン錯体は置換不活性であるが、その**安定度定数**は置換活性なNi(II)のアンミン錯体の**安定度定数**よりかなり小さいと考えられる。

Mn^{2+}, Fe^{2+}, Co^{2+}の作るアンミン錯イオンは容易に空気酸化され、Mn^{2+}, Fe^{2+}の場合は褐色の水和酸化物を沈澱し、Co^{2+}の場合は可溶性のCo(III)アンミン錯塩を生ずる。今回は$[Co(NH_3)_6](NO_3)_3$を合成するが、時間節約のため過酸化水素を酸化剤として用い、アンモニアの配位を促進するための触媒として少量の活性炭を加えて行う。

［参考資料］アンモニア 金属錯体の全安定度定数

$$[M(NH_3)_n]/[M][NH_3]^n$$

金属イオン	イオン強度	$\log\beta_1$	$\log\beta_2$	$\log\beta_3$	$\log\beta_4$	$\log\beta_5$	$\log\beta_6$
Fe^{2+}	0	1.4	2.2		3.7		
Co^{2+}	0.1	2.05	3.62	4.61	5.31	5.43	4.75
Co^{3+}	2	7.3	14.0	20.1	25.7	30.8	35.2
Ni^{2+}	0.1	2.75	4.95	6.64	7.79	8.50	8.49

7.3.　ニッケル(II)アンミン錯塩の合成

$$[Ni(OH_2)_6](NO_3)_2 + 2NH_3 \rightarrow Ni(OH)_2{\cdot}nH_2O + 2NH_4NO_3$$

$$Ni(OH)_2{\cdot}nH_2O + nNH_3 + 2NH_4NO_3 \rightarrow [Ni(OH_2)_{6-n}(NH_3)_n](NO_3)_2$$

0.4 M $Ni(NO_3)_2$ 2 cm^3を試験管にとり、2 M NH_3を数滴加えて振り混ぜる。ついで3 M NH_4NO_3 2 cm^3を加え、さきに生じた沈澱が溶けるまでよく振り混ぜてみよ。溶液を50cm^3のビーカーに移し、濃アンモニア水1 cm^3、ついで99%エタノール20 cm^3を加え、氷浴に5分間つけてときどき振り混ぜ、生じた紫色の沈澱をろ過する。ろ紙上の沈澱を4 cm^3ずつのエタノールで2回洗い、ろ紙にはさんで押さえて乾燥させる。生成物の約半分を試験管にとって水4 cm^3に溶かし、2 M HNO_3を1滴加えるごとに振り混ぜて順次色の変化を観察せよ。

［問 1］上の実験で得られた紫色の沈澱はどのような化合物か。またその水溶液に少しずつ酸を加えた時の段階的な色の変化についても考察せよ。

［問 2］上記Ni^{2+}のほか、Mn^{2+}, Fe^{2+}, Co^{2+}, Zn^{2+}, Cd^{2+}もそれぞれの塩の溶液にアンモニア水を加えると塩基性塩や水和酸化物を沈澱するが、強酸のアンモニウム塩を加えると沈澱は溶ける。またこれらの沈澱に過剰のアンモニア水を加えた時にも溶ける。これらの理由を説明せよ。

7.4. コバルト(III)アンミン錯塩の合成

$$2[Co(NH_3)_6](NO_3)_2 + H_2O_2 \rightarrow 2[Co(OH)(NH_3)_5](NO_3)_2 + 2NH_3$$
$$[Co(OH)(NH_3)_5](NO_3)_2 + NH_4NO_3 \rightarrow [Co(NH_3)_6](NO_3)_3 + H_2O$$

0.4 M $Co(NO_3)_2$ 2 cm^3を50 cm^3のビーカーに量りとり、3 M NH_4NO_3 2 cm^3、濃アンモニア水4 cm^3、および活性炭をおおよそ0.2 cm^3加える。これを振り混ぜながら3％（約0.1 M）H_2O_2 4 cm^3を加えた後、フード内でアルミトレーを用いて沸騰させた水にビーカーごとつけて3分間温める。これを水浴、ついで氷浴につけてときどき振り混ぜる。約10分間冷却し、沈澱を含む活性炭をろ過し、2 M HNO_3 6 cm^3ずつで2回洗い、ろ液と洗液は捨てる。水20 cm^3に2 M HNO_3を2滴加えて沸騰まで加熱し、これを6 cm^3ずつくらいに分けて沈澱に注いで活性炭と混じっている$[Co(NH_3)_6](NO_3)_3$を抽出する。

赤褐色の抽出液に6 M HNO_3 4 cm^3を加え、氷冷しながら振り混ぜると、硝酸塩がオレンジ色小結晶として析出する。これをろ過し、2 cm^3の2 M HNO_3、ついで99%エタノール4 cm^3で2回洗い、ろ紙にはさんで乾燥させる。生成物の約半分について**7.3**と同様の観察を行う。

［問 3］$[Ni(NH_3)_6]^{2+}$と$[Co(NH_3)_6]^{3+}$の酸に対する挙動を比較せよ。

II－7

7.5.　チオシアナト錯体の生成

3種類の金属イオン（Fe^{3+}, Co^{2+}, Cr^{3+}）の0.02 M硝酸塩溶液を4 cm^3ずつ別の試験管にとり、それぞれに2 M NH_4SCN　2 cm^3とジエチルエーテル・1-ブタノール混合液4 cm^3を加えて振ってみよ（一度ビーカーへ移してよく混ぜ、再び試験管にもどすとよい）。さらに別に0.02 M $Cr(NO_3)_3$　4 cm^3をビーカーにとり2 M NH_4SCN 2 cm^3を加え、これを一度加熱して冷却した後、試験管にうつしてジエチルエーテル・1-ブタノール混合液4 cm^3を加えて振ってみよ。

［問 4］上記の実験（7.3~7.5）において、生じた錯体が置換活性・置換不活性のどちらに属するかを考察せよ。

7.6.　紫外可視吸収スペクトルの測定

（この測定は指定されたグループ単位で行う）

（1）試料の調製

実験7.3で得られたよく乾燥した試料20 mg以上を5 cm^3メスフラスコにはかりとる。まず半分程度水を加えて試料を溶かす。濁りを生じるが、そこへ濃アンモニア水を数滴加えて混ぜると完全に溶解する。最後に標線まで水を加える。

（2）測定

（1）で調製した溶液、6 M HNO_3、pH試験紙、よく乾いたスポイト、筆記具を準備し、測定室へ移動する。以下の手順①～⑨にしたがって、錯体の吸収スペクトルを測定する。

① イオン交換水でよく洗ったセルにイオン交換水をおよそ2 cmの高さになるまで入れる。

② 分光計の試料室のふたを開け、手前の試料用セルホルダーにセルを立てる。測定時には光が入らないようにふたを閉める。（セルは常に同じ方向にセットする）

③ 『ベースライン測定』。（測定範囲800-300 nm、スキャン速度：600 nm/min）画面にスペクトルは表示されない。メモリー上にベースラインが記録される。

④ セル中の水を捨て、少量の試料溶液で共洗いを行ってから試料溶液をおよそ2 cmの高さまで加える。

⑤ 『試料測定』。

⑥ セルに入った試料溶液に2 M HNO_3を数滴加え、酸性にした後、⑤と同様に測定を行う。溶液調製は装置からいったんセルを取り出し、実験台上で行うこと。色の変化を目でもよく確認し、記録しておくこと。

⑧ 得られたスペクトルを重ね書きし、吸収の変化の様子が分かるように縦軸を拡大

して印刷する。

⑨ 終了後は速やかに次のグループと交代する。セルはイオン交換水でよく洗浄してから元の場所に戻す。

問題

Ni^{2+}錯体の水溶液のpHによる色の変化を、得られた紫外可視吸収スペクトルの変化と対比して考察せよ。「補色の関係」を用いて錯体の色を説明せよ。

光の波長と色

赤（720～640 nm）　オレンジ（640～590 nm）　黄（590～530 nm）
緑（530～490 nm）　青（490～420 nm）　紫（420～400 nm）

化合物がこれらの領域の一つに吸収帯を持つ場合、化合物はその補色を示す。実際に見える色と測定したスペクトルに見られる吸収波長を比べてみよう。色調や濃淡はスペクトル上でどのように現れているだろうか。

8．金属錯体のクロモトロピズム

8.1. 解　説

遷移金属イオンのもつ色は、*d*軌道にある電子が他の軌道に**電子遷移**する際に可視光線の一部を吸収することによって生じる。$CoCl_2$や$NiCl_2$を水に溶かしたときの淡い色は、CO^{2+} やNi^{2+}の５つある*d*軌道のうちのある軌道から別の軌道に起こる***d*－*d*遷移吸収**によるものである。遷移金属イオンは溶液中では通常、陰イオンや極性分子が配位した「**錯体（Complex）**」（あるいは錯イオン）として存在しており、金属イオンの種類や価数によって八面体、四面体や四角形などの決まった幾何構造をとっている。水溶液中で単純にCo^{2+}と表記されているイオンも、実際には［$Co(H_2O)_6$］$^{2+}$のように６個の水分子がコバルトに配位して正八面体構造をもつ錯イオンとして存在している。配位子がまったく存在しない状態（真空中に置かれたCo^{2+}など）では、５つの*d*軌道は縮重して同じエネルギーを与えるが、配位子が結合した状態では*d*軌道はその軌道の向きの違いによって異なるエネルギーを与える（図8.1）。このような現象を*d*軌道の**配位子場分裂**という。この分裂した*d*軌道の間を電子が遷移する際に吸収する光がちょうど可視光に相当するため、我々には色として認識される。一般的な電子遷移はよりエネルギーの大きな紫外光でなければ起こらないが、*d*軌道の分裂により生じるエネルギー差は大きくないため、可視光～近赤外光のような低いエネルギーの光でも電子遷移が起こる。

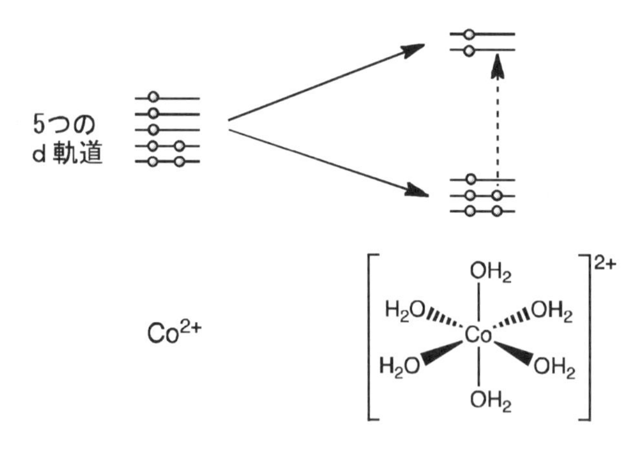

図8.1　６配位八面体錯体に置ける*d*軌道分裂

この*d*軌道分裂は、金属イオンの*d*軌道と配位子の電子軌道との相互作用によって生じるため、配位子が変わると*d*軌道のエネルギーも変化する。これに伴って吸収する光の波長も変化するため色の変化となって現れる。Cu^{2+}の溶液にCl^-を加えると青色から緑色に変化するのも、Cu^{2+}に配位していた水分子がCl^-に置き換わるためである。金属イオンを用いた実験中には色の変化がよく観察されるが、溶液内でこのような配位子交換反応が起こるためである。

金属イオンに配位する分子やイオンの数（**配位数**）や錯体の幾何構造（**配位構造**）は、金属イオンの種類によって異なるが、配位子の種類によって同じ金属イオンでも異なる配位構造をとる場合がある。例えば、Co^{2+}では４配位四面体構造と６配位八面体構造は、どちらもよく見られる配位構造である。金属錯体の中には温度や溶媒の種類、圧力など、化学反応以外の要因によって配位構造が変化するものが知られている。配位構造が変化すれば配位子場分裂が大きく異なるため、明瞭で可逆な色の変化が起こることになる。このような可逆的な色変化を一般に**クロモトロピズム**と呼ぶ。クロモトロピズムには、その変化を与える要因によって分類することができ、温度による変化を**サーモクロミズム**、溶媒の極性による変化を**ソルバトクロミズム**、圧力による変化を**ピエゾクロミズム**と呼ぶ。これらのクロミズム現象は温度センサーや水分センサー、圧力センサーなど、生活の様々なところに利用されている。

今回の実験では、塩化コバルトを用いてサーモクロミズムとソルバトクロミズムを調べる。Co^{2+}は四面体構造のときには青色、八面体構造のときにはピンク色を示す。乾燥剤として使用されるシリカゲルは本来無色であるが、水分を吸収したことが色で分かるように塩化コバルトで着色されており、今回のクロモトロピズムを利用した身近な例である。（可逆であるため、水分を吸収してピンクになったシリカゲルを乾燥させると青色が再生する。）

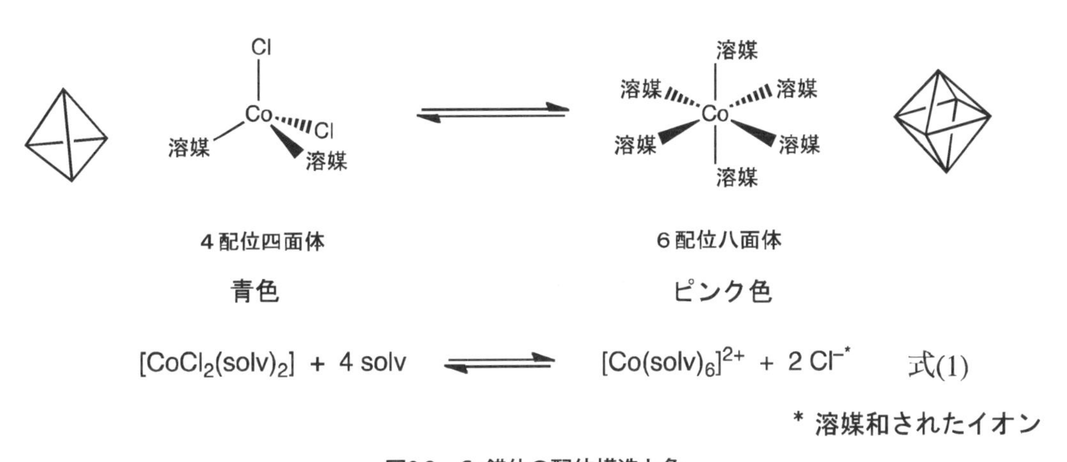

図8.2　Co錯体の配位構造と色

8. 2.　塩化コバルトのクロモトロピズム

① 固体の塩化コバルト（$CoCl_2$）を少量（約0.1 g）ずつ４本の試験管に取り分ける。それぞれを約５ cm^3 の（A）水、（B）メタノール（CH_3OH）、（C）エタノール（CH_3CH_2OH）、（D）アセトン（CH_3COCH_3）に溶かし、それぞれの試験管にラベル（A－D）を貼る。固体が完全に溶け、均一な溶液になるまでよく振りまぜる。

② 各試験管の溶液の色を観察する。次にこれらを熱湯（60 ℃）、氷水（0 ℃）、ドライアイス＋アセトン（−80 ℃）に浸して、それぞれの溶液の色を観察する。液体全体の温度が変化するまでには時間がかかるため、数分間つけること。色の変化が見られる場合には変化が終了するまで待ってから色を観察する。（A）の水溶液は凍ってしまうため、−80 ℃の実験は行わない。

注意①：有機溶媒は可燃性なので、フード内で扱い、バーナーの火には近づけないこと。アセトンの沸点は56.5 ℃なので、それ以上の温度にならないように穏やかに加温する。

注意②：ドライアイスで冷えた容器を手で触ると凍傷をおこすため、触らないこと。

③ 水溶液（A）の半分（2.5 cm^3）を別の試験管に取り、それに塩化アンモニウムを約1 g加えてラベル（E）を貼る。②と同様に各温度での色の違いを観察する。

④ メタノール溶液（B）を使って、ろ紙にガラス棒で絵を描く。メタノールが蒸発した後、ろ紙をドライヤーで温めてみる。描いた絵が青く浮かび上がり、きれいなあぶり出しが見られる。次にこれを水蒸気にさらすか、湿度の高い空気中に放置しているとまた色が消える。

試験管ラベル（溶媒）	A H_2O	B CH_3OH	C CH_3CH_2OH	D CH_3COCH_3	E $H_2O + NH_4Cl$
湯（60℃）					
室温（25℃）					
氷水（0℃）					
ドライアイス＋アセトン（−80℃）	×				×

8. 3. 吸収スペクトルの測定

（A）液と（C）液の吸収スペクトルを測定し、$d-d$吸収帯の位置を比較する。ただし、（C）液は測定するには濃すぎるため、エタノールで5倍希釈したものを用意する。

設問

①反応式（1）は発熱反応か吸熱反応のどちらであるか？

②色の変化の違いは溶媒のどのような性質を反映したものか考察せよ。

③塩化アンモニウムを加えたことによってどのような効果があると考えられるか。

参考文献

Farideh Jalilehvand, 福田豊、「色の変わる配位化合物、金属錯体のクロモトロピズム」、現代化学（東京化学同人）、1994年10月号、51ページ。

9．凝固点降下

9.1. 目　的

シクロヘキサンにナフタレンを溶かした希薄溶液の凝固温度（凝固点）を測定して、希薄溶液の理想的性質について考察する。

9.2. 序　論

1気圧下（10^5 Pa）において水は摂氏0度で凍り、摂氏100度で沸騰するが、食塩水の氷点は摂氏−21度にまで下がり、沸点は100度以上になる。これらの現象をそれぞれ溶媒の「凝固点降下」、「沸点上昇」という。氷と食塩を混ぜると氷が解けて食塩水を生成するが、容器の断熱効果がよければ（食塩結晶＋氷＋食塩水）の3相が共存した系になる。この系の温度は純粋の水の凝固温度より低い。ここでは溶媒Aに溶質Bを少量溶かした理想希薄溶液の性質を熱力学的に取り扱う。

理想希薄溶液の溶媒Aのケミカルポテンシャルμ_Aは次の式で表される。

$$\mu_A(T, x_A) = \mu^*_A(T) + RT \ln x_A \tag{9.1}$$

ここで、Tは熱力学温度、xはモル分率、*は純粋物質を表す。凝縮系に対して圧力は寄与が小さいので環境変数とみなさなくてよい。変数右辺第2項の$RT \ln x_A$は溶媒に溶質が混合することによるエントロピーの生成による効果を示している。物質が自然に（自発的に）混ざり合う現象は不可逆過程であるので、外部から何らかの操作を与えなければ元の分離した状態には戻らない。$x_A<1$であるから、$RT \ln x_A$は負である。(9.1)式は、溶質の混合によって溶媒Aのケミカルポテンシャルが$|RT \ln x_A|$だけ低下することを示している。即ち溶媒は溶質によって汚された結果、より安定な状態になる。溶媒が凝固するとき、溶媒分子は混入した溶質を排除しながら集まって結晶をつくるので、溶質濃度が高いほど結晶を作りにくくなる。

凝固点降下の機構を図示するとつぎのようになる。純粋物質の温度を上げていくと、固体S→液体 L →気体Gと変化するが、この変化にともなってエントロピーSは、$S_S<S_L<S_G$と増加する。$(\partial\mu/\partial T)_p = -S$であるから、$\mu_A$の温度勾配は負である。

純粋液体Aのケミカルポテンシャルは溶質Bが混入すると$|RT \ln x_A|$だけ低下するので、破線のようになる。液体と固体のケミカルポテンシャルが等しくなる温度で2相が共存するので、この温度が凝固点である。図9.1から分かるように、溶媒Aの凝固点T^*_{fus}は溶質Bの混入により降下する。沸点T_{vap}についても同様の機構により沸点上昇が起こる。すなわち、溶媒の液体領域が溶質が溶けることによって拡張される。

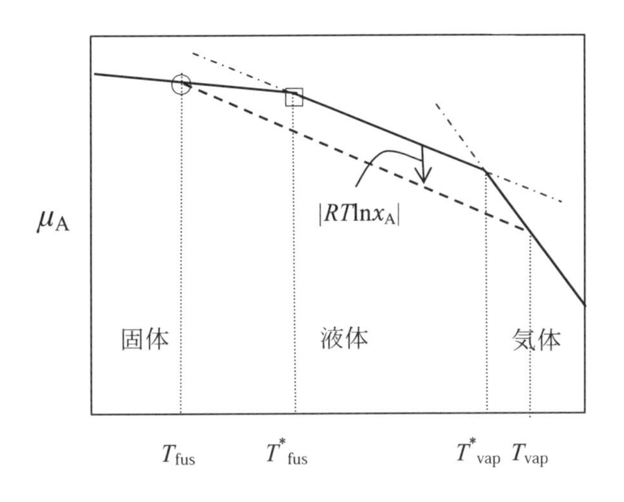

図9.1　ケミカルポテンシャルの温度変化

実線で描いた純液体Aのケミカルポテンシャルを延長した準安定な状態（一点破線）が存在する。いずれの場合もケミカルポテンシャルが実線で表した状態より高いので、何らかのきっかけにより、時間tの経過に対して、$(\mathrm{d}G_{T,P}/\mathrm{d}t) \leqq 0$を満たすべく不可逆に実線の状態に移行する。過飽和溶液に種となる結晶の小片を入れると急速に結晶化が進んだり、過熱した液体に沸騰石を入れると突沸するのは、このような機構による現象である。

液体AにBを溶かすとAの凝固点降下を生じる。同様に液体BにAを溶かすとBの凝固点降下が生じる。双方の凝固点降下を2成分（A+B）の組成に対してプロットすると、典型的な場合として図9.2のような相図が得られる。L(A+B)は２成分溶液、S(A)＋S(B)はAとBの固体の共存を表す。曲線は凝固点の組成による変化を示す。曲線の下側にあり、かつS(A)＋S(B)より上側の扇型領域では、溶液L(A+B)とA、または溶液L(A+B)とBの固体が共存する。Eでは固体A、固体B、溶液L(A+B)の３相が共存する。Eを共融点または共晶点という。ここで測定するのは組成が極端に偏った領域で、凝固点降下曲線が直線に近似できる範囲である。

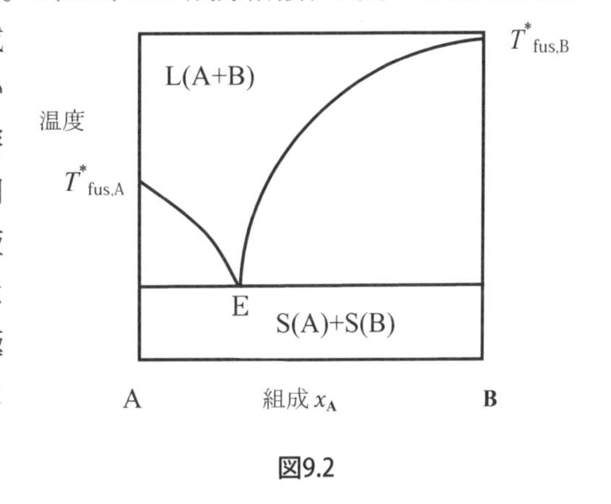

図9.2

9.3.　理　論

固相と液相が共存するとき成分のケミカルポテンシャルは等しい。液相で(9.1)式が成り立つとき、Aの固相のケミカルポテンシャル$\mu^*_{A,S}(T)$は液相のケミカルポテンシャル$\mu^*_{A,L}(T)$と等しいから次式が成り立つ。

$$\mu^*_{A,S}(T) = \mu^*_{A,L}(T) + RT \ln x_A \qquad (9.2)$$

これを書き換えると、

$$\{\mu^*_{A,S}(T) - \mu^*_{A,L}(T)\}/T = R \ln x_A \qquad (9.3)$$

となる。この両辺をTでわり、Gibbs-Helmholzの式：

$$(\partial \mu_i / T)/\partial T = -H_i / T^2 \qquad (9.4)$$

を用いると次式を得る。

$$-(H^*_{A,S} - H^*_{A,L}) / T^2 = R(\partial \ln x_A / \partial T) \qquad (9.5)$$

溶質Bが非常に希薄なときは$x_B \ll 1$であるから、$\ln x_A = \ln(1 - x_B) \approx -x_B$、また$T^*_{fus}T_{fus} \approx (T^*_{fus})^2$と近似すると次式を得る。

$$-\Delta_{fus}H^*_A(T_{fus} - T^*_{fus}) / (R\,T^*_{fus}T_{fus}) \approx (\Delta_{fus}H^*_A / R)(\Delta T_{fus} / (T^*_{fus})^2$$
$$= \ln x_A = x_B \qquad (9.6)$$

ここで、$(H^*_{A,L} - H^*_{A,S}) = -\Delta_{fus}H^*_A$（Aの融解エンタルピー）、$\Delta T_{fus} = T^*_{fus} - T_{fus}$（凝固点降下）とおいてある。これを書き換えると次の凝固点降下の式が得られる。

$$\Delta T_{fus} = \{R(T^*_{fus})^2 / \Delta_{fus}H^*_A\}\, x_B \qquad (9.7)$$

AとBの質量をそれぞれW_A、W_B、物質量をn_A、n_B、モル質量をM_A、M_Bとすると、$x_B = n_B / (n_A + n_B)$だから、(9.7)式は次のように書き換えられる。

$$\Delta T_{fus} = \left(\frac{R(T^*_{fus})^2}{\Delta_{fus}H^*_A} M_A\right) \frac{1}{M_B} \frac{W_B}{W_A} \qquad (9.8)$$

この式の括弧内を凝固点降下定数（K_{fus}）という。K_{fus}は溶媒の性質によるが、溶質の性質には無関係である。(9.8)式は非電解質溶液では、$x_B \approx 0.1$まで有効であるが、電解質溶液では$x_B \approx 0.0001$までしか成立しない。

9.4. 実験概要と測定の原理

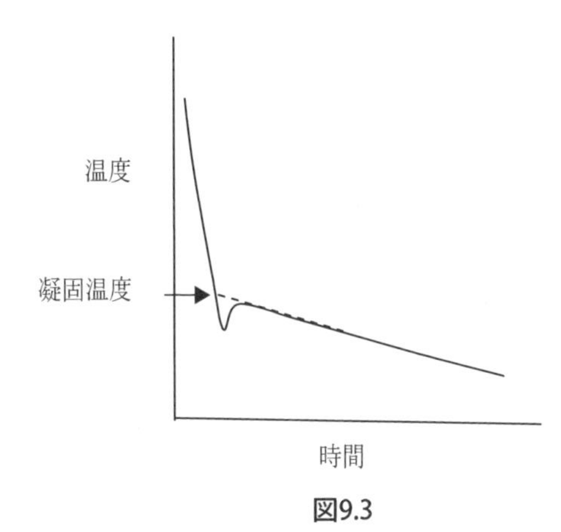

図9.3

シクロヘキサンを溶媒とし、ナフタレンを溶質とした希薄溶液の凝固点を測定する。装置は図9.4、図9.5に示してある。水槽に氷と水を適量入れてマグネチックスターラーで撹はんしながら冷却する。温度は銅-コンスタンタンの熱電対で測定する。熱電対の一方は(氷+水)を温度定点とし、他方を測定溶液に差し込み、熱電対の両端に生じる熱起電力から温度を測定する。

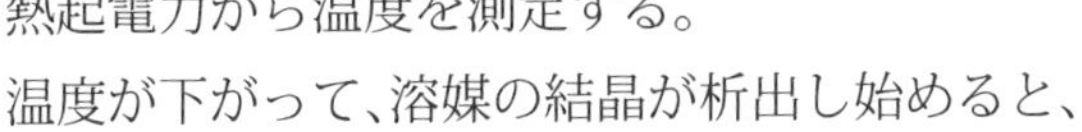

温度が下がって、溶媒の結晶が析出し始めると、結晶化熱の発生によって冷却速度が低下することから凝固点が求められる。実際には過冷却が起きるので、図9.3に示したように冷却曲線を補外してT_fを求める。

9.5. 実験方法

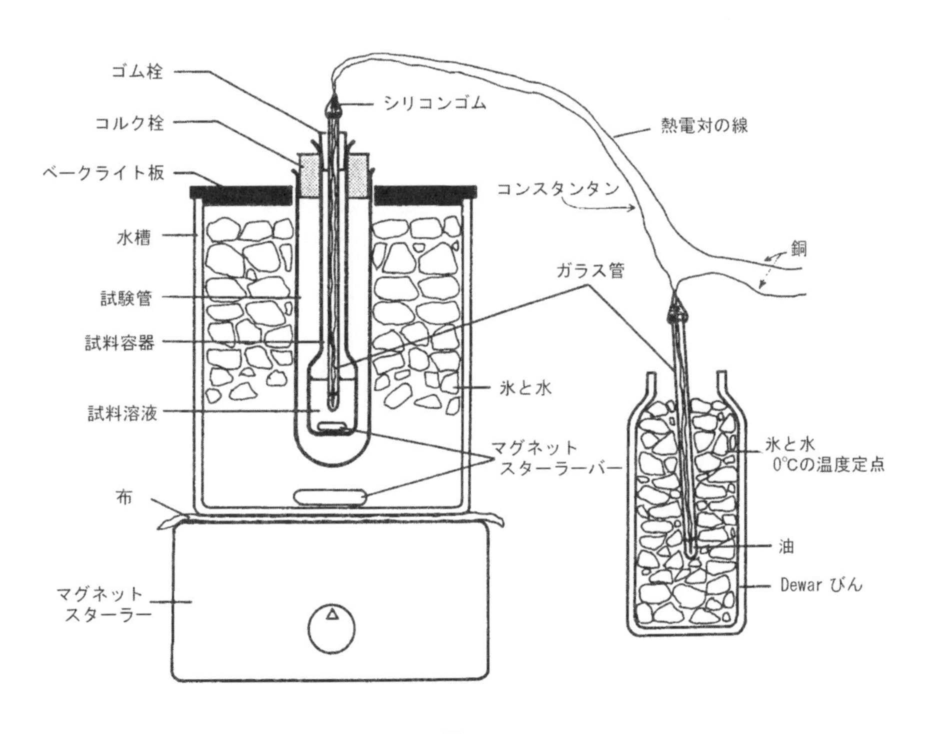

図9.4

直流電圧増幅器（アンプ）

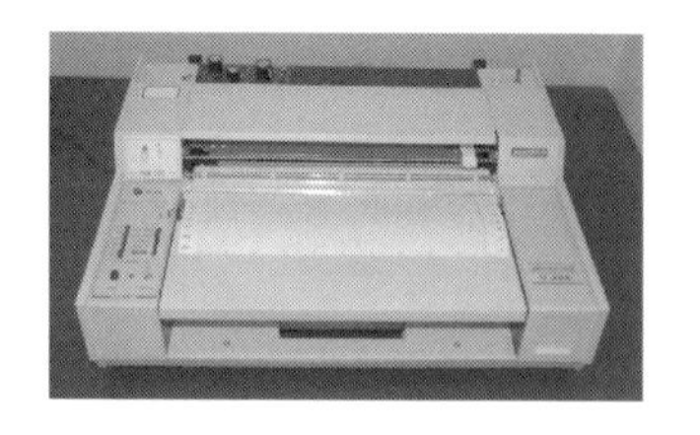

自記記録計

直流増幅器の背面

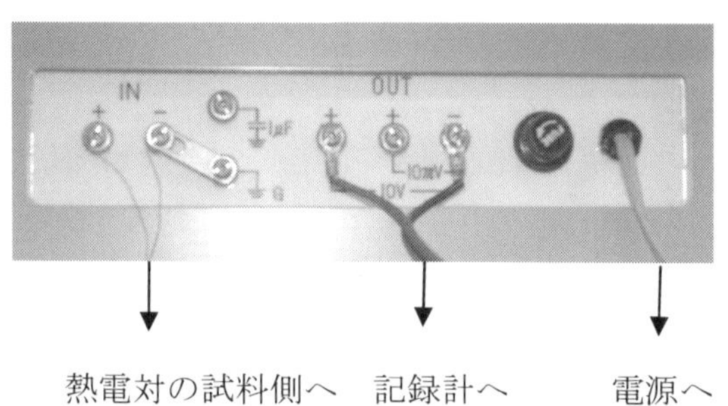

熱電対の試料側へ　記録計へ　電源へ

図9.5

図9.4、図9.5に装置の概略を示してある。凝固点降下は溶質の種類ではなくその組成のみによるので、水やエタノールなどのナフタレン以外の物質が混入しても凝固点降下を生じることに注意する。作成した試料溶液の組成が変化しないように管理することも大事である。

3個の調合ビンに蓋をつけて秤量する。次に各ビンにナフタレンを約90 mg、140 mg、190 mgずつ薬さじでとって入れて秤量する。最後にピストンビュレットからシクロヘキサンを約10 cm^3 とって入れ、しっかりと蓋をして秤量する。調合ビンを手で暖めながら、液が蓋につかないように静かに揺らしてナフタレンを溶かす。測定直前に溶液を調合ビンから直接流し込んで、熱電対ガラス管を差し込み、ゴム栓で封じる。測定容器に入れる回転子と熱電対ガラス管はエタノールを染ませたキムワイプで拭き、さらにエタノールをよく拭き取り、よく乾燥させてから使用する。

最初にシクロヘキサンの凝固点を測定し、順次濃度の高い溶液を測定する。結晶化した溶液を手で温めて融かし、再度測定して凝固温度の再現性を確かめる。測定しながら（W_B/W_A）対 ΔT_{fus} のグラフに測定点をプロットする。ΔT_{fus} の変化は最大約 4 ℃である。

9.6.　熱電対による温度測定について

熱電対は図9.6に示したような、異なる金属線AとBとを接触させて対にしたものである。異なる金属の接点は温度によって変わる電位をもつので、ふたつの接点の間には温度に依存した電位差を生じる（ジーベック効果）。この性質を利用して接点間の温度差を測定できる。ここで用いるのは、銅線Aとコンスタンタン線（銅＋ニッケル＋極微量のマンガンの合金）Bで、一対あたり約40 μV/℃の起電力をもつ。

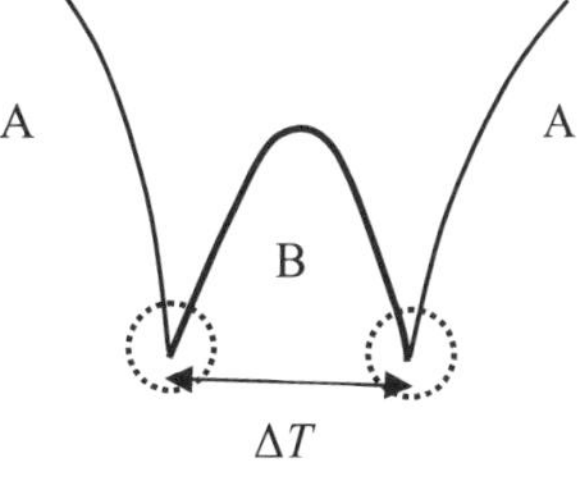

図9.6

配線は図9.5に示してある。熱電対の起電力は直流電圧増幅器（アンプ）により増幅し、記録計に出力して読み取る。

（1）アンプのレンジはフルスケールを500 μV

（2）記録計の紙送りは毎分10 mmの速さ

に設定する。

アンプのゼロ点と記録計のゼロ点とが一致するように調整しておく。まず、アンプから記録計への入力を絶って（記録計をCHKに設定）記録計のゼロ点を独立に調節する。次に熱電対からアンプへの入力を絶って（アンプをnullに設定）、アンプから記録計に出力しながら（記録計をMEASに設定）、記録計上のゼロ点をアンプのゼロ点移動つまみを回して調節しなおす。

測定中に時々アンプへの熱電対からの入力を絶って、記録計がゼロを示すことを確かめる。

9.7.　レポートの作成と考察課題

☆　**グラフや表はSIの表記法に従って作成する。**

1）ナフタレンのモル質量M_Bを、質量比（W_B/W_A）対ΔT_{fus}のグラフから求め、実際の値と比較する。

2）ナフタレンを溶かしていないシクロヘキサンの凝固点が時間とともに低くなるのは何故か。

9.8.　物理常数と文献値

T^*_{fus}(シクロヘキサン) = 279.15 K

K_{fus}(シクロヘキサンの凝固点降下定数) = 20.0 K kg mol^{-1}

$\Delta_{fus}H^*_A$(シクロヘキサンの融解熱) = 2.68 kJ mol^{-1}

R(気体定数) = 8.314 J K^{-1} mol^{-1}

M_A(シクロヘキサン) = 84.163×10^{-3} kg mol^{-1}

M_B（ナフタレン）= 128.17×10^{-3} kg mol^{-1}

熱電対起電力定数（0~10℃）= 38.9 μV K^{-1}

10. 界面活性剤水溶液の表面張力とミセル形成

10. 1. 序 論

相と相とが接している境界領域を「界面」という。隣り合った相のひとつが空気または蒸気であるときを特に「表面」という。界面には特徴的な性質があり、界面から十分に離れたところ（バルクという）の性質とは異なっている。液が無重力下では球形になること、板に置いた水滴がレンズ状になること、水面上をアメンボが走ること、毛細管中を液が上昇すること、コップの水が淵に盛り上がってもこぼれないこと等は、液体が表面張力をもっているために起こる。

バルクの分子はその周りを他の分子で取り囲まれているので、気体中で孤立している状態に比べると、分子間に働く引力によってエネルギーが低くなっている。一方表面領域にある分子は、図10.1に示したようにバルクに潜り込んでエネルギーを下げようとしている。その結果、液体の表面は幾何学的に最小の面積をとる。液体の表面を拡張するには、シャボン玉を膨らませるとき息を吹き込まなければならないように、外部から仕事を与えなければならない。これが表面張力の本質である。もし界面が張力を失えば、界面は消失して２相は混じり合い１相となる。表面領域の性質を特徴づける分子の厚みは、わずかに数分子程度であると考えられている。

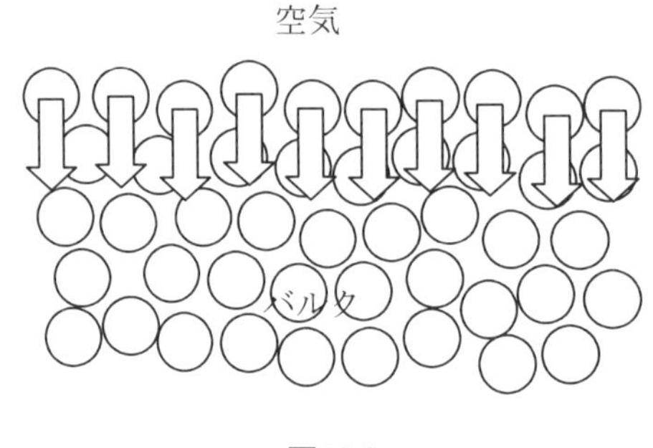

図10.1

10. 2. 表面張力

図10.2に示したように針金で作ったコの字型の枠に石けん鹸膜を張り、枠の上に置かれた針金を矢印の方向に引っ張って膜を拡張するときの仕事wを考える。動かす針金の長さをl、針金の単位の長さに加える力をγ、動かした距離を$\mathrm{d}x$とすると、仕事は、

$$w = \gamma\ l\,\mathrm{d}x = \gamma\ \mathrm{d}A \qquad (10.1)$$

である。ここで、$\mathrm{d}A = l\,\mathrm{d}x$である。ただし石けん膜は２枚あるので、ここでの仕事wは表面１枚分の仕事である。この式から分かるように、表面張力とは単位の表面積を拡張（生

成）するのに要する仕事である。または、表面を拡張するために表面上の単位の長さに加える力でもある。

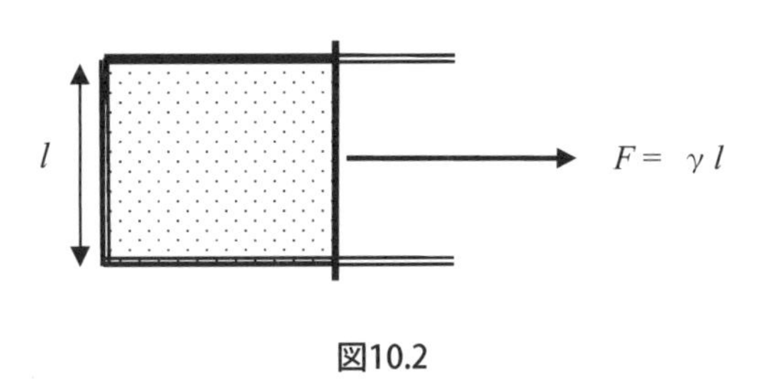

図10.2

親水基（疎油基）と疎水基（親油基）の両方を局在してもつ分子は、水の表面に吸着して表面張力を低下させる。表面張力を低下させる物質を「界面活性剤分子」または「界面活性剤（surfactant)」という。親水基は極性をもっていたり、電離するので水に溶けやすい。一方、疎水基は一般に炭化水素であり水に溶けにくい。炭化水素（油）が水に溶けにくいのは、水中に炭化水素が入ると水の水素結合が切られるので、水が炭化水素の混入を嫌うからである。このような分子は次の図10.3(a)のようなモデルで表される。

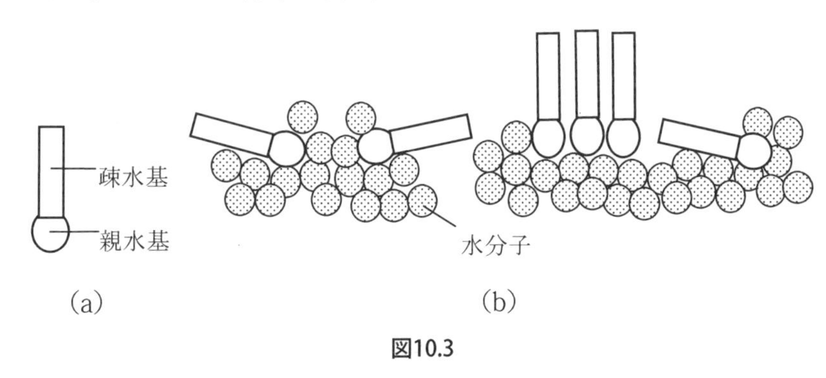

図10.3

親水基と疎水基のバランスによって水に対する溶解度が変わる。疎水基が大きくなると界面活性剤の溶解度が減少するが、水の表面には親水基と水分子との引力によって界面活性剤分子が吸着する。その様子を模式的に描くと図10.3(b)のようになる。界面活性剤分子の濃度が低いときは分散し、倒れた形で表面に吸着しているが、濃度が高くなると疎水基同士が近接して会合し「島」をつくる。このような表面の面積を拡張するとき、新たな水表面に界面活性剤分子が吸着するので、表面を拡張するエネルギーは純粋の水に比べると小さい。

10. 3.　ミセル形成とcmc

疎水基が大きくなると界面活性剤分子は水に不溶になって、全ての分子は表面に吸着し、界面活性剤分子が一層だけ展開した単分子膜を形成する。水溶性の界面活性剤分子の場合は一部が表面に吸着し、一部はバルクに溶ける。cmc（critical micelle concentration）と呼ばれるミセル形成臨界濃度に達するまではバルクに単独で分散して溶けるが、cmcを越えるとバルクにミセルを形成する。ミセルは親水基を外側に向け、疎水基を内側に集めた構造になっている。油は水に溶けないがミセルの中に取り込まれるので、cmc以上の濃度に達している界面活性剤水溶液には油が溶ける。ミセルを含む溶液では、cmcに等しい濃度の単分散した界面活性剤分子と、界面活性剤分子が50から100個会合したほぼ同じ大きさのミセルとが会合平衡を形成している。

図10.4

水の表面張力はcmcに達するまでは低下するが、cmcより高い濃度では界面活性剤分子の吸着が飽和するので、表面張力は変化しなくなる。

10. 4.　Wilhelmy法による表面張力の測定原理

Wilhelmy法では、白金又はガラスの薄板を液面に接触させた後、板を液面から引き離す時の最大応力を測定して求める。板自身の質量をW(plate)、板の断面周辺の長さを l とすると、天秤に加わる総質量W(total)は、

$$W(\text{total}) = W(\text{plate}) + \gamma\, l \tag{10.2}$$

である。自動測定の装置では、濡れた板を表面張力によって引き込もうとする下向きの力に抗して、電子天秤の竿を水平に保つために要する応力を測定する。

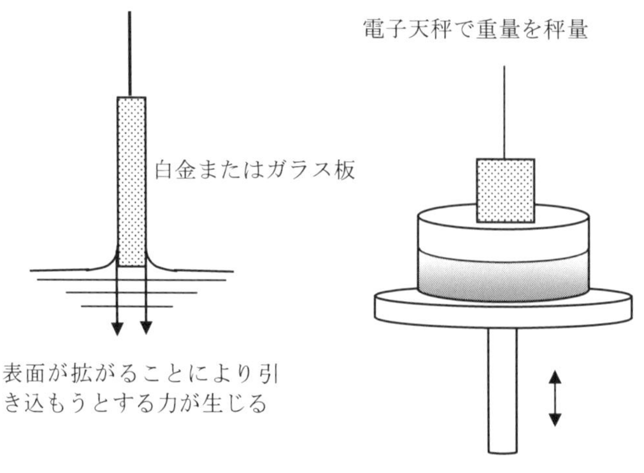

図10.5

10.5. 実　験

界面活性剤分子として、ポリエチレングリコールモノアルキルエーテル（通称PEG）を用いる。PEGは次のような分子構造である。PEGは広く家庭洗剤や化粧品に用いられている。

$$CH_3CH_2 \cdot\cdot CH_2O\ (C_2H_4O)_nH\ ;\ C_mH_{2m+1}O(C_2H_4O)_nH$$

ここでは、m = 10, n = 6, または m = 12, n = 6の親水基鎖長の異なる２種類のPEG（$C_{10}E_6$, $C_{12}E_6$）を試料とする。濃厚原液を順次希釈しながら表面張力を測定し、$\ln(c/\mathrm{mol\ dm^{-3}})$ 対γのグラフを作成する。ここで c は物質量濃度（concentration）であり、化学量論的な濃度（仕込んだ濃度）である。

１）まず純水のγを測定する。プレートの針金をピンセットで挟んで、水→エタノールの順に注いで洗浄し、ドライヤーで風を送って乾燥する。プレートはフックに掛けて温度が室温に下がるまで待つ。シャーレに水を約20 $\mathrm{cm^3}$入れて測定台に置く。ゼロ点調整をしてAUTO測定のスイッチを入れる。容器を載せた台が上がってプレートが液面に接するとモーターが止まり、表面張力が表示される。プレートが液面に触れたとき５mm以上自発的に濡れないときは、プレートを6~7 mm測定する液で濡らしてからフックにかける。298 Kでの水の表面張力は、71.99 $\mathrm{mN\ m^{-1}}$ である。容器と水はともにきれいでないと低い値になる。

２）原液の試料を蓋付き三角フラスコに約20 $\mathrm{cm^3}$とって恒温槽に浸し、数分間静置する。これをシャーレに移して測定する。

３）測定した原液を希釈表にしたがって、順次希釈しながら測定する。ひとつの試料について数回測定を繰り返して再現性を確かめる。

４）測定後のガラス容器は、水道水でよく洗浄し、純水でゆすいでから乾燥器に入れて乾燥する。洗浄するとき手でこすってはいけない。乾燥した容器は室温にまで冷ましてから使用する。

５）測定しながら、グラフに$\ln(c/\mathrm{mol\ dm^{-3}})$ 対$\gamma/\mathrm{mN\ m^{-1}}$のプロットをする。ここでの$\gamma$の変化は29~47 $\mathrm{mN\ m^{-1}}$である。測定点がばらついていたら測定をやり直す。プレートの汚れ、温度調節に十分注意する。

10.6.　溶液濃度希釈表

以下は溶液濃度の調製例である。

$C_{10}E_6$	$C_{12}E_6$
c/mol dm^{-3}	c/mol dm^{-3}
1.00×10^{-2} *	2.50×10^{-3} *
4.00×10^{-3}	8.33×10^{-4}
2.00×10^{-3}	2.50×10^{-4}
1.00×10^{-3}	1.25×10^{-4}
4.00×10^{-4}	4.17×10^{-5}
2.67×10^{-4}	2.09×10^{-5}
1.60×10^{-4}	1.39×10^{-5}
1.00×10^{-4}	6.95×10^{-6}

*印の溶液（原液）をメスフラスコやピペットを用いて順次希釈して溶液を調製する。

10.7.　レポートの作成と課題

★　**SIの表記法にしたがって、表やグラフを作成する。**

1）横軸をln(c/mol dm^{-3})、縦軸をγ/mN m^{-1}として、界面活性剤水溶液の表面張力を濃度に対してプロットしたグラフを作成する。表面張力の濃度に対する変化について特徴を述べ、なぜそのように変化するのか説明する。

2）作成したグラフはcmc近傍では２直線で表されるので、その交点からcmcを求める。

3）この実験をさらに発展させるテーマを考えて、理由を述べた上で具体的に提案せよ。

11. 分子の振動回転

11.1. 序

本実験の目的は、(1)分子分光学における初歩的かつ基本的な分光学的方法を、最も単純な分子である異核二原子分子COに適用し、分子の世界の一部を認識すること、いわば「分子の尺度で個々の分子を見る」こと、そして(2)分子の振動や回転運動が量子制限を受けている（量子化されている）を知ることである。

11.1.1. 分子の運動及びエネルギーと量子制限

分子分光学において分子を認識するには、分子に光などの輻射場（電磁波）を照射して、適当な装置を用いてどの波長の輻射場が吸収されたかを測定する、すなわち分子と輻射場がどのような相互作用をするかを調べ、測定結果から分子の大きさ、形、変形のしやすさなど分子の諸々の性質を解明することを通じて行う。本実験では、個々の分子の固有の性質を「顕に見る」ために、分子間に相互作用のないほぼ独立の分子とみなすことのできる低圧気相状態の分子を取り扱う。

分子がもつことのできるエネルギーとしては、(1)分子の並進エネルギー、(2)分子の重心の周りの回転運動によるエネルギー、(3)分子を構成する原子間の振動によるエネルギー、及び(4)分子内の電子がもつエネルギーをあげることができるが、粒子の様々な運動が分子サイズ程度の狭い領域に限られると、粒子がもつエネルギーはどんな値でもとることは許されない。たとえば、CO分子の回転エネルギーとしては、0、7.6×10^{-23}、22.9×10^{-23}、45.8×10^{-23} J/molecule、・・・を、またこれらのエネルギーに対応して分子の回転速度として、0、1.6×10^{11}、2.8×10^{11}、4.0×10^{11} 回転/sec、・・・などのとびとびの値のみを許され、これらの間の中間の値は許されない。これを運動やエネルギーの量子制限、あるいは量子化といい、分子固有の諸々の性質が導き出せるのは、実にこの量子化に依存しているのである。分子に輻射場を照射し、光子など輻射場の量子が分子によって吸収されると、その結果分子は、回転や振動エネルギーが量子化された一つの許容値からそれよりもエネルギーの高い量子化された許容値へ増加させられる。すなわち、分子は、エネルギー的に高い状態へ励起される。分子の性質と許容エネルギー、あるいは量子制限がどんなものであるを決めるのに標準的に用いられる方法がシュレディンガー方程式であるが、ここでは古典的な運動の記述に量子制限を加えることによって、異核二原子分子のサイズ、形、柔らかさを解き明かすという方法を採用する。

11.1.2. 二原子分子の回転運動

COのような異核二原子分子を、まず図11.1に示す亜鈴型の剛体回転子とみなし、質量m_1、m_2は長さr（$= r_1 + r_2$)の剛体棒（= 結合）によって結ばれているとする。分子が重心Cの周りにend-over-endの回転をすると、C軸の周りの慣性モーメントは次式で与えられる。

$$I = m_1 r_1^{\,2} + m_2 r_2^{\,2} \qquad (m_1 r_1 = m_2 r_2)$$
$$= \mu r^2 \qquad (11.1)$$

ここに、μは換算質量（reduced mass）であり、次式で定義される。

$$1/\mu = 1/m_1 + 1/m_2 \qquad (11.2)$$

また、r_1, r_2は、長さr（= 結合距離）と次の関係式で与えられる。

$$r_1 = m_2 r/(m_1 + m_2), \quad r_2 = m_1 r/(m_1 + m_2) \qquad (11.3)$$

一方、二原子分子の角運動量は$I\omega$で与えられ、ここにωは回転系の角速度である。角運動量に対する量子制限は一般に「角運動量の大きさは $h/2\pi$の倍数のみが許容される」と述べることができ、次式で与えられる（hはプランク定数である）。

$$I\omega = [J(J+1)]^{1/2}(h/2\pi)I \quad (J = 0, 1, 2, 3\cdot\cdot) \qquad (11.4)$$

ここにJは回転量子数（rotational quantum number）と定義され、Jに対する制限はシュレディンガー方程式の解から直接的に由来するものである。

分子の回転エネルギーは古典力学によれば$(I\omega^2)/2$で与えられるので許容される回転エネルギーE_Jは、上式の量子制限を考慮すると

$$E_J = (1/2)I\omega^2 = (I\omega)^2/(2I)$$
$$= (h^2/8\pi^2 I)\,J(J+1)\ (\text{単位は、joules})\ (J = 0, 1, 2, 3,\cdot\cdot) \qquad (11.5)$$

あるいは

$$\varepsilon_J = E_J/hc = BJ(J+1)\ (\text{単位は、cm}^{-1})\ (J = 0, 1, 2, 3,\cdot\cdot) \qquad (11.6)$$

と表される。ここに B は回転定数（rotational constant）といわれ、c を光速とすると次式で定義される。

$$B = h/(8\pi^2 Ic)\ (\text{単位は、cm}^{-1}) \qquad (11.7)$$

COとHBr分子について量子化された回転エネルギーを、25℃におけるkTの値とともに

図11.2に示した。現実の分子においては、Jの非常に大きな回転状態では遠心力が結合の強さより大きくなり、図11.2に示した許容エネルギーは修正をうける。このような状態に対しては剛体回転子モデルよりもより現実の分子に近いモデルとして，回転運動に由来する遠心力を考慮する非剛体回転子（nonrigid rotator）アプローチがよく用いられる。

分子分光学の手法によって B を実験的に決定することができれば、I を(11.7)式から、結合の長さ（bond length）rを(11.1)式からそれぞれ求めることができる。Gilliamらによれば、$^{12}C^{16}O$分子について観測スペクトルから

$$\nu_{J=0\rightarrow J=1} = 2B = 3.84235\ \mathrm{cm}^{-1} \qquad (11.8)$$

$B = 1.92118\ \mathrm{cm}^{-1}$を求めた。したがって、

$$I_{\mathrm{CO}} = (27.9907\times10^{-47})\ /\ B$$
$$= 14.56954\times10^{-47}\ \mathrm{kg\ m}^2 \qquad (11.9)$$

である。

一方^{12}Cおよび^{16}O原子の質量（absolute mass）は，それぞれ19.92168×10^{-27} kg、26.56139×10^{-27} kgである。$^{12}C^{16}O$の換算質量μは、(11.2)式にしたがって、次式で与えられる。

$$\mu = 11.38365\times10^{-27}\ \mathrm{kg} \qquad (11.10)$$

したがって、$^{12}C^{16}O$分子の結合の長さr_{CO}は、(11.1)式より

$$r_{\mathrm{CO}} = (I_{\mathrm{CO}}/\ \mu)^{1/2} \qquad (11.11)$$
$$= 0.1131\ \mathrm{nm}$$
$$= 1.131\ \text{Å}$$

と求めることができる。

11. 1. 3.　二原子分子の回転運動

二原子分子を構成する原子核間の距離 r（internuclear distance; bond length）に対して分子に貯えられるエネルギー E がどのように変化するかを、結合を伸縮するバネにたとえて模式的に図11.3に表した。エネルギーの最小に対応する核間距離r_eは、平衡核間距離と呼ばれる。ここに E は次式で与えられる。

$$E = (1/2)\, k\, (r - r_e)^2 \qquad (11.12)$$

kは力の定数（force constant）であり、このモデルは単純調和振動子（simple harmonic oscillator）と呼ばれる。ε_2状態での伸縮の程度はε_1状態でのそれよりも大きいが、振動数ω_{OSC}は不変であり、古典力学ではω_{OSC}は次式で与えられる。

$$\omega_{OSC} = (1/2)(k/\mu)^{1/2} \text{（単位は、Hz）} \qquad (11.13)$$

分光学で通常用いられる単位であるcm^{-1}に変換すると

$$\bar{\omega}_{OSC} = (1/2\pi c)(k/\mu)^{1/2} \text{（単位は、cm}^{-1}\text{）} \qquad (11.14)$$

許容される振動エネルギーE_vは単純調和振動子に対しては次式で与えられ、vは振動量子数（vibrational quantum number）と定義される。

$$E_v = (v + 1/2) h\omega_{OSC} \text{（単位は、joule）}(v = 0, 1, 2, \cdots) \qquad (11.15)$$

cm^{-1}単位の許容振動エネルギーε_vは、

$$\varepsilon_v = E_v/hc = (v + 1/2)\,\bar{\omega}_{OSC} \qquad (11.16)$$

で与えられる。$v = 0$に対して$\varepsilon_v = (1/2)\,\bar{\omega}_{OSC}$となり、原子は相互に完全に静止することはないことを暗示しており、$\varepsilon_{v=0}$をゼロ点振動エネルギー（zero-point energy）と呼ぶ。

CO分子のように双極子モーメントをもつ分子が$h\omega_{OSC}$のエネルギーをもつ輻射場量子と相互作用（吸収）すると、振動状態vにある分子の一部はv+1の振動状態に励起されより激しく伸縮することになる。量子の吸収に対しては

$$\begin{aligned}\varepsilon_{v \to v+1} &= \varepsilon_{v+1} - \varepsilon_v \\ &= (v + 1 + 1/2)\,\bar{\omega}_{OSC} - (v + 1/2)\,\bar{\omega}_{OSC} \\ &= \bar{\omega}_{OSC}\ (v = 0, 1, 2, \cdot\cdot\cdot)\end{aligned} \qquad (11.17)$$

量子の放出に対しては

$$\varepsilon_{v+1 \to v} = -\ \bar{\omega}_{OSC}\ (v = 0, 1, 2, \cdot\cdot\cdot) \qquad (11.18)$$

となる。

単純調和振動子モデルの分子はどんなに核間距離を大きくしても分子としての性質は破壊されないのに対して、現実の分子では核間距離が大きくなれば解離して化学反応等において原子の組み換えが起こることからわかるように、現実の分子は非調和的性質をもっており、振動エネルギーをより正確に記述するには非調和振動子(anharmonic oscillator)モデルが必要である。

11. 1. 4.　振動回転する二原子分子と光の吸収振動回転スペクトル

代表的な二原子分子の回転エネルギーは1~10 cm^{-1}であるのに対して、振動エネルギーは400~4000 cm^{-1}であり、その差違はきわめて大きいので分子は独立に振動及び回転しているとみなせる（11.1.1参照）。そこで、振動回転する分子（vibrating rotator）の分子エネルギーE_{total}は単純に振動と回転に対する許容エネルギーE_{vib}とE_{rot}の和で表せる。

$$E_{total} = E_{vib} + E_{rot} \tag{11.19}$$

ここでは11.1.2、11.1.3において与えられたε_J、ε_vを用いて、分子エネルギー$\varepsilon_{total} = \varepsilon_{J,v}$は次式で近似できる。

$$\begin{aligned}\varepsilon_{total} &= \varepsilon_{J,v}\\ &= BJ(J+1) + (v+1/2)\bar{\omega}_{OSC}\ (\text{単位はcm}^{-1})\end{aligned} \tag{11.20}$$

図11.4に基底（$v = 0$）及び第一振動励起（$v = 1$）状態における回転状態（回転準位）を模式的に示した。振動状態が異なれば回転定数 B も異なるが、図11.4では同一の値を用いている。輻射場量子との相互作用によってCO分子の振動状態が変化すると同時に、回転状態も変化する場合、どのような初期状態（v'' ,J''）からどのような終状態（v' ,J'）への遷移が許容されるかは次式で与えられ、一般に選択則（selection rule）と呼ばれる。

$$\Delta v = v' - v'' = \pm 1, \pm 2, \text{etc.} \tag{11.21}$$

$$\Delta J = J' - J'' = \pm 1 \tag{11.22}$$

ここでは$v'' = 0 \rightarrow v' = 1$の遷移のみを考慮すると

$$\begin{aligned}\Delta\varepsilon_{J,v} &= \varepsilon_{J',v=1} - \varepsilon_{J'',v=0}\\ &= \bar{\omega}_{OSC} + B(J' - J'')(J' + J'' + 1)\ (\text{単位はcm}^{-1})\end{aligned} \tag{11.23}$$

ただし、ここでは回転運動は振動状態の変化によって影響をうけないという粗い近似の下に、回転定数 B は$v''=0$と$v'=1$の振動状態において等しいとした。図11.5にいくつかの許容遷移を示した。

(i) $\Delta J=+1: J''=J'+1$

$$\Delta\varepsilon_{J,v}=\bar{\omega}_{OSC}+2B(J'+1)\quad (J'=0,1,2,\cdots) \tag{11.24}$$

(ii) $\Delta J=-1: J''=J'-1$

$$\Delta\varepsilon_{J,v}=\bar{\omega}_{OSC}-2B(J''+1)\quad (J''=0,1,2,\cdots)$$
$$=\bar{\omega}_{OSC}-2B(J')\quad (J'=1,2,3\cdots) \tag{11.25}$$

$\bar{\omega}_{OSC}$はゼロギャップ（zero gap）またはバンド中心（band centerまたはband origin）と呼ばれる。$\Delta J=+1$の選択則に応じて現れる吸収線をR－枝（R－branch）、$\Delta J=-1$に対する吸収線をP－枝（P－branch）と定義する。R－枝及びP－枝共に、$\bar{\omega}_{OSC}$の両側にほぼ等間隔（$=2B$）で出現することが(11.24)、(11.25)式及び図11.5からわかる。回転定数が実験的に決定できれば、すでに11.1.2において述べた方法に従って二原子分子の結合距離が求められる。

上記の近似は振動回転スペクトルの概略的特徴をよくあらわしているが、現実の分子では回転運動は振動状態が異なれば異なる。そこで、B_0、B_1を$v''=0$、$v'=1$状態の回転定数とすると、許容遷移エネルギーは以下のようにあらわすことができる。

$$\Delta\varepsilon=\bar{\omega}_{OSC}+B_1J''(J''+1)-B_0J'(J'+1) \tag{11.26}$$

(i) $\Delta J=+1: J''=J'+1$

$$\Delta\varepsilon=\bar{v}_R=\bar{\omega}_{OSC}+(B_1+B_0)(J'+1)+(B_1-B_0)(J'+1)^2$$
$$(J'=0,1,2\cdots) \tag{11.27}$$

(ii) $\Delta J=-1: J'=J''+1$

$$\Delta\varepsilon=\bar{v}_P=\bar{\omega}_{OSC}-(B_1+B_0)(J''+1)+(B_1-B_0)(J''+1)^2$$
$$(J''=0,1,2,\cdots)$$
$$=\bar{v}_P=\bar{\omega}_{OSC}-(B_1+B_0)J'+(B_1-B_0)J'^2$$
$$(J'=1,2,\cdots) \tag{11.28}$$

$\bar{v}_R$、$\bar{v}_P$は共通のパラメータmを導入すれば、

$$\Delta\varepsilon=\bar{\omega}_{OSC}+(B_1+B_0)\mathrm{m}+(B_1-B_0)\mathrm{m}^2$$

$$(m = \pm 1, \pm 2, \pm 3, \cdots) \qquad (11.29)$$

となる。ただし、m > 0はR−枝に、m < 0はP−枝に対応する。通常$B_1 < B_0$であることに注意する必要がある。信頼度の高い実験から得られた結果を次に示す。

$$\lambda \Delta \varepsilon = 2143.28 + 3.813m - 0.0175m^2 \qquad (11.30)$$
$$B_1 = 1.898\ \mathrm{cm}^{-1}$$
$$B_0 = 1.915\ \mathrm{cm}^{-1}$$

振動状態 v の回転定数をB_vとすると

$$B_v = B_e - \alpha(v + 1/2) \qquad (11.31)$$

が成り立つ。B_0、B_1に(11.30)式から得られた上の値を代入して

$$B_e = 1.924\ \mathrm{cm}^{-1}$$
$$\alpha = 0.018$$

を得る。ここで、B_eは平衡核間距離r_e（ポテンシャル曲線の極小に対応する結合距離）に対応する回転定数、αは分子に固有の正の定数である。r_0、r_1をそれぞれ$v = 0$、$v = 1$の振動状態における分子の平均核間距離とすると、(11.9 ~ 11.11)式を用いて

$$r_e = 0.1130\ \mathrm{nm}$$
$$r_0 = 0.1133\ \mathrm{nm}$$
$$r_1 = 0.1136\ \mathrm{nm}$$

を得る。

一方、バンド中心$\bar{\omega}_{\mathrm{OSC}}$の値から、分子の結合の強さの尺度としてバネモデルの力の定数 k を(11.14)式を用いて求めることができる。表11.1に、いろいろな二原子分子の$\bar{\omega}_{\mathrm{OSC}}$、$k$ およびr_eを参考のために与えた。

11.2. 実　験

CO分子の高分解能振動回転スペクトルを、次の要領にしたがって観測する。

1）光路10 cmのガス専用セル（KBr窓付き）に、高純度の低圧COガスを、真空ラインを使って高圧容器から導入する。KBrが空気中の水分などで溶解しないように、セルの取

り扱いは乾燥窒素雰囲気下または乾燥デシケータ中において行う。

2）振動回転スペクトルは、高分解能FT（フーリエ変換）赤外分光光度計を用いて測定する。分光器内は、試料室も含めてすべて乾燥窒素ガスでパージし、測定中もガスを流し続ける。

3）測定及びスペクトルの記録・出力等はすべて、コンピュータ制御によって処方にしたがって行う（詳細は取扱説明書を参照する）。

CO分子の振動の種類（振動モードという）としては、結合方向の伸縮振動のみである。したがってスペクトルは分光器の測定可能波長領域内では、single bandから成り立っているが、高分解能測定であるため通常の液状または粉末・固形状試料の測定条件とはかなり異なり、分光器の最高性能を引き出す必要がある点に留意する。S/N（Signal-to-Noise ratio）を犠牲にしても、COガスは低圧状態で測定する必要があるのはなぜなのかについても留意する。

11. 3.　気相ＣＯ分子の高分解能振動回転スペクトルの解析

1）11. 1. に記述したモデルと方法にしたがってまずzero gapを見つけ、つづいて振動回転状態間の遷移の帰属を行い、帰属に用いた回転量子数J''をP－枝とR－枝に共通のパラメータmに変換する*。吸収ピークのエネルギー（$\bar{\upsilon}_R, \bar{\upsilon}_P$）値をmの関数（多項式）（(11.29）式参照）とみなして約50~60組のデータを準備する。これらのデータを最小二乗法によって処理し、得られた多項式の係数から$^{12}C^{16}O$分子の回転定数（B_0、B_1、B_e)、結合距離（r_0、r_1、r_e）および力の定数kを決定する。

*各枝（branch）に属する吸収ピークの指定は遷移の始状態（$\upsilon'' = 0$の振動状態）の回転量子数、すなわちJ''を割り当てて、$P_{J''}$または$R_{J''}$と記述する（図11.5参照）。したがって、J''からmへの変換は、次のように行うと(11.27)式、(11.28)式は(11.29)式に統一される。

R－枝の吸収に対しては、$m = J'' + 1$

P－枝の吸収に対しては、$m = -J''$

2）$^{13}C^{16}O$分子に由来する遷移が実測スペクトルのなかに混在している可能性を注意深く検討する。$^{13}C^{16}O$分子に由来する遷移の帰属は以下の手続きにしたがって行う。

1．　1)で得られた$^{12}C^{16}O$分子に関する情報を用いて、$^{13}C^{16}O$分子について予測されるzero gap、回転定数の値を計算する**。

**ここでは、化学結合に関する知識に基づく「仮定」が必要であるが、その「仮定」の妥当性を検討すること。

2．$^{12}C^{16}O$分子のスペクトル強度分布を参考にして、1.で得られた数値を用いて$^{13}C^{16}O$分子に対して予測される振動回転スペクトルを描き、実測スペクトルと比較する。^{13}Cの天然存在率を考慮して、実測スペクトルから$^{13}C^{16}O$分子に由来する遷移を探し出しスペクトルの帰属を行う。

3）観測されたスペクトル吸収線の強度分布について考察する。

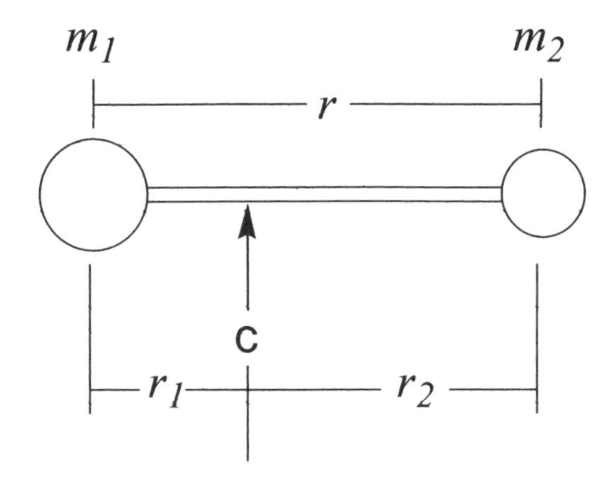

図11.1　二原子分子に対する剛体回転子モデル（$r = r_1 + r_2$）

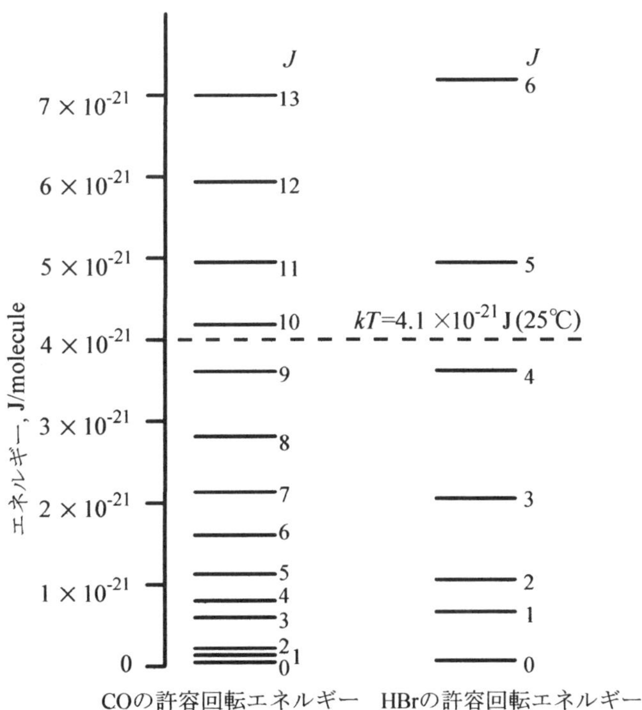

CO (μ=11.4×10^{-27} kg , r=1.13Å, I=14.5×10^{-47} kgm^2)および
HBr (μ=1.64×10^{-27} kg , r=1.41 Å, I=3.3×10^{-47} kgm^2)
25℃の kT の値と比較して示す。

図11.2　許容回転エネルギー

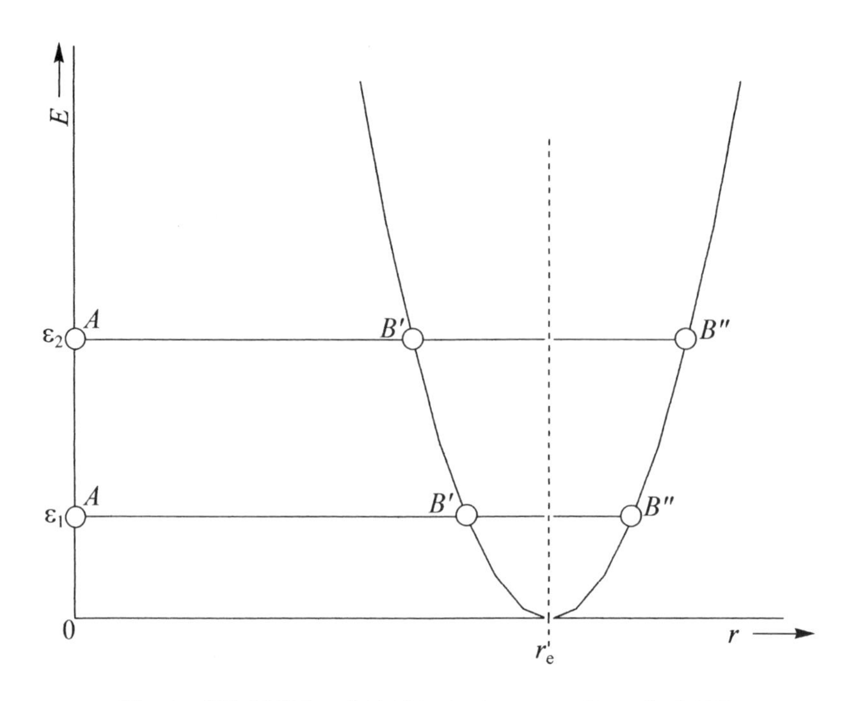

図11.3　調和振動子モデル近似における二原子分子の振動運動

（r_e：平衡核間距離）

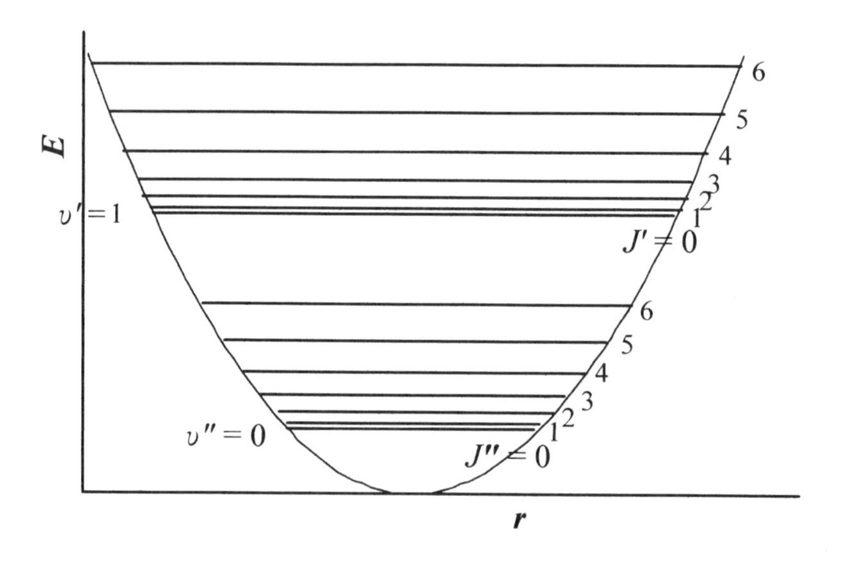

図11.4　振動回転する分子の振動及び回転状態

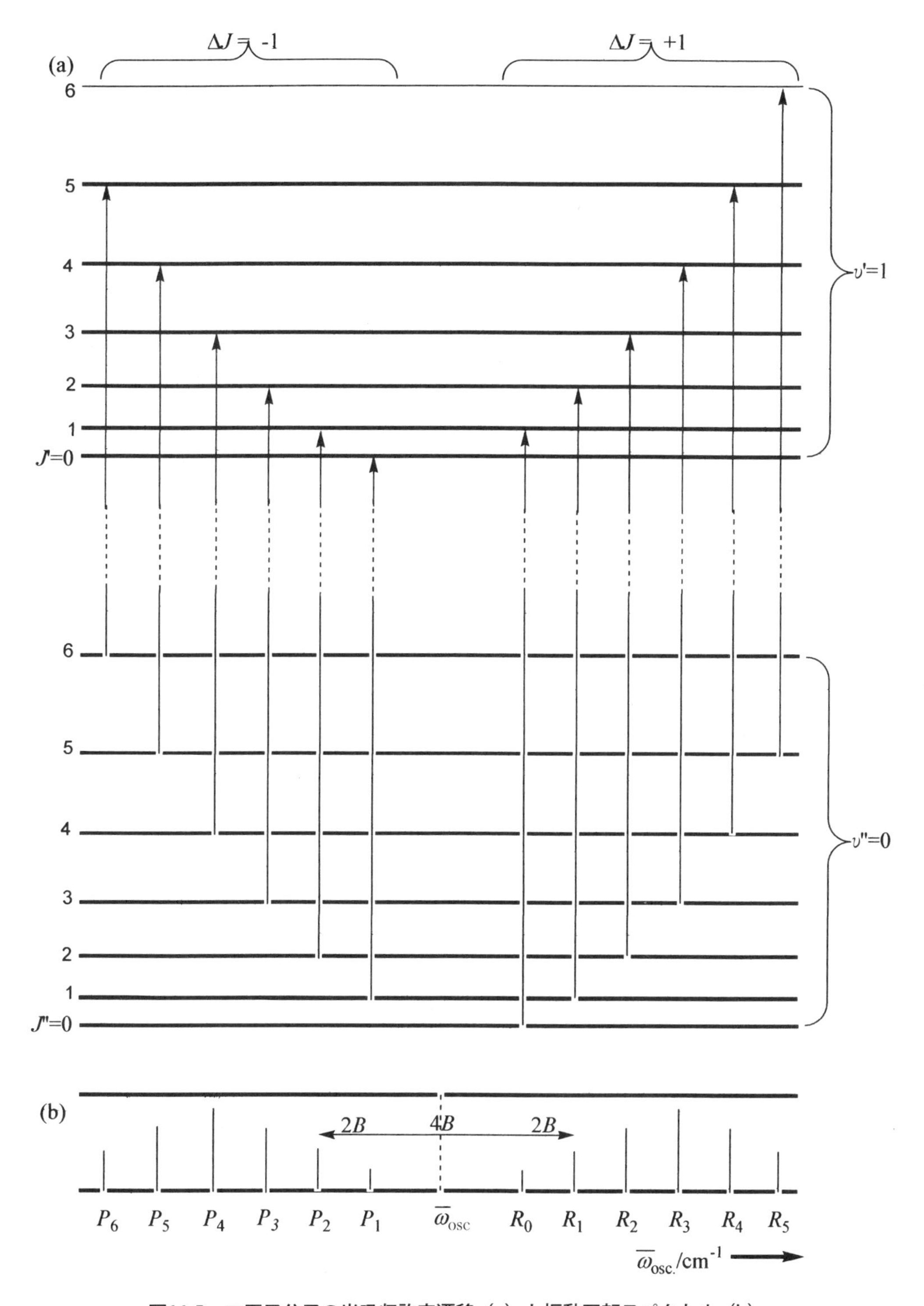

図11.5　二原子分子の光吸収許容遷移（a）と振動回転スペクトル（b）

表11.1　二原子分子の$\bar{\omega}_{osc}$、k及びr_e

分子	$\bar{\omega}_{osc.}$ /cm^{-1}	k /Nm^{-1}	r_e/nm
H_2	4159.2	5.2×10^2	0.07415
D_2	2990.3	5.3×10^2	0.07416
HF	3958.4	8.8×10^2	0.09175
HCl	2885.6	4.8×10^2	0.12744
HBr	2559.3	3.8×10^2	0.1408
HI	2230.0	2.9×10^2	0.1608
CO	2143.3	18.7×10^2	0.11282
NO	1876.0	15.5×10^2	0.11508
F_2	892	4.5×10^2	0.1442
Cl_2	556.9	3.2×10^2	0.1988
Br_2	321	2.4×10^2	0.22836
I_2	213.4	1.7×10^2	0.26666
O_2	1556.3	11.4×10^2	0.12074
N_2	2330.7	22.6×10^2	0.10976
Li_2	246.3	1.3×10^2	0.26725
Na_2	157.8	1.7×10^2	0.30786
KCl	278	0.8×10^2	0.26666

＊^{35}Cl 同位体に対するデータ

12. 分子力学法による炭化水素化合物の構造とエネルギー

12.1. 目 的

分子力学（molecular mechanics）計算によって分子の構造と分子のエネルギーを求める。

12.2. 解 説

近年、理論計算が化学の研究方法として用いられるようになってきた。理論計算は実験ではとらえることのできない現象や、実験を行うのが難しい系について物理的・化学的性質を予測できるので、非常に有力な研究方法である。さらに、原子や分子のように目に見えない極微の世界を視覚化することにより現象の理解を深めるにも有効な方法である。

理論手法としては分子の構造やその物理的・化学的性質を研究するために行う**分子軌道法**（Molecular orbital method）や**分子力学法**（Molecular mechanics method）、気相の化学反応の反応機構や反応速度などの研究を行なうための**分子動力学法**（Molecular dynamics method）や分子軌道法、液体などの分子集合体の構造や熱力学的性質を研究するための**モンテカルロ法**（Monte Carlo method）や分子動力学法などがある。

どのような方法を用いるにせよ、計算により分子の安定構造やエネルギーを求めるためには、化学結合している原子にどのような力が働くのかを知る必要がある。言い換えると、原子間の相互作用を表現する関数を設定しなければならない。計算結果の信頼性はその関数（ポテンシャル関数）の信頼度に大きく左右されることになる。原子間に働く力について多くの提案がなされているが、ここでは分子力学法と呼ばれる手法を採用する。分子力学法では分子のエネルギーE（分子力学法ではエネルギーを立体エネルギーと呼ぶことがある）を次のような項の和で表す。

$$E = \Sigma E_r(r_i) + \Sigma E_b(\theta_i) + \Sigma E_v(r_i) + \Sigma E_t(w_i) + \Sigma E_{bs}(\theta_i, r_j, r_k) \qquad (12.1)$$

ここで、E_r、E_b、E_v、E_t、E_{bs}、はそれぞれ結合伸縮エネルギー、結合変角エネルギー、van der Waalsエネルギー、ねじれ（torsion）のエネルギー、伸縮変角エネルギーと呼ばれている。また、r_i、θ_i、w_iは、それぞれ結合距離、結合角、二面角を表し、これらを**内部座標**（internal coordinate）とよぶ。以下それぞれの項について説明する。

・結合伸縮エネルギー（E_r）

結合をバネで近似しポテンシャルの非調和性を表すため補正項を加える（図12.1の実線は実測値、破線はHookeの法則に対応、つまり放物線による近似）。

$$E_r(r_i) = (k_r/2)\{(r_i - r_o)^2 + k'(r - r_o)^3\} \qquad (12.2)$$

r_i：結合距離

r_o：最小エネルギー結合距離

k_r：結合伸縮の力の定数（バネ定数）

k'：３乗項の係数（非調和項）

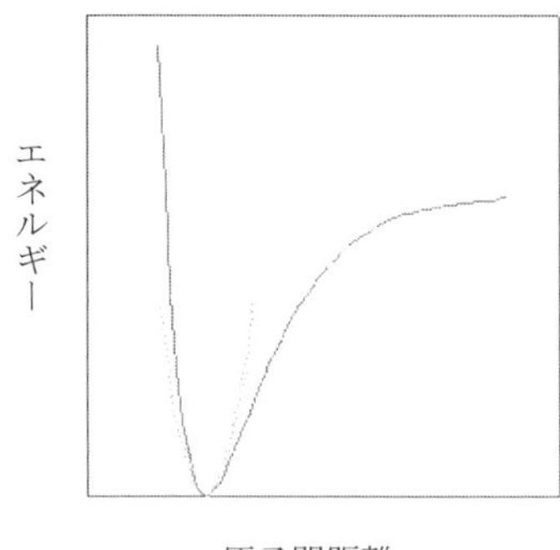

図12.1　原子間距離に対するポテンシャル曲線。実線は実測値、点線は放物線での近似値

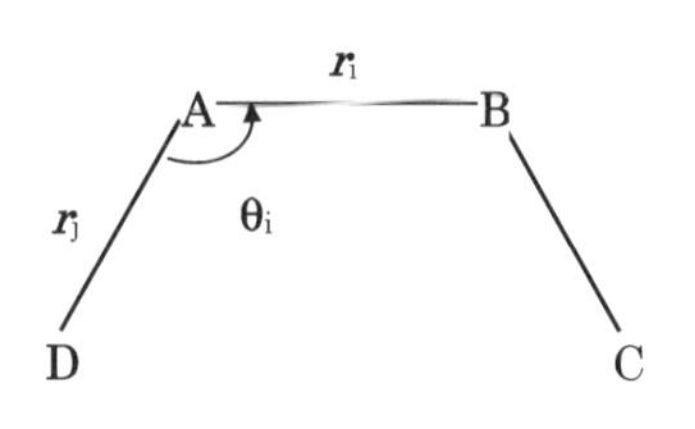

図12.2 分子の内部座標

・結合変角エネルギー（E_b）

$$E_b(\theta_i) = (k_b/2)\{(\theta_i - \theta_o)^2 + k_b'(\theta_i - \theta_o)^n\} \tag{12.3}$$

θ_i：結合角

θ_o：最小エネルギー結合角

k_b：結合変角の力の定数

k_b'：高次項の係数

n：高次項のべき

・van der Waalsエネルギー（E_v）

非結合原子間の反発を表す。例えば、異なる炭素原子に結合している水素原子間の反発を表す。通常、隣あった原子に結合している原子間の値が大きくなり、これを1,4エネルギーと呼ぶ。

$$E_v(r_i) = \varepsilon^* \times \{2.90\times10^5 \exp(-12.50/p) - 2.25p^6\} \tag{12.4}$$

$\varepsilon^* = \sqrt{(\varepsilon_a \varepsilon_b)}$,　$r^* = r_a + r_b$,　$p = r^*/r_i$

r_i：相互作用中心（原子）間の距離

r_a：原子aのvan der Waals半径

ε_a：原子aの堅さ

・ねじれ（torsion）のエネルギー（E_t）

一重結合のまわりの回転に伴うエネルギー変化を再現するための関数。

$$E_t(w_i) = (V_1/2)\{1 + \cos(w_i)\} + (V_2/2)\{1 - \cos(2w_i)\} + (V_3/2)\{1 + \cos(3w_i)\} \quad (12.5)$$

w_i：二面（ねじれの）角（図12.2で面ABCと面DABのなす角）

V_1, V_2, V_3：ねじれのエネルギーを表す係数

・伸縮変角エネルギー（E_{bs}）

結合の伸縮と変角の交差項。

$$E_{bs} = k_{bs}(\theta_i - \theta_o)\{(r_j - r_{oa}) + (r_k - r_{ob})\} \quad (12.6)$$

θ_i：結合角

r_i, r_k：θ_iをはさむ結合の結合距離

k_{bs}：伸縮－変角の力の定数

(12.1)式中のΣは分子内のすべての内部座標（原子間結合距離、結合角、ねじれの角）について和を取ることを意味する。van der Waals項の場合には共通の原子を介して結合している原子対を除くすべての非結合原子の組み合わせについて和を取る。

各ポテンシャル関数から明らかなように分子の立体エネルギーは結合距離（r_i）、結合角（θ_i）及びねじれの角（w_i）の関数E(r_i, θ_i, w_i)、別の見方をすれば各原子の座標（x_i, y_i, z_i）の関数$E(x_i, y_i, z_i)$である。n個の原子からなる分子は$3n-6$個の内部座標、あるいは$3n$個のデカルト座標を持つから、エネルギーは$3n-6$または$3n$次元関数となる。それらが形づくる多次元面を**断熱ポテンシャル面**（adiabatic potential surfaces）と呼ぶ。分子の安定構造はこの断熱ポテンシャル面の極値である。つまりすべての座標 X（Xはr_i, θ_i, w_iあるいはx_i, y_i, z_i）について

$$\partial E / \partial X = 0 \quad (12.7)$$

を満たす。分子の安定構造は、理論計算の立場からは、ポテンシャル面（エネルギー）の極値を与える内部座標を求めることに他ならない。分子の平衡構造を求めることを構造の最適化と呼ぶ。その極値を「分子のエネルギー」とする。

バネ定数（k_r, k_b）、van der Waals 半径（ε_a）などのパラメータは一般に、結合毎あるいは原子毎に異なる値を取る。どのようなパラメータを用いるかによって結果が大きく異なってくるが、この実験では、最もよく用いられているAllingerらの**MM2**（Molecular

Mechanics 2）法のパラメータを用いる。

12.3.　実　験

メタン、エタン、プロパン、ブタンの分子を構築し、MM2法でこれらの分子構造の最適化を行うと共に分子のエネルギーを計算する。シクロヘキサンについても同様の計算を行う。ブタン、シクロヘキサンには二種類の安定な立体配座が存在するので、その両方について 計算を行う。

12.4.　結果の整理

計算した分子の結合距離、結合角、エネルギーを表にせよ。n–アルカン分子の炭素原子の数を横軸に、分子のエネルギーを縦軸にとってグラフを描け。

12.5.　考　察

1）n–アルカン分子のC–H, C–C結合距離や結合角が、炭素数が大きくなるにともなって一定の傾向で変化しているかどうかを検討し、その原因を考察せよ。

2）ブタン、シクロヘキサンの二つの立体配座のエネルギーが異なっている原因を考察せよ。また各々の分子の二つの配座の室温（298 K）における存在比を計算せよ。

3）エタンの内部回転のエネルギー障壁を求めよ。エネルギー障壁はエタンの重なり型とねじれ型のエネルギー差である。ねじれ型のエネルギーはMM2計算の結果を用いよ。重なり型エネルギーはvan der Waals項とねじれの項の寄与が支配的であるとし、結合距離、結合角度等の構造パラメータは、ねじれ型と同じであると仮定して計算せよ。

4）式(12.1)は分子内の相互作用を表すのに適したポテンシャルである。電荷や双極子モーメントを持つ分子の分子間の相互作用を表現するにはどのようなポテンシャルを用いれば良いだろうか。

12.6.　作業手順

このテーマの作業はすべてコンピュータで行う。主たる作業は、分子の組み立て及びMM2計算である。分子の組み立ては、分子模型で分子を作成するのと同じことをコンピュータ上で行う。原子や基の置換、分子の回転、結合の切断や形成等を行い、目的の分子を作成する。これはあくまで、その分子のおおよその構造を組み立てるだけでよく、正確な構造は、MM2計算を行うことにより得られる。分子の組み立てやMM2計算には、いくつかのソフトが市販等されているが、具体的な操作方法はそれぞれのソフトによって大きく異なるので、使用するソフトのマニュアルを参照すること。

12. 7.　MM2計算結果の例

以下に、クロロエチレンの安定構造を求めた計算例を示す。右端に解説を記載した。

単位は Angstrom, degree, Kcal/mol

```
CONFORMATIONAL ENERGY, PART 30 GEOMETRY AND STERIC ENERGY
                              OF FINAL CONFORMATION.
CONNECTED ATOMS
     5- 1-
ATTACHED ATOMS
     1- 2, 1- 3, 1- 4, 5- 8, 5- 6, 5- 7,
FINAL ATOMIC COORDINATES AND BONDED ATOM TABLE
     ATOM        X          Y          Z     TYPE  BOUND TO ATOMS
     C( 1)    .00307     .04333     .05571   ( 1)   2,  3,  4,  5
     H( 2)   -.35321    1.09930     .07297   ( 5)   1,
     H( 3)   -.36736    -.44999     .98423   ( 5)   1,
     H( 4)   -.47462    -.45697    -.81851   ( 5)   1,
     C( 5)   1.53072    -.00595    -.03488   ( 1)   1,  6,  7,  8
     H( 6)   2.00471     .48687     .84546   ( 5)   5,
     H( 7)   1.89684     .47931    -.96924   ( 5)   5,
    CL( 8)   2.11986   -1.69245    -.06293   (12)   5,
CENTER OF MASS
     X = 1.48828    Y =  -.89936    Z =  -.02867
MOMENT OF INERTIA WITH THE PRINCIPAL AXES (UNIT = 10**(-39) GM*CM**2)

    IX= 2.7247     IY=  15.3633      IZ=  16.9890
```

平衡構造における各原子のデカルト座標(X,Y,Z)　図12.3を参照

```
BOND LENGTHS AND STRETCHING ENERGY   (  7 BONDS)
      ENERGY = 71.94(KS)(DR)(DR)(1+(CS)(DR))
                       DR = R-RO
                       CS = -2.000
   BOND       LENGTH    R(0)     K(S)    ENERGY
 C( 1)- H( 2)  1.1146   1.1130   4.6000   .0008
 C( 1)- H( 3)  1.1148   1.1130   4.6000   .0010
 C( 1)- H( 4)  1.1148   1.1130   4.6000   .0010
 C( 1)- C( 5)  1.5311   1.5230   4.4000   .0206
 C( 5)- H( 6)  1.1147   1.1130   4.6000   .0010
 C( 5)- H( 7)  1.1147   1.1130   4.6000   .0009
 C( 5)-CL( 8)  1.7867   1.7830   3.2300   .0031
```

結合伸縮エネルギー

LENGTH…結合距離(ri)
ENERGY…各結合毎の伸縮エネルギー

```
NON-BONDED DISTANCES, VAN DER WAALS ENERGY
     9 VDW INTERACTIONS (1,3 EXCLUDED)
      ENERGY = KV*(2.90(10**5)EXP(-12.50/P) - 2.25(P**6))
                       RV = RVDW(I) + RVDW(K)
                       KV = SQRT(EPS(I)*EPS(K))
                        P = (RV/R) OR (RV/R#)
                       (IF P.GT.3.311, ENERGY = KV(336.176)(P**2))
# IN THE VDW CALCULATIONS THE HYDROGEN ATOMS ARE RELOCATED
SO THAT THE ATTACHED HYDROGEN DISTANCE IS REDUCED BY  .915
* * INTERACTIONS OF LESS THAN 0.1 KCAL ARE NOT PRINTED * *
 ATOM PAIR       R       R#      RV      KV      ENERGY  (1,4)
 H( 2), H( 6)  2.5557   2.4575   3.000   .0470    .1369    *
 H( 2), H( 7)  2.5560   2.4578   3.000   .0470    .1366    *
          ・・・(省略)・・・
 H( 4),CL( 8)  2.9713   2.9359   3.530   .1062    .2188    *
```

van der Waalsエネルギー

ENERGY…各原子対毎のエネルギー
R …原子間距離(ri)

```
BOND ANGLES, BENDING AND STRETCH-BEND ENERGIES   ( 12 ANGLES)
     EB = 0.021914(KB)(DT)(DT)(1+SF*DT**4)
                       DT = THETA-TZERO
                       SF =    .00700E-5

     ESB(J) = 2.51124(KSB(J))(DT)(DR1+DR2)
                       DR(I) = R(I) - R0(I)
                       KSB(1) =  .120    X-F-Y   F = 1ST ROW ATOM
                       KSB(2) =  .250    X-S-Y   S = 2ND ROW ATOM
                       KSB(3) =  .090    X-F-H   (DR2 = 0)
                       KSB(4) = -.400    X-S-H   (DR2 = 0)
                                        (X,Y = F OR S)
   ATOM S            THETA   TZERO    KB     EB     KSB    ESB
 H( 2)- C( 1)- H( 3) 107.466 109.000  .320   .0165
 H( 2)- C( 1)- H( 4) 107.479 109.000  .320   .0162
 H( 2)- C( 1)- C( 5) 110.508 110.000  .360   .0020   .09   .0009
          ・・・(省略)・・・
 H( 7)- C( 5)-CL( 8) 106.826 106.900  .530   .0001   .09  -.0001
```

変角と伸縮変角エネルギー

THETA…結合角(θi)
EB …結合変角エネルギー
ESB…伸縮変角エネルギー

```
DIHEDRAL ANGLES, TORSIONAL ENERGY (ET)    (  9 ANGLES)                    ねじれのエネルギー
      ET = (V1/2)(1+COS(W))+(V2/2)(1-COS(2W))+(V3/2)(1+COS(3W))
      SIGN OF ANGLE A-B-C-D 0 WHEN LOOKING THROUGH B TOWARD C,
      IF D IS COUNTERCLOCKWISE FROM A, NEGATIVE.
    A T O M S          OMEGA   V1      V2      V3       ET                OMEGA...ねじれの角(wi)
H( 2) C( 1) C( 5) H( 6)  61.046   .000    .000    .237     .000             ET...ねじれのエネルギー
H( 2) C( 1) C( 5) H( 7) -61.099   .000    .000    .237     .000
H( 2) C( 1) C( 5)CL( 8) 179.972   .000    .000    .406     .000
          ・・・(省略)・・・
H( 4) C( 1) C( 5)CL( 8) -60.545   .000    .000    .406     .000

 FINAL STERIC ENERGY IS        1.0469 KCAL.                               全立体エネルギー
                                                                         以下は各成分毎の総和
      COMPRESSION          .0285                                         結合伸縮
      BENDING             .2366                                          結合変角
      STRETCH-BEND         .0237                                         伸縮変角
      VANDERWAALS                                                        van der Waals
        1,4 ENERGY        .7567
        OTHER             .0000
      TORSIONAL           .0015                                          ねじれ
      DIPOLE              .0000      DIPOLE MOMENT      1.940 D
 ----------------------------------------------------------------
```

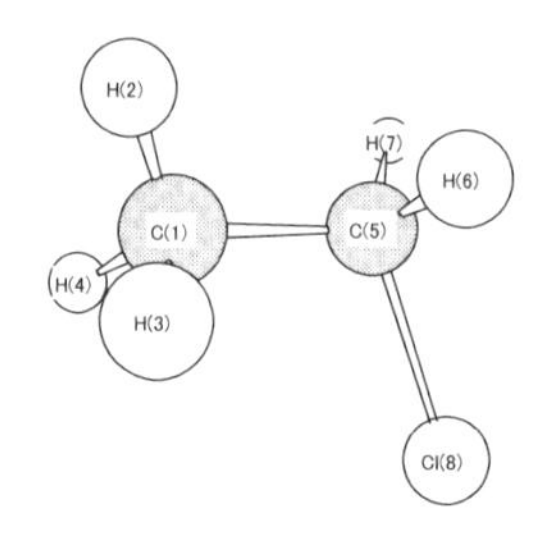

図12.3　クロロエタン(C_2H_5Cl)

12.8.　MM2のパラメータ

MM2の計算では、原子間に働く力を定めるにあたって、原子や原子間に固有のパラメータを用いる。以下にvan der Waalsとねじれのエネルギーについて、代表的なパラメータの値を示す。

いくつかのε_aとr_a（12.4式）

原子	r_a	ε_a
H	1.500	0.047
C	1.900	0.044
O	1.740	0.066

いくつかのねじれのエネルギーの係数, V_1, V_2, V_3（12.5式）

原子の組	V_1	V_2	V_3
C-C-C-H	0.0	0.0	0.267
H-C-C-H	0.0	0.0	0.237
C-C-C-C	0.2	0.27	0.093

13. 分子発光－電子的励起状態の描像

13.1. 目　的

蛍光分光法は感度、選択性の高さから化学、物理のみならず生物、医学の分野でも欠かすことのできない測定手段の一つである。装置を用いた蛍光の測定自体は簡単ではあるが、同じ試料を測定しても測定装置、測定条件などによって結果が大きく異なるという面も有している。そのため正しい測定法を習得することが必要である。

本実験ではπ電子共役系をもつ有機分子（アントラセン、ベンゾフェノン）の光励起（吸収スペクトル）、そして励起された分子の発光（蛍光、りん光、励起スペクトル）を濃度、励起波長、スリット幅などの条件を変えて測定することを通じ、測定に際しての注意点と光によって誘起される過程を学ぶことを目的とする。

13.2. 解　説

13.2.1. 光励起、電子励起状態に関係した過程、原理

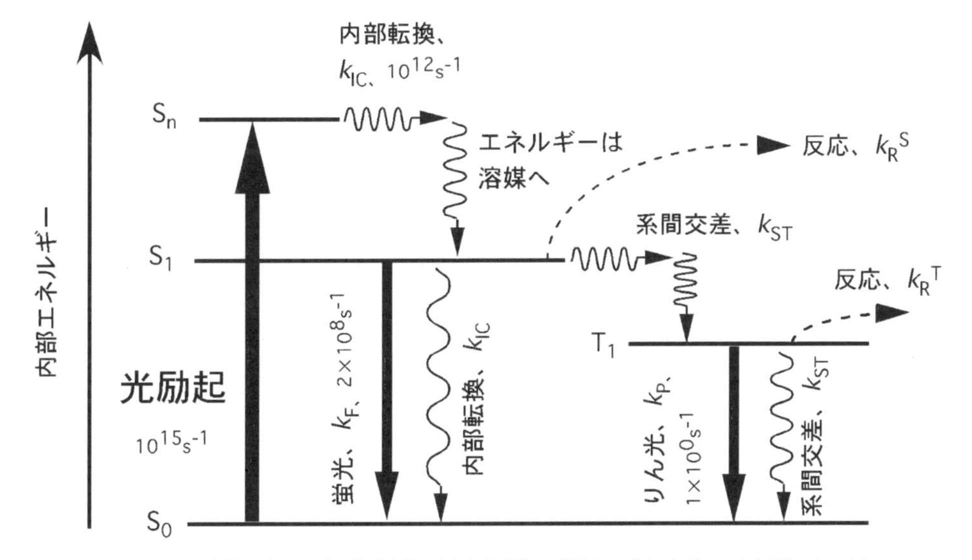

図13.1　光励起、および緩和過程（内部転換、蛍光、系間交差、りん光、反応）
太線は本実験で観測する過程、図に示した速度定数は典型的な値

図13.1は光励起され、高エネルギー状態（励起状態）となった分子が経る過程を表している（溶液中）。図の縦軸は内部エネルギーである。光励起（光吸収、電子遷移）はフェムト（10^{-15}）秒程度で起こる。一方、原子核は電子に比べて重いため、光励起にかかる時間内では原子核の位置は変わらない。これを**フランク・コンドン（Franck-Condon）**の原理といい、光吸収（遷移）は垂直の線で表される。光吸収における重要な法則に**ベール・ランベルト（Beer-Lambert）**の法則がある。

高エネルギー状態（S_n：高励起一重項状態）となった分子は内部転換し、溶媒との衝突によりエネルギーを失い、最低励起一重項状態（S_1）となる。S_nとS_{n-1}間、S_2とS_1間ではエネルギー差が小さいため内部転換は高速に起こり、S_nの寿命はピコ（10^{-12}）秒程度である。

一方、S_1とS_0間のエネルギー差は通常最も大きいために内部転換の速度は小さく、S_1の寿命はナノ（10^{-9}）秒程度である。S_1となった分子は蛍光、内部転換、反応、系間交差などの過程を経てエネルギーを失う。系間交差には電子スピンの反転が必要であり、またりん光の場合も同様である。そのためりん光は秒程度の発光寿命を持つことがある。しかし、T_1では酸素との衝突により酸素にエネルギーが移動する過程や、溶媒との衝突によりエネルギーを失う過程があるため、室温において溶存酸素がある条件での観測は困難である。そのため通常、りん光の測定では脱酸素を行い、溶媒を液体窒素などで凍結させ、溶媒との衝突を抑えた条件で測定する。

以上のように光励起、光励起後の過程には時間スケールで15桁も異なる様々な過程があり、これが蛍光・りん光スペクトルにどのような影響を与えるかを実験で検証する。

13. 2. 2.　電子スピンと電子励起状態の関係

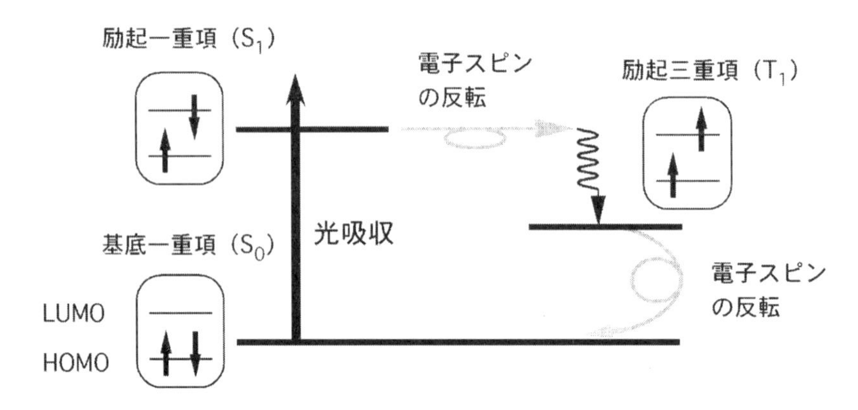

図13.2　基底一重項状態、最低励起一重項状態（蛍光を出す状態）、最低励起三重項状態（りん光を出す状態）と電子スピンの関係

電子スピンとそれぞれの状態の関係を考えてみる。図13.2では模式的に電子スピンと基底・励起状態の関係を示すため、軌道は**最高被占軌道（HOMO：Highest Occupied Molecular Orbital）**と**最低空軌道（LUMO：Lowest Unoccupied Molecular Orbital）**だけを書いてある。電子のスピンは1/2であり、配向によりプラス、マイナスの符号を付ける。スピンの合計をSとし、多重度は$2S+1$で定義される。電子のスピンの向きが互い違いになっている状態（S_0、S_1、S_n）ではスピン（S）は0であるので多重度は1であり、一重項状態（Singlet State）と呼ぶ。多くの分子の基底状態は一重項状態である。一方、酸素や一酸化窒素は例外的に基底状態がそれぞれ三重項状態（Triplet State）、二重項状態（Doublet State）である。

基底一重項の分子が光励起されると一つの電子がLUMOに上がるが、スピンの向きはそのままである。この状態を励起一重項と呼ぶ。励起一重項状態から一つの電子のスピンの向きが反転し、互いの向きが同じになった状態を励起三重項状態という。この過程を系間交差と呼ぶ。系間交差は重原子（例えばヨウ素やキセノン）や酸素との衝突により加速される。

表13.1　電子スピン（S）と分子物性の関係

	$S = 0$	$S = 1/2$	$S = 1$
スピンの状態	一重項	二重項	三重項
例	多くの分子の基底状態	・ラジカル ・プロトンの核スピン	・励起一重項状態から系間交差で生じる ・酸素分子の基底状態
外部磁場による分裂	分裂しない	2つに分裂	3つに分裂
発光	・蛍光（同じ多重項間の遷移による発光、スピン許容遷移）		・りん光（異なる多重項間の遷移による発光、スピン禁制遷移）
キーワード	・レーザー ・光合成初期過程 ・視覚の初期過程	・ESR ・NMR ・MRI	・光反応、重原子効果（スピンー軌道相互作用）

13. 2. 3.　蛍光（りん光）スペクトルと吸収（励起）スペクトル

図13.3、13.4に示したのは右に蛍光（りん光）スペクトル、左に吸収（励起）スペクトルと中央に分子のエネルギー図である。アントラセン、ベンゾフェノンではS_1、T_1という電子励起状態からの蛍光、りん光にいくつかの明確なピーク（振動構造）が現れていることがわかる。また、アントラセンでは吸収においても振動構造が現れている。分子の内部エネルギーは電子・振動・回転の階層構造として分けて考えることができるが、それぞれのエネルギーは量子化されており、連続ではなくとびとびの値をとる。スペクトルに現れた振動構造は電子状態の中の振動状態の階層構造を表している。回転状態はエネルギー差が小さいため、本実験では見分けることはできない。

実験では測定に際しての基本的な注意、S_1に励起した場合と、さらに上の励起状態（S_n）に励起した場合の違い、そしてスペクトルに現れる振動構造について考え、これらを基に分子の電子励起状態・分子構造についてどのような情報が得られるかを学ぶ。

13. 3.　測定法

13. 3. 1.　試料調製に際しての注意

注意１　測定用セルへの試料の移し換えは使い捨てピペットを用いて行う。用いる４面透明の測定用セルは紫外線の透過のよい無蛍光性合成石英でできている。測定部分（セルの底から２cm程度の範囲）に触れると手の油脂が付着し、測定に影響を与えるので触れてはならない。また、セルの外壁に溶液がたれ、含まれている試料が乾燥しても測定に影響を与える。使用後は洗浄して返却する。

注意２　ピペットの正しい使用法を理解する。正しく作動しているか。

注意３　蛍光分光光度計、吸収分光光度計は精密機器のため、体をもたれかけたり、装置の上に物を置いてはならない。

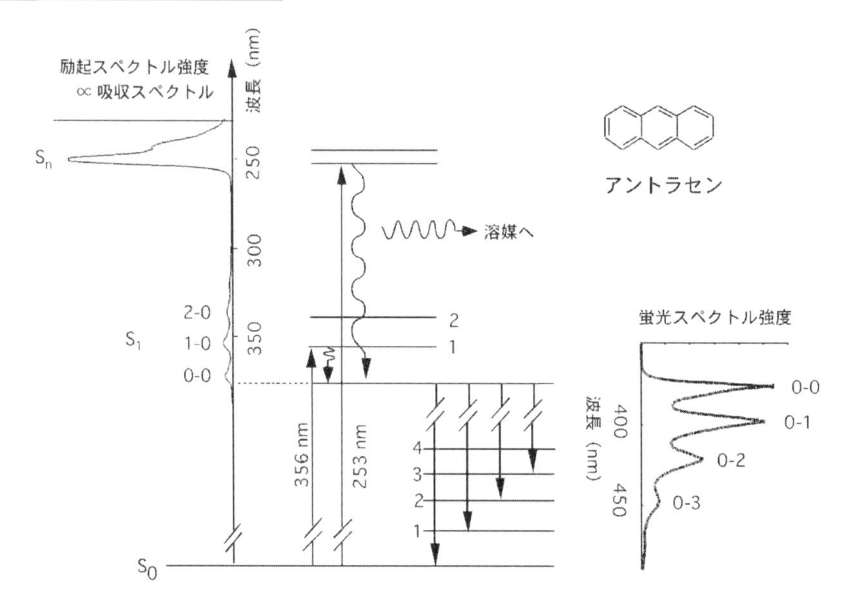

図13.3　アントラセンの励起スペクトル、エネルギーレベルと蛍光スペクトルの関係

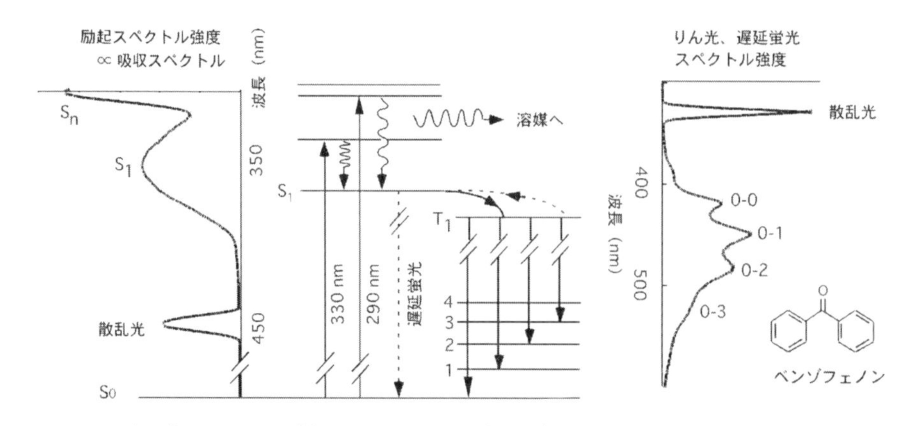

図13.4　ベンゾフェノンの励起スペクトル、エネルギーレベルとりん光、遅延蛍光の関係

13.3.2.　吸収スペクトル測定

吸収スペクトル（Absorption Spectrum）測定で注意すべき点は吸光度（試料濃度）とスリット幅である。

吸収スペクトルはある波長の光が試料にどの波長の光がどれだけ吸収されたかを測定したものである。吸収分光光度計の概略図を図13.5に示す。光源（タングステンランプ、重水素ランプ）から出た光は分光器を通して単色光とし、ミラーにより2つの光路に分け、一方を空（溶媒）のセル、他方を試料セルに照射する。

吸収スペクトルは試料を透過しない場合の光強度（I_0）と試料を透過した場合の光強度（I）の比（吸光度= $\log(I_0/I)$）で表すため、正確に測定できる範囲は吸光度が0.3（50%透過）~ 0.7（20%透過）と言われている。そのため、試料の吸光度を正しく設定（光路長を短くすれば高濃度溶液、長くすれば低濃度溶液も測定できる）することが必要である。$\log(I_0/I) = \varepsilon(\lambda)[A]\,l$ の関係をベール・ランベルトの法則といい（$\varepsilon(\lambda)$：モル吸光係数、[A]：濃度、l：光路長）、吸光度は試料の濃度に比例する。

測定においてスリット幅の選択には注意を要する。$\log(I_0/I)$の値、つまり$\varepsilon(\lambda)$．の値が測定に用いたスリット幅によって大きく異なって見える場合がある。

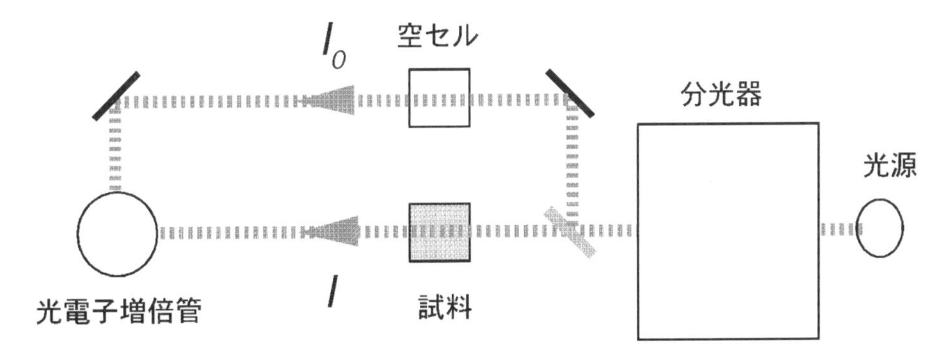

図13.5　吸収分光光度計の概略図

13.3.3.　蛍光、りん光、励起スペクトル測定

蛍光（Fluorescence）、りん光（Phosphorscence）、励起（Excitation）スペクトル測定で注意すべき点は吸光度（試料濃度）とスリット幅、スペクトル補正である。

1）蛍光分光光度計

蛍光分光光度計の概略図を図13.6に示した。光源（キセノンランプ）から出た光は分光器を通して単色光とし、試料に照射される。試料の発光は分光器により分光され、光電子増倍管で検出される。光電子増倍管は1ヶの光子でも測定可能な高感度の検出器である。

注意すべき点は試料の吸光度（濃度）である。吸光度が大きいと試料から出た光が再び試料によって吸収されてしまい、蛍光スペクトルが歪んでしまう（図13.7参照）。また、蛍光分光光度計が観測しているのはセルの中心部分なので、吸光度が大きい場合は中心部

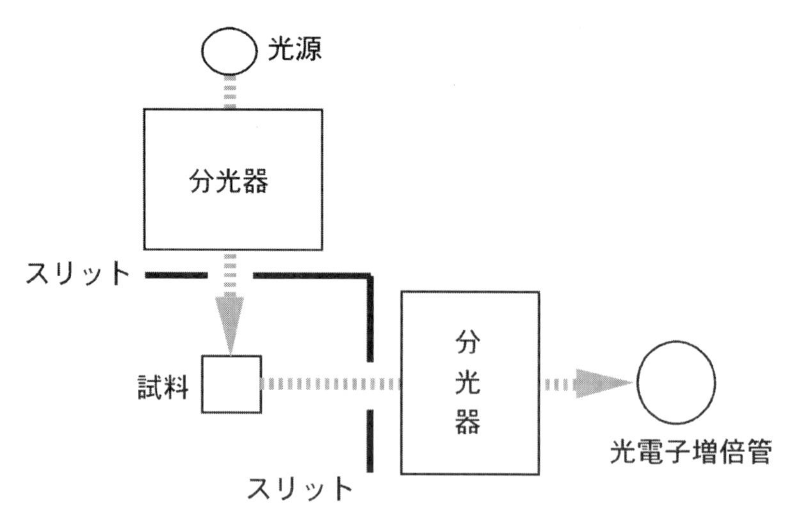

図13.6 蛍光分光光度計の概略図

分まで励起光が届かず、励起スペクトルが歪んでしまう。実際の蛍光・りん光・励起スペクトル測定では測定範囲（励起波長）での吸光度が0.1以下（光路長 1 cmの場合、79.4％以上透過に相当）に試料を調製する。吸光度が大きい場合は特殊なセルを用いて測定することもできる。

測定においてスリット幅の選択には注意を要する。スペクトルの形状が測定に用いたスリット幅によって大きく異なって見える場合がある。また、吸収スペクトルとは異なり、測定されたスペクトルは必ず「スペクトル補正」が必要である。光電子増倍管の感度、分光器の透過率は波長により異なるため、得られた出力は真のスペクトルではないからである。波長による感度曲線（装置関数）は標準物質を用いて測定してあり、スペクトル補正はコンピューター上で行うことができる。

２）蛍光スペクトル

蛍光（りん光）スペクトルの測定では照射する光の波長（励起波長）を固定し、出てきた発光を分光する。横軸に発光波長、縦軸に蛍光強度をプロットしたものが蛍光スペクトルである。

３）励起スペクトル

励起スペクトルの測定では、ある固定波長（蛍光波長、本実験のアントラセンの場合は398 nm）での蛍光強度 I_f を縦軸に、横軸は強度一定（I_0）の励起光の波長 λ_{ex}の関数として測定したスペクトルであり、(13.1)式で与えられる。I_0、l、Φ_f、[A]が一定であれば $I_f \propto \varepsilon(\lambda_{ex})$となり、$I_f$ は吸収スペクトルと一致する。つまり、発光強度（I_f）は光を吸収する程度つまりモル吸光係数($\varepsilon(\lambda_{ex})$)に比例するので、光を強く吸収する（モル吸光係数が大きい）波長の光を当てるとよく光り（例えばアントラセンでは253 nm)、光を吸収しない波長の光(例えばアントラセンでは275 nm)を当てた場合には何も光らないことになる。（図13.3参照）

$$I_f = 2.303\, I_0\ \varepsilon(\lambda_{ex}) l\ \Phi_f\ [A] \qquad (13.1)$$

$\varepsilon(\lambda_{ex})$：$\lambda_{ex}$におけるモル吸光係数（$M^{-1}cm^{-1}$）、$l$：光路長（cm）、

Φ_f：蛍光量子収量、[A]：分子Aの濃度（M）

ここで、$\varepsilon(\lambda_{ex})$、$\Phi_f$は共に溶媒、温度等周囲の環境によって変わるが分子固有の値である。

また、（13.1）式の$\varepsilon(\lambda_{ex})$はあくまで光を発する物質の$\varepsilon(\lambda_{ex})$であって、光らない物が混ざっていた場合には吸収スペクトルと励起スペクトルの形は異なることになる。これを利用して吸収スペクトルでは判別できない混合物から発光物質のスペクトルだけを励起スペクトル測定により抜き出すことができる。

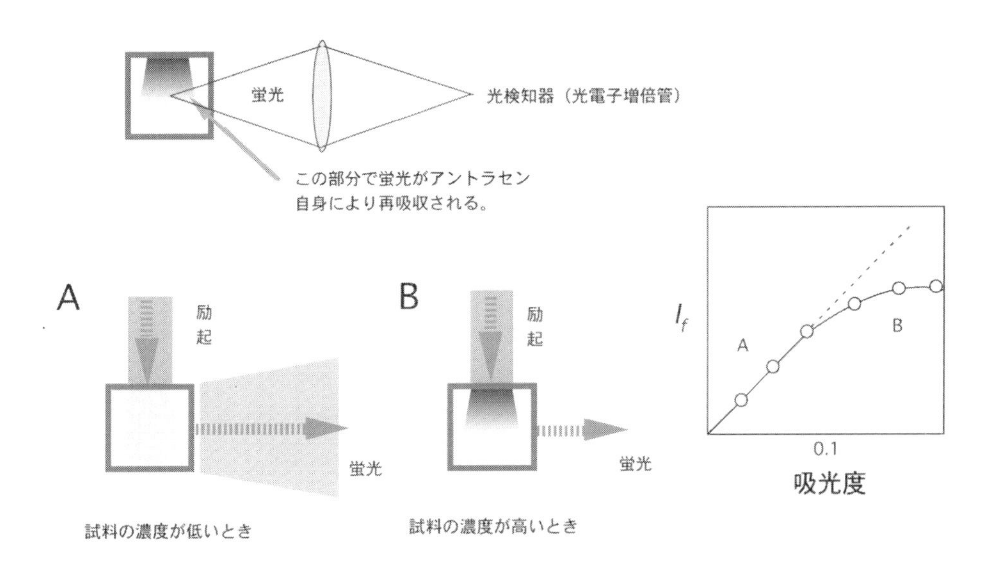

図13.7　蛍光強度に及ぼす試料の吸光度（濃度）効果。試料の濃度、試料セルの置き方、測定の光学系との関係で蛍光スペクトル、励起スペクトルともに歪んだ形で見え、蛍光強度（I_f）は吸光度（= $\varepsilon(\lambda_{ex}) l$[A]）に比例しなくなる。

13.4.　実　験

13.4.1.　アントラセンの吸収、蛍光、励起スペクトルの測定

1）アントラセンのシクロヘキサン溶液の調製

濃度によるスペクトルの違いを調べるため、2種類の濃度の溶液を調製する。実験A、Bでは低濃度試料（1×10^{-7} M）、実験C、Dでは高濃度試料（5×10^{-6} M）とする。準備してある母液を用いて調製する。試料量は2 mL以上必要である。

母液の調製に用いたアントラセンは帯域融解（ゾーンメルティング、Zone melting）法により精製したもの、溶媒のシクロヘキサンは蛍光測定用のものである。

2）アントラセンの吸収スペクトルの測定

13.4.3に示した手順で低濃度、高濃度溶液共に吸収スペクトルを測定する。ただし、高濃度溶液はスリットの大きさによるスペクトル変化を調べるため２種類のスリット条件で実験を行う。

3）アントラセンの蛍光および励起スペクトルの測定

13.4.4にしたがい、測定条件を設定して測定する。測定に際してはデータ整理の時に区別しやすいようにサンプル名、コメント（自分の名前など）を入れておく。以下、Ａ～Ｄで測定したスペクトルを、条件とともに記録･出力する。

Ａ．**13.4.4** 1)にしたがい低濃度試料（1×10^{-7} M）の蛍光スペクトルの測定

・励起波長をアントラセンの吸収ピークの高エネルギー側の253 nmとし、蛍光スペクトルを測定する。蛍光側スリットの条件のみを変えた測定も行う。

・励起波長をアントラセンの吸収ピークの低エネルギー側の356 nm とし、蛍光スペクトルを測定する。

Ｂ．**13.4.4** 2)にしたがい低濃度試料（1×10^{-7} M）の励起スペクトルの測定

・蛍光波長をアントラセンの蛍光ピークの398 nmとし、励起スペクトルを測定する。

Ｃ．**13.4.4** 1)にしたがい高濃度試料（5×10^{-6} M）の蛍光スペクトルの測定

・励起波長をアントラセンの吸収ピークの356 nmとし、蛍光スペクトルを測定する。

Ｄ．**13.4.4** 2)にしたがい高濃度試料（5×10^{-6} M）の励起スペクトルの測定

・蛍光波長をアントラセンの蛍光ピークの398 nmとし、励起スペクトルを測定する

13. 4. 2.　ベンゾフェノンのりん光（および遅延蛍光）、励起スペクトルの測定

ベンゾフェノンのフレオン溶液は濃度 5×10^{-4} Mに調製し、脱ガスした試料が準備してある。ベンゾフェノンは再結晶により精製したもの。溶媒はCFC11である。

測定に際してはデータ整理の時に区別しやすいようにサンプル名、コメント（自分の名前など）を入れておく。りん光ではあるが、蛍光のモードで測定できる。以下、E、Fで測定したスペクトルを、条件とともに記録･出力する。

Ｅ．りん光および遅延蛍光スペクトルの測定

・**13.4.4** 1)にしたがい励起波長を330 nm とし、りん光スペクトルを測定する。

・**13.4.4** 1)にしたがい励起波長を290 nmとし、りん光スペクトルを測定する。

・スペクトルのピーク位置を求め、ピーク間隔を波数（cm^{-1}）単位で算出する。

Ｆ．励起スペクトルの測定

13.4.4 2)にしたがい蛍光波長を450 nmとし、励起スペクトルを測定する。

13.4.3.　日立吸収分光光度計U-3500を用いた場合の測定手順、設定値

1．条件設定

画面右側のMethodアイコンをクリックし「装置」タブで以下の設定を行う。

データモード	Abs
開始波長	400（nm）
終了波長	200（nm）
スキャンスピード	120(300)（nm/ min）
高分解能測定	Off
ベースライン補正	ユーザー1
初期待ち時間	0 (s)
測定前オートゼロ	チェック　400 (nm)
光源切替	自動切替
切替波長	340.00 (nm)
スリット	固定　ただし、低濃度溶液は1 (nm)、高濃度溶液は1および8 (nm)、でそれぞれ測定する
ホトマル電圧モード	自動制御
サンプリング間隔	自動
測定回数	1
セル長	10 (mm)

他は設定不要

2．測定用セルを手前側にセットする。

3．画面右側のSampleアイコンをクリックし、サンプル名とコメントを入力する。

4．画面右側のMeasureアイコンをクリックし、測定を開始する。

5．メニューから「ファイル」→「名前を付けて保存」を選びデータを保存する。

6．画面右側のPropertyアイコンをクリックし、「スケール」タブで縦軸(Data)の値を最適な値にする。

7．画面右側のReportアイコンをクリックし、スペクトルを印刷する。

13.4.4.　日立分光蛍光光度計F-4500を用いた場合の測定手順、設定値

1）A、C、E（アントラセン蛍光スペクトル、ベンゾフェノンりん光・遅延蛍光スペクトル）

1．条件設定

画面右側のMethodアイコンをクリックし「装置」タブで以下の設定を行う。

スキャンモード	蛍光スペクトル
データモード	蛍光（りん光の場合も蛍光モードで測定）
励起波長	表13.2の設定値一覧を参照（nm）

蛍光開始波長	表13.2の設定値一覧を参照（nm）
蛍光終了波長	表13.2の設定値一覧を参照（nm）
スキャンスピード	240（nm/ min）
初期待ち時間	0 (s)
励起光側スリット	表13.2の設定値一覧を参照（nm）
蛍光側スリット	表13.2の設定値一覧を参照（nm）
ホトマル電圧	700（V）
レスポンス	自動
スペクトル補正	チェック
シャッタ制御	チェック
繰り返し	1

2．画面右側のSampleアイコンをクリックし、サンプル名とコメントを入力する。
3．測定用セルをセットする。
4．メニューから「光度計」→「ゼロ点調整」を選ぶ。
5．画面右側のMeasureアイコンをクリックし、測定を開始する。
6．メニューから「ファイル」→「名前を付けて保存」を選びデータを保存する。
7．画面右側のPropertyアイコンをクリックし、「スケール」タブで縦軸（Data）の値を最適な値にする。
8．画面右側のReportアイコンをクリックし、スペクトルを印刷する。

ベンゾフェノンでは以下の手順でりん光のピーク位置を求める。
9．画面右側のPeakアイコンをクリックし、しきい値を調整して各ピークの波長データ（nm）を読みとる。後で波数（cm^{-1}）に換算する。

2）B、D、F（アントラセン励起スペクトル、ベンゾフェノン励起スペクトル）
1．条件設定
画面右側のMethodアイコンをクリックし「装置」タブで以下の設定を行う。

スキャンモード	励起スペクトル
データモード	蛍光（りん光の場合も蛍光モードで測定）
蛍光波長	表13.2の設定値一覧を参照（nm）
励起開始波長	表13.2の設定値一覧を参照（nm）
励起終了波長	表13.2の設定値一覧を参照（nm）
スキャンスピード	240（nm/ min）
初期待ち時間	0　(s)

励起光側スリット	表13.2の設定値一覧を参照（nm）
蛍光側スリット	表13.2の設定値一覧を参照（nm）
ホトマル電圧	700（V）
レスポンス	自動
スペクトル補正	チェック
シャッタ制御	チェック
繰り返し	1

2．画面右側のSampleアイコンをクリックし、サンプル名とコメントを入力する。
3．測定用セルをセットする。
4．メニューから「光度計」→「ゼロ点調整」を選ぶ。
5．画面右側のMeasureアイコンをクリックし、測定を開始する。
6．メニューから「ファイル」→「名前を付けて保存」を選ぶ。
7．画面右側のPropertyアイコンをクリックし、「スケール」タブで縦軸（Data）の値を最適な値にする。
8．画面右側のReportアイコンをクリックし、スペクトルを印刷する。

3）設定値一覧

表13.2　蛍光分光光度計設定値一覧

	蛍光			励起	蛍光	励起	りん光		励起
	A-1	A-2	A-3	B	C	D	E1	E2	F
励起波長	**253**	**253**	**356**		**356**		**330**	**290**	
蛍光開始波長	350	350	350		350		300	300	
蛍光終了波長	550	550	550		550		600	600	
励起光側スリット	5	5	5		5		10	10	
蛍光側スリット	2.5	**20**	2.5		2.5		2.5	2.5	
蛍光波長				398		398			450
励起開始波長				200		200			300
励起終了波長				400		400			600
励起光側スリット				2.5		2.5			2.5
蛍光側スリット				5		5			20

A, B：アントラセン低濃度溶液（1×10^{-7} M）
C, D：アントラセン高濃度溶液（5×10^{-6} M）
E, F：ベンゾフェノン溶液（5×10^{-4} M）

13. 5.　整理・設問

13. 5. 1.　測定装置

・吸収、蛍光測定でスリット幅を変えた時、スペクトルの形状はどうなったか。正しいスペクトルを得るにはどうしたらよいか答えよ。

・吸収、蛍光測定で濃度を変えたときスペクトルの強度、形状はどうなったか、正しいスペクトルを与えるのはどの条件か、吸収、蛍光についてそれぞれ理由と共に答えよ。

・測定したスペクトル中の散乱光（１次光、２次光、ラマン）はどれか、アントラセンのスペクトルはどれか。測定したスペクトル中にそれぞれ記入せよ。また、散乱光であるかどうかを確実に調べる方法を述べよ。

・吸収測定に比べて蛍光測定の利点と不便な点は何か。

・吸収スペクトルではスペクトル補正を行う必要はないが、蛍光・りん光・励起スペクトルではスペクトル補正を行わなければならない。この理由を述べよ。

13. 5. 2.　蛍光

・蛍光とは何か（定義）。

・励起波長（分子に与える光子のエネルギー）を変えたとき、得られたスペクトルに違いはあったか。あった場合、無かった場合、いずれの場合もその理由を考察せよ。

・アントラセンの場合、吸収スペクトルと蛍光スペクトルを図13.8のように波数に対して表示した時、スペクトルが鏡に映したように対称となる（鏡像関係）。図13.8を参考に鏡像関係が生じる理由を説明せよ。

・励起スペクトルの式（13.1）$I_f = 2.303\ I_0\ \varepsilon(\lambda_{ex})\ l\ \Phi_f[A]$　を導け。

ヒント：

$I_f = \Phi_f \times (I_0 - I)$　　発光強度I_fは蛍光量子収率Φ_f×吸収された光。但しIは試料を透過した光の強度

$\log(I_0/I) = \varepsilon(\lambda_{ex})\ l\ [A]$　　Beer-Lambert則

$10^x = \exp(\ln 10 \bullet x) = \exp(2.303\ x)$

$\exp(A) = 1 + A + A^2/2! \bullet\bullet\bullet\bullet$　　指数項の展開式を用いる（Aが小さいときは２次の項以下は無視できる）

・得られたアントラセンの吸収スペクトルと励起スペクトルを比較すると大きく異なっている部分がある、スペクトルの形状の相違が生じる原因を考えよ。

13. 5. 3.　りん光

・りん光とは何か（定義）。

・本実験ではりん光と遅延蛍光が同時に観測できる。ベンゾフェノンのスペクトル中の遅延蛍光の部分を示し、遅延蛍光について説明せよ。

・りん光スペクトルに現れる振動構造の各ピーク間のエネルギー差を波数（cm^{-1}）単位で求め、これがベンゾフェノンのどのような振動に相当するのか考察せよ。
・通常、有機分子のりん光は液体窒素温度の低温剛体溶媒中において観測できる。本実験において室温でもりん光が蛍光と同じように測定できたのはなぜか、考察せよ。

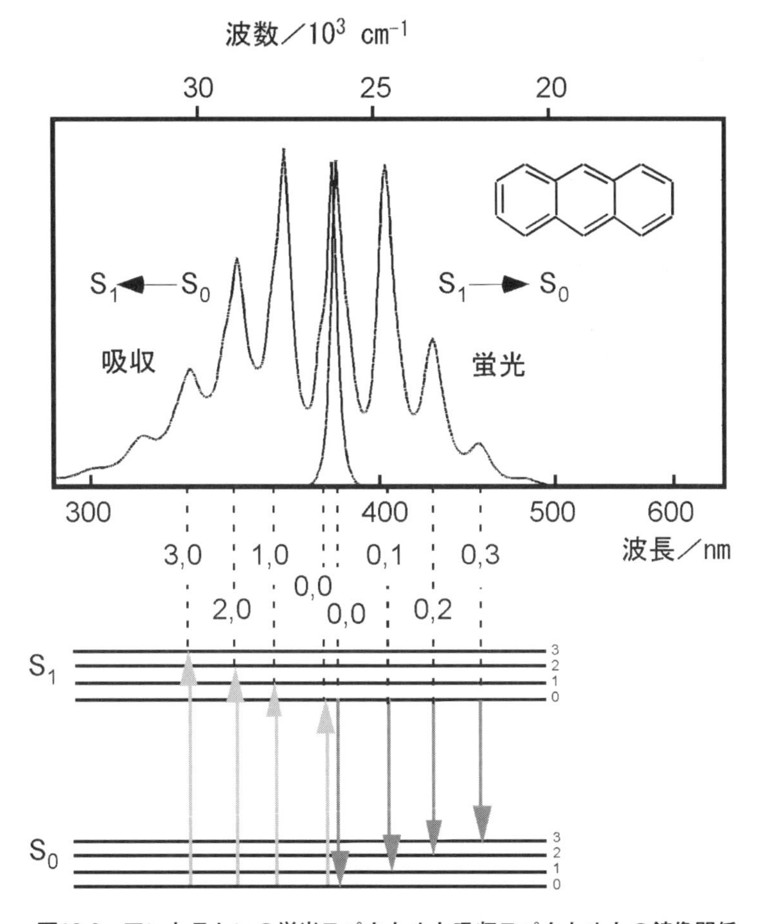

図13.8　アントラセンの蛍光スペクトルと吸収スペクトルとの鏡像関係

13. 6.　参考書

木下一彦、御橋廣眞編「螢光測定」学会出版センター
日本化学会編「第５版　実験化学講座３　基礎編III　物理化学　下」丸善
日本化学会編「第５版　実験化学講座９　物質の構造・分光　上」丸善
P.W.Atkins著「アトキンス物理化学（下）第６版」東京化学同人

14. 核磁気共鳴（Nuclear Magnetic Resonance）

14. 1. 目　的

核磁気共鳴（Nuclear Magnetic Resonance; NMR）法は、約70年前にNMRが観測されて以来、これまでの間の急速な発展により化学系分野においては日常的に使用される分光学的手法として欠くことのできない重要な研究手段となっている。この実験では、簡単な化合物のNMRスペクトルの測定と解析を通じて、NMRの原理と基本的な知識の習得を目的とする。

14. 2. NMRの原理

非常に多くの原子核は、スピンとして知られる角運動量（スピン角運動量、$h/2\pi \mathbf{I}$）をもち、このスピン角運動量に比例する磁気モーメント$\boldsymbol{\mu}$をもつ。

$$\boldsymbol{\mu} = \gamma h\mathbf{I}/2\pi \tag{14.1}$$

ここで、γは磁気回転比と呼ばれるそれぞれの原子核に固有の比例定数である。スピン角運動量は、その方向と大きさが量子化されたベクトル量であり、$m_I h/2\pi$（$m_I = -I, -I+1, \cdots I-1, I$）の$2I+1$個の限られた射影成分だけをもつことが許される（$2I+1$通りの配向のみが許される）。したがって、(14.1)式より磁気モーメントも同様に量子化された$2I+1$個の異なる値をもつ。Iはスピン量子数と呼ばれ、それぞれの原子核は0, 1/2, 1, 3/2, …の値の一つをとる。

磁場が存在しないときには、$2I+1$通りの配向をしている磁気モーメントはすべて同じエネルギーをもっている（縮重している）が、磁場（$\boldsymbol{B}$）を加えることにより縮重が破れ、異なるエネルギーをもつようになる。この磁場と磁気モーメント$\boldsymbol{\mu}$の間に生じる相互作用はゼーマン相互作用といわれ、次式で表される。

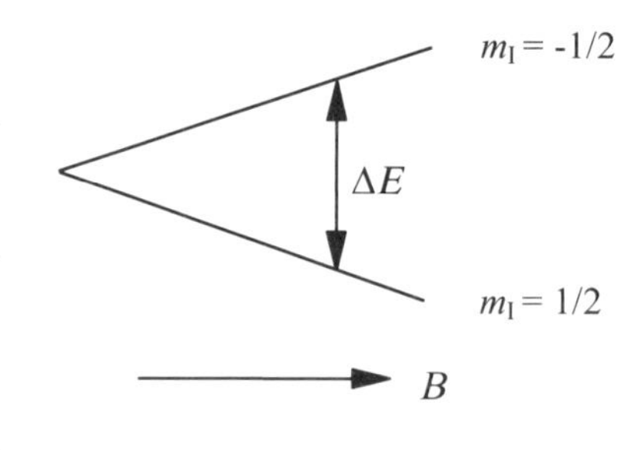

図14.1　$I = 1/2$の核スピンのエネルギー準位

$$H = -\boldsymbol{\mu} \cdot \boldsymbol{B} \tag{14.2}$$

磁場方向を z 軸、磁場の大きさをBとするとき、(14.2)式によって表されるエネルギー準位は

$$E = -\mu_z B = \gamma h m_I B/2\pi \tag{14.3}$$

で表される。すなわち、核スピンのゼーマン分裂の大きさは磁場の大きさ B に比例する。例えばプロトン核（$I = 1/2$）の場合には、$m_I = \pm 1/2$の2つの値をとり得るので図14.1のようになる。核磁気共鳴（NMR）は、このエネルギー差ΔEがラジオ波のエネルギー（$h\nu$）と一致するときに生じる（共鳴条件）ので、周波数νと磁場 B の関係は

$$\Delta E = h\nu = \gamma hB/2\pi \tag{14.4}$$

或いは　$\nu = \gamma B/2\pi$　(14.5)

となる。自由な核スピンの場合には静磁場（外部磁場）B_0と周波数νが(14.4)式または(14.5)式を満足するときに共鳴（$B = B_0$）が起こるが、通常の分子内の核スピンの場合には静磁場だけでなく周囲の環境が影響を与えるために、核スピンが感じる磁場Bは静磁場B_0からわずかにずれた磁場Bで共鳴が生じる。この共鳴磁場（共鳴周波数）の違いから分子構造や分子の運動などを知ることが可能になる。

14. 3.　NMRスペクトル

NMRの共鳴周波数（(14.5)式を満足する周波数ν）は、分子中における核スピンの環境の違いによって異なった値をもつ。この共鳴周波数の違いを、今日のNMR分光計ではパルス化されたラジオ波を用いて検出する（パルスNMR法）。静磁場中でほぼ共鳴条件に一致する周波数をもつ強いラジオ波のパルスを核スピンに照射すると、核スピンを励起することができる。パルスNMR法では、ラジオ波の照射を止めた後、励起された核スピンが元の定常状態に戻ろうとする運動（自由誘導減衰、Free Induction Decay）を観測し、フーリエ変換といわれる数学的手法を用いて、横軸を周波数とするNMRスペクトルを構築する。この減衰運動は、共鳴条件からのずれに応じた速さで静磁場のまわりを回転するため、このNMRスペクトルは核スピンの共鳴周波数がNMR分光計のラジオ波周波数とどの程度ずれているかを表したものということができる。この節では、NMRスペクトルの構造を与えている主な要因について簡単に述べる。

1）化学シフト（Chemical shifts）

静磁場下にある分子中の核スピンは静磁場だけでなく、周囲の化学的環境により局所的につくられる局所磁場の影響をうけるために、分子中の核スピンの共鳴周波数は自由な核スピンに対する共鳴周波数（(14.5)式を満足する周波数）とは異なる値をもつ。この共鳴周波数のある基準物質の核スピンの共鳴周波数からのずれを表したものを化学シフトという。通常、プロトンのNMRでは基準物質として$Si(CH_3)_4$（テトラメチルシラン、TMSと略記）が用いられる。

化学シフト$\boldsymbol{\delta}$は次式で定義される。

$$\delta\ (\text{/ppm}) = \frac{\nu_{sample} - \nu_{reference}}{\nu_{reference}} \times 10^6 \qquad (14.6)$$

この式で表される化学シフト$\boldsymbol{\delta}$は、基準物質の周波数でスケーリングしているためNMR分光計の周波数（或いは静磁場）に依存しない分子に固有な量として表される。

核スピンや電子スピンは静磁場内で歳差運動する。分子内で歳差運動している電子（電流）は静磁場と反対方向の磁場をつくるため、分子内の原子核上にある核スピンが感じる磁場の大きさ（B）は静磁場（B_0）よりわずかに小さくなる。

$$B = B_0 - B' = B_0(1 - \boldsymbol{\sigma}) \qquad (14.7)$$

この電子の運動による効果は、核しゃへい（nuclear shielding）と呼ばれ、静磁場の大きさに比例する。(14.7)式中の$\boldsymbol{\sigma}$は、しゃへい定数（shielding constant又はscreening constant）と呼ばれる。(14.5)式及び(14.7)式を用いることにより、(14.6)式で表される化学シフト$\boldsymbol{\delta}$はしゃへい定数$\boldsymbol{\sigma}$を用いて次式のように表すことができる。

$$\delta\ \ (\mathrm{/ppm}) = \frac{\sigma_{\mathrm{reference}} - \sigma_{\mathrm{sample}}}{1 - \sigma_{\mathrm{reference}}} \times 10^{6} \approx \left(\sigma_{\mathrm{reference}} - \sigma_{\mathrm{sample}}\right) \times 10^{6} \qquad (14.8)$$

しゃへい定数の大きさ・符号は核スピンの近傍の電子構造によって決まるため、化学シフトは分子の化学的環境を反映したものとして理解される。

水素結合はプロトン核上の電子密度を減少させるため、電子によるしゃへい効果を減少させる（反しゃへい）。このため、分子内・分子間において水素結合が存在する場合には、プロトンの化学シフトはその水素結合の大きさによって大きく影響をうける。水素結合が強い場合には、反しゃへい効果のために水素結合が弱い場合の化学シフトよりも大きく低磁場側へシフトする。分子間水素結合をつくる化合物では水素結合する分子の数が濃度に大きく依存するので化学シフトに濃度による影響が顕著に現れるが、分子内水素結合をつくる化合物ではそれほど濃度の変化による化学シフトの変化は大きくない。

分子間水素結合　　**分子内水素結合**

2）スピン-スピン結合（Spin-spin coupling）

核スピンは近接して他の核スピンが存在する場合に、その核スピン（ミクロな磁石）と相互作用することによってNMRスペクトルに静磁場の大きさに依存しない分裂幅をもった微細構造（fine structure）を示す。スペクトルに分裂をもたらすこの相互作用をスピン－スピン結合といい、その分裂幅は通常Hz（ヘルツ）単位で表わされる。

磁気的に相互作用している核Aと核Xの相互作用エネルギーは次式で表される。

$$E = hJ_{\mathrm{AX}} m_{\mathrm{A}} m_{\mathrm{X}} \qquad (14.9)$$

ここで、J_{AX}はスピン-スピン結合定数（spin-spin coupling constant）、m_{A}とm_{X}はそれぞれ核A、Xの磁気量子数を表す。したがって、(14.3)式と(14.9)式からスピン-スピン結合を考慮するとき核スピンAのエネルギーは

$$E = \frac{\gamma h m_{\mathrm{A}} B}{2\pi} + hJ_{\mathrm{AX}} m_{\mathrm{A}} m_{\mathrm{X}} \qquad (14.10)$$

となる。$m_{\mathrm{A}} = 1/2$と$m_{\mathrm{A}} = -1/2$のエネルギー準位間で共鳴が起こるときの共鳴周波数νは

$$\Delta E = h\nu = \frac{\gamma h B}{2\pi} + hJ_{\mathrm{AX}} m_{\mathrm{X}}$$
$$\therefore\ \ \nu = \frac{\gamma B}{2\pi} + J_{\mathrm{AX}} m_{\mathrm{X}} \qquad (14.11)$$

で与えられるので、NMR吸収は核スピンAの共鳴周波数から$J_{AX}m_X$だけずれて観測される。核スピンAが I = 1/2の核スピンXと相互作用するときには、磁気量子数m_Xとして1/2と−1/2の2通りの値をもつのでNMR信号はJ_{AX}だけ分裂した2本線（doublet）として観測される。一般に、核Aと複数の核Xが相互作用する場合には、そのエネルギーが個々の相互作用エネルギーの和として与えられるので共鳴周波数は

$$\nu = \frac{\gamma B}{2\pi} + \sum_{X} J_{AX} m_A m_X \tag{14.12}$$

となり、図14.2のようなスピン－スピン相互作用によるいろいろなパターンの分裂が生じる。付録にスピン－スピン結合により生じるさまざまな分裂パターンについてまとめておく。

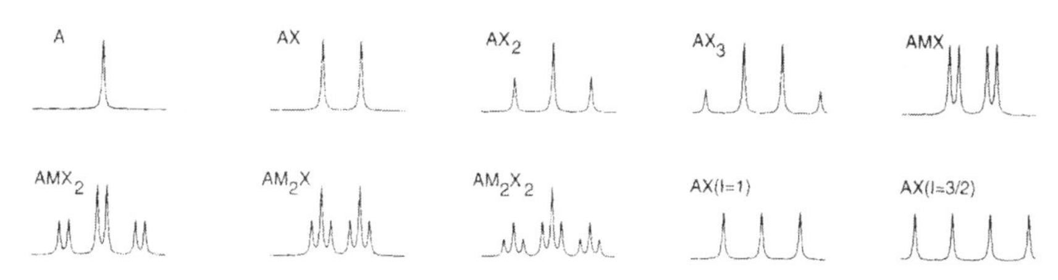

図14.2　スピン－スピン相互作用により生じる多重項分裂パターン

14.4.　実験と考察

エタノールのNMRスペクトル

1）エタノールを溶質、重クロロホルムを溶媒として、0.01~10 mol/Lの範囲でさまざまな濃度の重クロロホルム溶液を調製し、溶液測定用NMR試料管に溶液（約0.7 mL）を入れる。このとき、溶液の入れすぎに充分注意し、溶液を入れた後は、必ず試料管にキャップをつけて、試料管をよく拭いておく。

2）NMR試料管を分光計にセットし、NMR測定を行う。NMR測定は、各分光計の操作手順にしたがって行う。一般的なNMR測定の流れを、以下に示す。

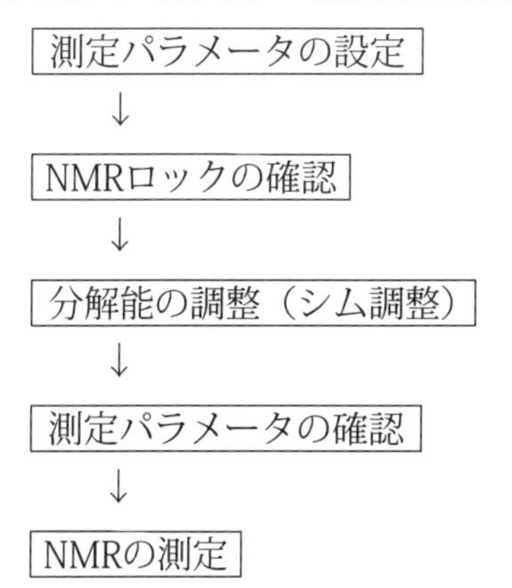

3）NMRスペクトルの横軸及び縦軸のスケールを調節し、信号強度（NMR信号の積分値）・化学シフトを読み取る。

4）以下のa. ~ c.のポイントについて考察を行う。

a. 各々の水素核について化学シフトとスピン－スピン結合定数を読み取り、それぞれのNMR遷移がどの水素核による信号であるかを帰属し、その理由を明らかにする。

b. NMRスペクトルの濃度依存性について実験結果をまとめ、化学シフトが大きく変化するNMR遷移についてなぜ濃度に依存するのかを考察する。

c. ラジオ波の周波数（Gemini300は300 MHz）が60 MHzあるいは600 MHzのNMR分光計で同じ試料を測定するとき、そのNMRスペクトルはどのようになるかを予測する。

付録1．スピン-スピン結合により現れる多重項分裂パターン

1）スピン1/2の核Xとの結合（AX）

m_X	$J_{AX}m_X$
−1/2	$-J_{AX}/2$
+1/2	$J_{AX}/2$

2）スピン1/2の核X、Mとの結合（AMX）

m_M	m_X	$J_{AM}m_M + J_{AX}m_X$
−1/2	−1/2	$-(J_{AM} + J_{AX})/2$
−1/2	+1/2	$-(J_{AM} + J_{AX})/2$
+1/2	−1/2	$(J_{AM} + J_{AX})/2$
+1/2	+1/2	$(J_{AM} + J_{AX})/2$

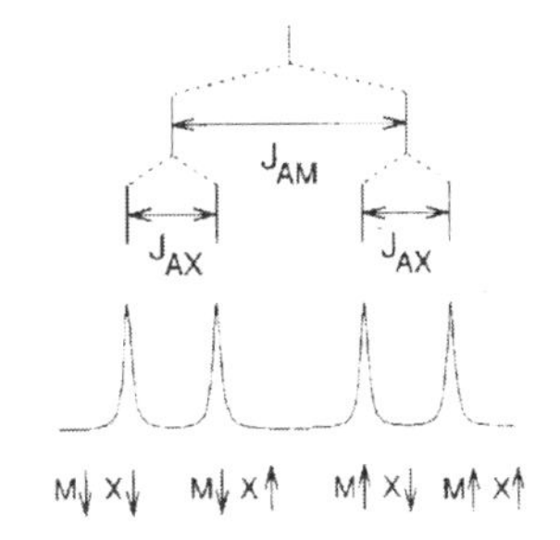

3）2個の等価なスピン1/2の核X_1, X_2との結合（AX_2）

m_{X1}	m_{X2}	$J_{AX}(m_{X1}+m_{X2})$
−1/2	−1/2	$-J_{AX}$
−1/2	+1/2	0
+1/2	−1/2	
+1/2	+1/2	J_{AX}

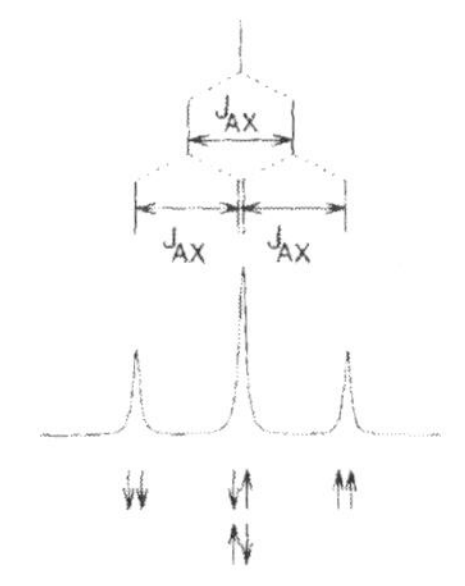

4）3個の等価なスピン1/2の核X_1, X_2, X_3との結合（AX_3）

m_{X1}	m_{X2}	m_{X3}	$J_{AX}(m_{X1}+m_{X2}+m_{X3})$
−1/2	−1/2	−1/2	$-3J_{AX}/2$
−1/2	−1/2	+1/2	$-J_{AX}/2$
−1/2	+1/2	−1/2	
−1/2	+1/2	+1/2	
+1/2	−1/2	−1/2	$J_{AX}/2$
+1/2	−1/2	+1/2	
+1/2	+1/2	−1/2	
+1/2	+1/2	+1/2	$3J_{AX}/2$

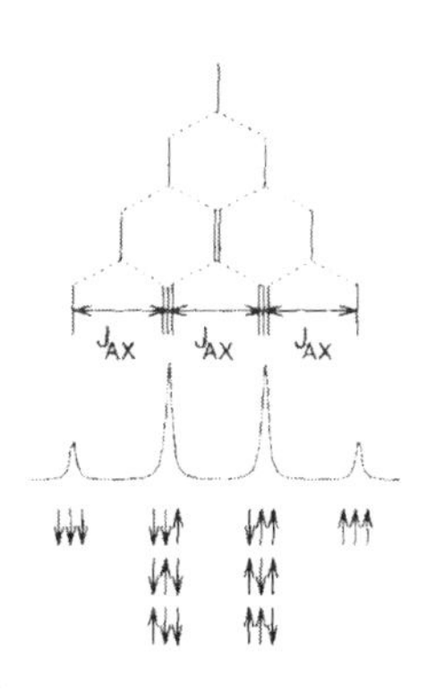

5）n個の等価なスピン1/2の核Xとの結合（AX_n）

等価なn個の1/2核スピンは、スピン－スピン結合によりn+1本の等間隔な吸収線に分裂する。そのm番目の分裂線の相対強度比は、n個のスピン中におけるm個のαスピン（m_X = +1/2）とn－m個のβスピン（m_X = －1/2）の組み合わせの数 $n!/n!(n-m)!$ で表される。これは、$(1+x)^n$の2項展開におけるx^mの係数に等しい。

1	A
1　1	AX
1　2　1	AX_2
1　3　3　1	AX_3
1　4　6　4　1	AX_4
1　5　10　10　5　1	AX_5
1　6　15　20　15　6　1	AX_6

$(1+x)^n$の展開係数を表すパスカルの三角形

付録2．パルス振動磁場B_1の効果と磁化ベクトルMの運動

1）スピンのラーモア回転と磁化ベクトル

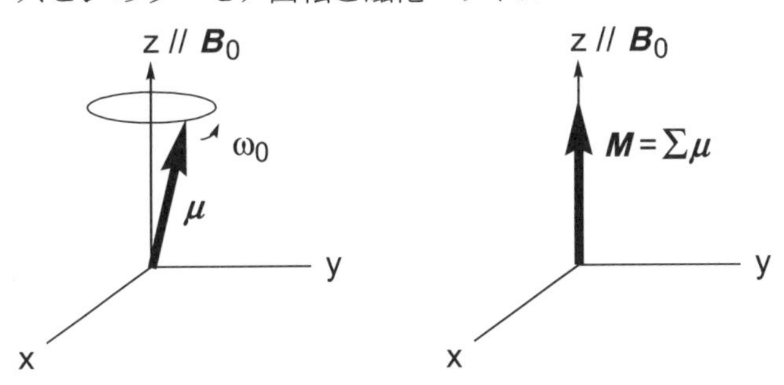

2）共鳴時における磁化ベクトルMの運動（角速度ω回転座標系）

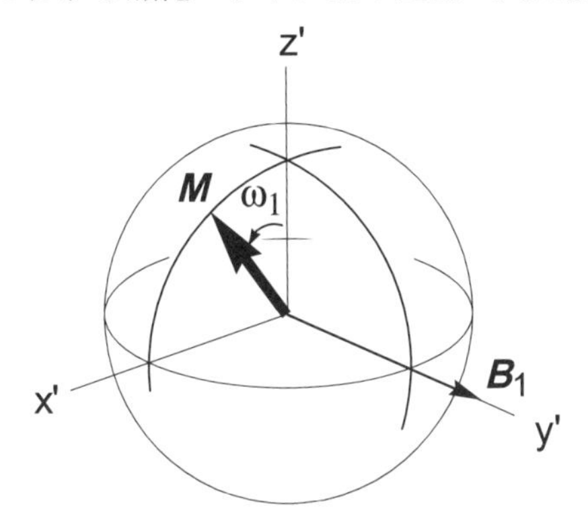

3）磁化ベクトルMのFID（静止座標系）

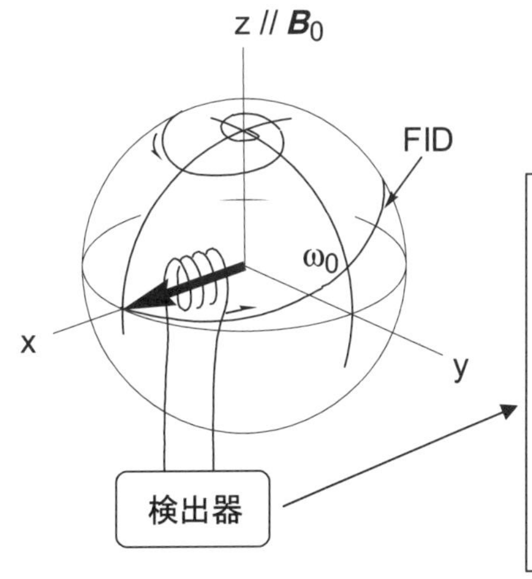

FID（Free Induction Decay）;自由誘導減衰

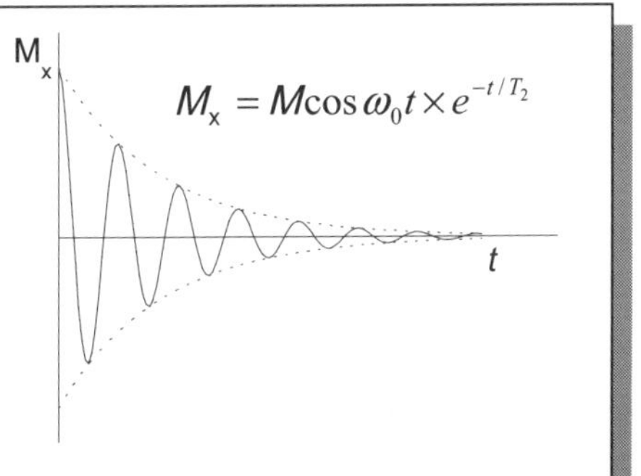

15. 分子の対称性と量子力学的縮重

15.1. 序

分子や原子などのミクロな世界では、異なる状態が同じ固有値をとることができる。これを、状態の「縮重」(Degeneracy) と言う。縮重はミクロな世界のさまざまな現象を記述し理解する上で本質的に重要な概念である。本実験では、(1) 多原子分子の振動では、個々の原子が互いに無関係にバラバラな運動をするのではなく、集団的なかつ独立な同期した振動運動(基準振動と言う)をすること、(2) また、この原子集団の同期運動が分子構造の幾何学的な対称性に基づいて記述できること、および基準振動の種類(様式:モード)のなかにも縮重しているものがあり、分子構造の対称性が高ければ縮重の数も大きいことを、**メタン分子の基準振動の観測を通じて実験的に直接学ぶ**ことを目的とする。

15.2. 多原子分子の基準振動

多原子分子の原子核は、個々にバラバラな運動をするのではなく、集団的な同期した振動運動をする。2原子分子では、結合の伸縮が唯一の振動の種類(様式:モード)である(実験11 分子の振動回転参照)。ところが多原子分子では、いくつもの結合が伸縮したり結合角が変化したりすることができるので、複数の振動モードが生じる。それでは、N個の原子から構成される多原子分子の振動モードの総数はどのようにして見出すことができるのだろうか。

N個の原子の位置を指定するには、総数$3N$の位置座標が必要である。個々の原子は、座標の一つを変えればその位置を変えることができるから、変位の総数も$3N$である。これらの変位は、変位の種類によって分類できる。まず、分子の重心を指定するためには3個の座標が必要であるから、分子全体の並進運動(分子の幾何学的な形を変えないだけでなく運動の前後で相対的な配向方位も変えない変位)には、3個の変位が対応する。残りの$3N-3$の変位は、分子の非並進的な運動の様式のいずれかに対応する。非並進的なモードを「内部モード」と呼ぶ。

次に、分子の空間的な回転(配向方位の変化)に対応する変位を考える。直線分子では、空間的な配向方向を指定するには、2つの角度、すなわち緯度θと経度ϕが必要であるのに対して、非直線分子では、さらに緯度と経度で指定された方向の周りの位置関係をΨで指定する必要がある(図15.1参照)。したがって、非直線分子では、空間的な配向を指定する回転変位(角度)は、3個存在する。結局、内部モードのうち、原子核同士の相互の相対的な位置関係・変位、すなわち原子核の振動運動の様式の総数N_{vib}は、これらの回転変位の数を除くと、

$$N_{vib} = 3N - 6 \text{(非直線分子の場合)} \quad (15.1)$$

$$= 3N - 5 \text{(直線分子の場合)} \quad (15.2)$$

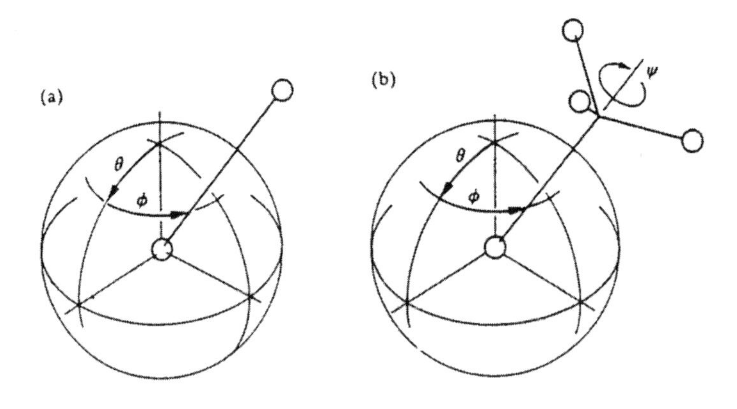

図15.1　分子の空間的な配向方位を指定するために必要な自由度
(a) 直線分子の配向方位を指定するには2個の角度が必要である。
(b) 非直線分子の配向方位を指定するには3個の角度が必要である。

で与えられる。たとえば、H_2Oは三原子非直線分子であるから、3個の回転モードをもつ。したがって、(15.1)式より3×3 － 6 = 3個の振動モードをもつことになる。CO_2は三原子直線分子であるから、回転モードは2個であり、(15.2)式より振動モードは4個あることになる。

それでは、これらの振動モードをどのように記述すれば、分子内の原子核の集団振動運動を簡単に理解できるのか、言いかえれば、モードの選び方に簡単な方法があるのかを考えてみる。結論から言うと、互いに独立な振動変位を選ぶ、すなわち、あるモードが振動を始めても（励起されても）他のモードが影響を受けない（励起されない）ような振動変位の記述が最も簡単な方法である。このように、互いに独立な、原子核の集団的な振動変位を「基準振動」（Normal Mode of Vibration）と定義し、分子の振動運動をこのような振動モードで記述する方法を「基準振動モードの方法」と言う。以下に、CO_2を例にとって、基準振動とはどのようなものかを見てみよう。

図15.2(a)および(c)に、CO_2の4個の振動変位の選び方の一つの組を示す。(a)では、二つのCO二重結合の伸縮振動（ν_Rモードとν_Lモード）を示し、(c)では、結合角を変化させる2種類の振動（変角振動：ν_2モード）を示す。(a)に示すモードは、相互に独立ではない。もしν_Lモードが励起されると、中央の炭素原子核の運動を介してν_Rモードが励起され、両者のモード間でエネルギーのやりとりが生じるからである。そこで、ν_Rとν_Lの一次結合をつくると振動変位の記述は簡単になる。まず、これら二つのモードの和をとると、(b)に示すν_1モードをつくることができる。ν_Rとν_Lの差をつくる、すなわちν_Lモードの変位の方向（二つの矢印の向き）を逆にして和をつくると、(b)に示すν_3モードをつくることができる。ν_1モードは、対称伸縮振動と呼ばれ、ν_3モードは逆対称伸縮振動と呼ばれる。ν_3モードでは、二つの酸素原子核の振動の変位は、中央炭素原子核に対して

常に逆位相である。これらのモードは、一方が励起されても、その影響で他方が励起されることはないので、互いに独立なモードである。すなわち、ν_1とν_3は、基準振動である。総数4個の基準振動のうち、残りの二つのモードは、(c)に示す変角モードν_2である。二つの変角モードは、同一の波数（固有値）をもち、従って二重に縮重している。

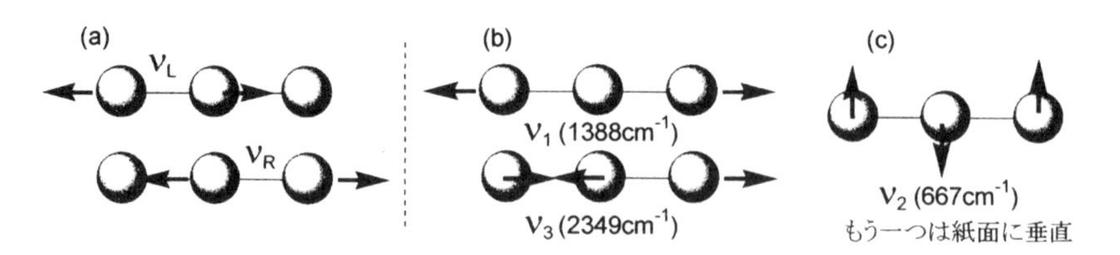

図15.2　CO_2の4個の振動モードの二通りの表し方

(a)と(c)：(a)に示す二つのモードは互いに独立ではない。
(b)と(c)：(b)に示す二つのモード、すなわち伸縮振動ν_1とν_3は、相互に独立であり、いずれも基準振動モードである。(c)に示す二つの変角振動モードν_2は、互いに振動変位の方向は垂直であり、これらは同じ波数をもつ基準振動モードである。二つのν_2のうち、ν_{2a}は、その変位は紙面の面内にあり、他方ν_{2b}の変位は紙面に垂直である。二つの異なる振動状態である変角振動モードν_2は、同一の波数をもち、二重に縮重している。

一般に、基準振動とは、原子核、または原子の集団の独立なかつ同期した振動変位である。相互に独立であるため、ある基準振動モードが励起されてもそれによって他の基準振動モーが励起されることはない。CO_2の場合には、基準振動は純粋な伸縮あるいは変角振動であるが、一般の多原子分子では基準振動は、伸縮と変角振動が同時に寄与する混成振動であることに注意する。個々の基準振動モードは、非調和性が無視できる場合には独立な調和振動子のように振る舞うので、その量子化された振動エネルギーの固有値は、

$$G_Q(v) = (v + 1/2)\ \nu_Q \quad (v = 0, 1, 2, \cdots) \tag{15.3}$$

で表される。vは、振動子の状態を表す量子数である。ν_Qは基準振動モードQの波数で、

$$\nu_Q = \omega_Q / 2\pi c \tag{15.4}$$
$$\omega_Q = (k_Q / \mu_Q)^{1/2} \tag{15.5}$$

で表される。ここで、k_Qはそのモードの力の定数、μ_Qは換算質量である。換算質量は、

その振動モードによって揺れる原子核集団質量の目安を与える。図15.2に示すように、変角振動モードは、概して伸縮振動モードよりも低い振動数をもつ。これは、結合の伸び縮みよりも結合角の変位の方がエネルギーを必要としないことを意味する。

15. 3.　基準振動と分子の対称性の関係

多原子分子の形が複雑になると、基準振動を類推のみから簡単に見出すことが難しくなる。基準振動を、分子の形、すなわち幾何学的な対称性（群論）に基づいて分類すると、一見複雑に見える基準振動も整然と扱うことができる。分子の並進や回転運動も同様に対称性をもっており、群論で統一的に扱うことができる。

メタンのような正四面体分子構造をもつ分子の基準振動を群論的に考察すると、9個の振動は4種類のモードに分類できる。従って、全対称伸縮振動ν_1モード以外は、縮重していることになる。メタンの分子構造は対称性が高く、振動モードの縮重度も高い。ν_1モードは、分子の形を変えない振動変位で、「分子の呼吸運動」モードと呼ばれる。図15.3に、正四面体形分子の基準振動の形、それらの名称と対称性の記号（対称種）を示す。群論的に分類された対称性は、対称種という言葉で表現する。

振動形				
名称	ν_1 全対称振動(A_1) （伸縮振動）	ν_2 二重縮重振動(E) （変角振動）	ν_3 三重縮重振動(F_2) （伸縮振動）	ν_4 三重縮重振動(F_2) （変角振動）
赤外線吸収	不活性	不活性	活性	活性

図15.3　正四面体形分子の基準振動と対称性に基づくモードの名称と記号（対称種）

15. 4.　球対称回転子としてのメタン分子の振動回転スペクトル

これらのモードのうち、ν_3とν_4モードのみで分子の電気双極子モーメントが変化するため、赤外線領域の電磁波を吸収する（基準振動が赤外活性であると言う）。吸収する電磁波の波数は分子に固有であり（参照：(15.4), (15.5)式）、メタンの場合には、ν_3 = 3019.5 cm^{-1}、ν_4 = 1306.2 cm^{-1}である。

メタン分子がν_3やν_4に対応するエネルギーをもった光子一個を吸収すると、ν_iモードが励起され、分子の振動状態はv = 0の基底状態からv = 1の振動励起状態に遷移する。このとき、同時に分子の回転状態も変化するので、電磁波の吸収を表すスペクトルには回転状態の変化を反映する構造が現われる。これを振動回転スペクトルと呼ぶ。振動回転スペクトルの間隔（一次近似では2Bに等しい）は、分子が特定の軸の周りに回転するときの容易さの程度B（慣性モーメントの大きさに逆比例する）を表す（参照：実験11 分子の振動回転）。

メタンのような正四面体形分子では、4つの結合距離が等しいので球対称回転子と呼ばれ、その慣性モーメントI、および回転定数Bは、それぞれ

$$I = (8/3)m_A R^2 \qquad (15.6)$$

$$B = h / 8\pi^2 c I \quad （単位：cm^{-1}） \qquad (15.7)$$

で表される。ここに、Rは中心原子と等価な4つの原子A間の結合距離、m_Aは1個のA原子の質量を表す。hはプランク定数、cは光速である。一般的に、大きな分子、あるいは質量の大きな原子核からなる分子では回転構造のスペクトル間隔、すなわち回転エネルギー準位の間隔が狭くなることがわかる。したがって、観測されたスペクトルを解析してBがわかれば、m_Aは既知だからRを決定することができる。

15.5. 実　験

メタン分子（常温、常圧では気体）の振動回転スペクトルを常温、低圧条件下で高分解能フーリエ変換型赤外吸収分光光度計によって観測する。

15.5.1. 試料の調製

メタンガス（沸点 −161.5℃、無色無臭、可燃性（爆発限界 5.3~14%）：純度 99.9%以上）を、0.1気圧以下で10 cm円筒セル（光学研磨KBr窓付き）に真空ラインを用いて、特殊ガスシリンダーから採取する。円筒セル両面に密着されたKBr窓は空気中に曝されると、KBrの潮解性*のために曇りを生じるので、取り扱いには充分注意する（実験担当者から取り扱いの指示を受ける）。セルは乾燥空気（デシケーター）中に保存する。セル自体、とくにKBr窓は、機械的な衝撃にきわめて弱いので取り扱いには注意する。

*水に対する溶解度（/100 g水）

KBr：53.5 g

NaCl：35.7 g

15.5.2. 振動回転スペクトルの測定

波数領域400 ~ 4000 cm^{-1}にわたって、高分解能条件下（分解能0.5 cm^{-1}以下）、室温において、メタンガスの振動回転スペクトルを測定する。測定中、測定装置内の試料室および光路を窒素ガスでパージする。測定は、高分解能フーリエ変換型赤外線吸収分光光度計を用いて行う。

測定機器はコンピュータ完全制御式機器であるために、詳細な実験条件の設定・操作な

どは簡単化・ルーチン化されているが、マニュアルに基づいて、担当者（教員、または TA）の指示にしたがって行う。

フーリエ変換赤外（FT－IR）分光法の原理については、測定系の主要部分がマイケルソン干渉計を用いていることのみを述べ、詳細はここでは省略するが、フーリエ変換（FT）法は多くの本質的に優れた点をもつために、コンピュータの急速な進化とともに従来の分散型赤外分光法にとって代わった。マイケルソン干渉計は、混成信号中に存在する異なる振動数成分を分解し、個々に分離識別するための装置である。FT－IR法を理解する場合、核磁気共鳴分光法におけるFT測定原理との本質的な違いを知ること、また現在におけるFT法の技術的な限界を知ることが重要である。最近の測定機器は、全般的にコンピュータ制御技術との融合によって、極端にブラックボックス化しつつあるが、測定・観測結果の表現の仕方にもその影響が波及している。それゆえ、測定観測結果の合理的な解析（学問的な検討）と高度な理解を得るためには、測定の原理的な側面と技術的な側面の両面を学ぶことがいっそう重要となってくる。

15.6.　実験結果の解析と考察

実験結果を以下の手順にしたがって解析し、考察する。

15.6.1.　メタン分子の振動回転スペクトルの解析

1）観測された高分解能赤外吸収スペクトルにおいて、メタン分子の赤外活性な基準振動に由来するν_3およびν_4モードを同定する。15.4において述べた波数を参考にして、帰属する。

2）これらのモードがどのような振動変位に基づくかを考察する。すなわち、なぜ、これらが赤外線領域の電磁波を吸収する（赤外活性である）のか、他のモードは赤外不活性であるのかを、図15.3を参照して電気双極子モーメントの変化との関係で考察する。

3）ν_3およびν_4モードの特徴を考察し、これらのモードの縮重度をそれぞれ決め、分子の対称性との関連においてその結果を理解し考察する。分子がある対称種の縮重モードで振動する場合、その縮重モードのうちのどの変位状態にあるかを特定することはできない。このことから、状態が縮重していることの物理的な意味を理解するだけでなく、縮重を数学的に記述する方法についてヒントを得る。

4）NH_3分子の基準振動について、赤外活性モードおよびモードの縮重度と対称性について考察する。ただし、中心の窒素原子核に対して、3個の水素原子核は等価であるような分子構造を仮定する。

5）スペクトルに現れた回転構造の特徴を考察する。まず、どのような特徴が観測されているかを見出し、それらの原因・由来を明らかにするために、自分なりに学問的（量子力学・量子化学的）な検討を試みる。

II－15

15.6.2.　メタン分子の結合距離の決定

1）スペクトルの間隔から直接的に、近似的な回転定数を求める。観測スペクトルから、回転定数などを精度よく決定するには、多数の赤外線吸収線のピーク値を統計的に処理する（最小二乗法的な処理などを用いる：実験11を参照せよ）。ここでは、速い回転運動によって分子が歪む影響（遠心力歪み）などは無視できるスペクトルの領域から、精度よく回転定数を求める方法を採用する（一次近似）。

2）メタン分子のような正四面体形球対称回転子の慣性モーメントの一般式を導出する（参照：(15.6)式）。

3）回転定数と分子の慣性モーメントの関係(15.7)式から、結合距離Rを決定する。

4）得られた結合距離Rの値から、メタン分子の結合の種類を考察する。

15.6.3.　微視的世界の対称性とその役割について

1）原子、分子およびそれらの集合系などの微視的な世界を支配する法則の幾何学的な側面（群論的な対称性そのものに由来する因子）とは、どのようなものであり、学問的な体系化・抽象化や思考の過程で果たす役割について考えてみる。

2）また、反転や鏡映など幾何学的な対称性を記述する基本的な操作（対称操作）には、どのような種類があるかを考えてみる。

3）自然界には、群論的な対称性以外に、どのような対称性が存在するかを考えてみる。

16. 吸着平衡

16.1. 目　的

化学反応の多くは触媒の存在下で行われており、反応物と触媒が同じ相の場合は均一系、異なる場合は不均一系と呼ばれる。不均一系では反応物と触媒の界面で反応が進行する。たとえば、ハーバー法によるアンモニアの合成や、エンジンから出る排気ガスの浄化などである。これら触媒反応の効率や、各種クロマトグラフィー（ガス、液体、薄層他）における分離性能の鍵を握るのは吸着平衡（吸着と脱着）である。それ故、吸着平衡を調べることは反応機構を考える上でも、また工業的プロセスを設計する際にも重要である。吸着する物質は吸着質(吸着分子)、下地になる物質は吸着媒(基質)と呼ばれる。本実験では種々の濃度の蓚酸（吸着質）水溶液に一定量の活性炭（吸着媒）を加え、一定温度の下で吸着平衡となった後に活性炭に吸着された蓚酸の量を測定する。蓚酸分子の活性炭への吸着等温線を作成してLangmuirの式で解析する。解析により得られた飽和吸着量から活性炭の活性比表面積を求め、吸着形態を考察する。

注意： 本実験では劇物である水酸化ナトリウム水溶液や蓚酸を用いる。安全に実験を行うため、白衣および保護メガネを必ず着用すること。

16.2. 解　説

16.2.1. 吸　着

気体－固体、液体－固体、気体－液体、液体－液体間の界面は気体、液体、そして固体の内部とは異なる状態や性質を示す。内部の分子は周囲から均一な力を受けて安定しているのに対し、界面にある分子は異なった相と接しているため不均一な力を周囲から受けており、不安定な状態にあるためである。ここで、吸着質、吸着媒、そして溶媒からなる3成分系を考える。吸着という現象が起こるのは系が安定な状態になろうとするためである。つまり、吸着質同士、吸着媒と溶媒、そして吸着質と溶媒の相互作用よりも、吸着質と吸着媒の界面との相互作用の方が大きい場合に吸着質が界面に集まり、吸着という現象が起こる。これは吸着質と界面を含めた系の自由エネルギーの減少である（$\Delta G<0$）。界面に吸着することにより吸着質は自由度を失うからエントロピーは減少する（$\Delta S<0$）。したがって（16.1）式より一般的な吸着現象は発エルゴン的である（$\Delta H<0$）。

$$\Delta G = \Delta H - T\Delta S \tag{16.1}$$

16.2.2. 吸着様式の分類

吸着は物理吸着（分子間力）と化学吸着（結合形成）に分けられる。本実験で扱うのは物理吸着である。一定温度の下での吸着量と平衡吸着質濃度（気体の場合は圧力）との関係は吸着等温線と呼ばれ、吸着形態により異なる重要な関係である。IUPACでは図16.1に示すように6種類に分類されている。以下、K.S.W. Sing らの論文「Reporting Physisorption Data for Gas/Solid Systems with Special Reference to the Determination of Surface Area and Porosity, *Pure Appl. Chem.* 57（1985）603. ©IUPAC」の一部を引用する。

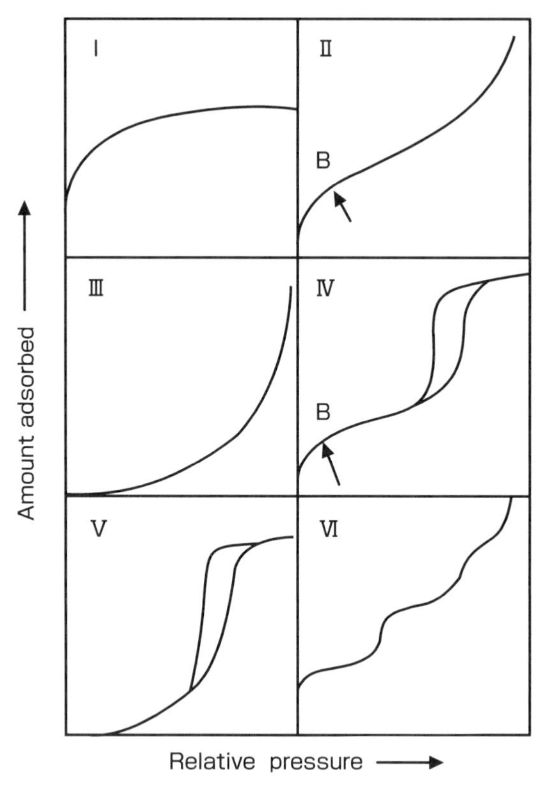

図16.1　IUPACによる吸着等温線の分類　（K.S.W. Sing ら Reporting Physisorption Data for Gas/Solid Systems with Special Reference to the Determination of Surface Area and Porosity, *Pure Appl. Chem.* 57（1985）603.　©IUPAC　Fig.2より）本文では横軸がp/p^0、縦軸がn^aに相当

『5.2 Classification of adsorption isotherms

The majority of physisorption isotherms may be grouped into the six types shown in Figure 2. In most cases at sufficiently low surface coverage the isotherm reduces to a linear form (i.e.$n^a \propto p$), which is often referred to as the Henry's Law region (On heterogeneous surfaces this linear region may fall below the lowest experimentally measurable pressure.).

The reversible **Type I** isotherm (**Type I** isotherms are sometimes referred to as Langmuir isotherms, but this nomenclature is not recommended.) is concave to the p/p°

axis and a approaches a limiting value as $p/p^\circ \to 1$. **Type I** isotherms are given by microporous solids having relatively small external surfaces (e.g. activated carbons, molecular sieve zeolites and certain porous oxides), the limiting uptake being governed by the accessible micropore volume rather than by the internal surface area.

The reversible **Type II** isotherm is the normal form of isotherm obtained with a non-porous or macroporous adsorbent. The **Type II** isotherm represents unrestricted monolayer-multilayer adsorption. Point B, the beginning of the almost linear middle section of the isotherm, is often taken to indicate the stage at which monolayer coverage is complete and multilayer adsorption about to begin.

The reversible **Type III** isotherm is convex to the p/p° axis over its entire range and therefore does not exhibit a Point B. Isotherms of this type are not common, but there are a number of systems (e.g. nitrogen on polyethylene) which give isotherms with gradual curvature and an indistinct Point B. In such cases, the adsorbate-adsorbate interactions play an important role.

Characteristic features of the **Type IV** isotherm are its hysteresis loop, which is associated with capillary condensation taking place in mesopores, and the limiting uptake over a range of high p/p°. The initial part of the **Type IV** isotherm is attributed to monolayer-multilayer adsorption since it follows the same path as the corresponding part of a **Type II** isotherm obtained with the given adsorptive on the same surface area of the adsorbent in a non-porous form. **Type IV** isotherms are given by many mesoporous industrial adsorbents.

The **Type V** isotherm is uncommon; it is related to the **Type III** isotherm in that the adsorbent-adsorbate interaction is weak, but is obtained with certain porous adsorbents.

The **Type VI** isotherm, in which the sharpness of the steps depends on the system and the temperature, represents stepwise multilayer adsorption on a uniform non-porous surface. The step-height now represents the monolayer capacity for each adsorbed layer and, in the simplest case, remains nearly constant for two or three adsorbed layers. Amongst the best examples of **Type VI** isotherms are those obtained with argon or krypton on graphitised carbon blacks at liquid nitrogen temperature.』

16. 2. 3.　吸着等温線の理論式

吸着等温線を表す種々の式が提案されているが、そのなかでもLangmuir式（16.2）、Freundlich式、そしてBET式が代表的なものである。1916年にIrving Langmuir（1881-1957、米国）は固体表面において、吸着分子が吸着する場所（吸着サイト）を仮定し、1つの吸着サイトには1つの分子しか吸着せず、かつ吸着分子間の相互作用がないとして

Langmuir式（16.2）を導いた（I. Langmuir, The Constitution and Fundamental Properties of Solids and Liquids. Part I. Solids., *J. Am. Chem. Soc.* 38（1916）2221-2295.)。

$$\frac{x_{eq}}{m}=\frac{x_0 K C_{eq}}{1+K C_{eq}} \tag{16.2}$$

ここでx_{eq}（単位はmol）は吸着質の物質量、m（単位はg）は吸着媒の質量、x_0（単位はmol g^{-1}）は飽和吸着量（単分子吸着量に相当）、K（単位はmol^{-1} dm^3）はLangmuir式の定数（吸着と脱着の平衡定数）、C_{eq}（単位はmol dm^{-3}）は吸着媒と接して吸着平衡の状態にある平衡吸着質濃度である。導出については6を参照のこと。

蓚酸水溶液に活性炭を加えた場合、蓚酸と活性炭の間に働く分子間力は、水と活性炭の間の分子間力より大きい。そのため蓚酸は活性炭にある程度選択的に吸着される。吸着量x_{eq}は活性炭を加える前の蓚酸濃度C_0（単位はmol dm^{-3}）と、活性炭と蓚酸水溶液系が吸着平衡に達した後の蓚酸濃度C_{eq}、および溶液の体積V（単位はdm^3）から（16.3）式により求められる。

$$x_{eq}=\left(C_0-C_{eq}\right)V \tag{16.3}$$

ここで、（16.2）式の両辺の逆数をとると（16.4）式となる。

$$\frac{m}{x_{eq}}=\frac{1}{x_0}+\frac{1}{x_0 K}\frac{1}{C_{eq}} \tag{16.4}$$

$m\ x_{eq}^{-1}$をC_{eq}^{-1}に対してプロットして比例関係が得られれば（16.4）式が成立する事が分かる。さらに、最小自乗法により求めた最適化直線の切片からx_0、そして傾きからKを求めることができる。

16.3.　実　験

16.3.1.　実験器具および試薬

※注意　下記の器具以外は使用しないこと

実験台のもの

・50 mLビュレット	滴定用
・ビュレット台	滴定用
・スターラー	滴定用
・漏斗台	活性炭濾過用
・洗びん	イオン交換水

共通

・恒温水槽

・薬包紙

・ロ紙（2号、150 mm ϕ）	活性炭濾過用
・スパチュラ	蓚酸分取用
・スパチュラ	活性炭分取用
・活性炭	
・蓚酸（分子量90.04）	
・0.1 mol dm^{-3}水酸化ナトリウム水溶液（力価fは容器に表示）	
・イオン交換水	
・廃液タンク（フード内）	
・廃ロ紙いれ（フード内）	
・遠心分離機	

個人用プラスチックカゴの中

・100 mLゴム栓付き三角フラスコ（10個）	吸着用試料、吸着前（濾過後）試料用
・50 mLビーカー	NaOH水溶液ビュレット分取用
・200 mLビーカー	蓚酸希釈用
・300 mLビーカー	蓚酸希釈用
・500 mLビーカー	NaOH水溶液分取用（ラベル貼付け）
・200 mLコニカルビーカー	滴定用
・50 mLメスシリンダー	吸着用試料分取用
・50 mL遠沈管（5個）	吸着後試料の遠心分離用
・遠沈管ホルダー	遠心分離試料の保管用
・ガラス漏斗小	ビュレット用
・ガラス漏斗大	活性炭濾過用
・ガラス棒	蓚酸溶液攪拌用
・10 mLホールピペット	滴定蓚酸試料分取用
・スターラーバー	滴定用
・ピペットポンプ	ホールピペット用
・マジックペン	三角フラスコ記入用
・リング（5個）	三角フラスコ転倒防止用(向きに注意)
・ピペット付き薬品瓶	フェノールフタレイン溶液

16. 3. 2.　実　験

16. 3. 2. 1.　蓚酸母液の調製

0.1 mol dm^{-3} の蓚酸水溶液200 mLを調製する。これを溶液Aとする。正確な濃度は16.3.2.4で滴定により求める。

16. 3. 2. 2.　蓚酸希釈溶液の調製

16.3.2.1で調製した溶液を順次希釈して0.05, 0.025, 0.0125, 0.00625 mol dm^{-3} の溶液を100 mLずつ調製する。それぞれを溶液**B**, **C**, **D**, **E**とする。区別のために三角フラスコにマジックペンで記号を記入すること。正確な濃度は16.3.2.4で滴定により求める。

16. 3. 2. 3.　吸着平衡測定用試料の調製

16.3.2.1および16.3.2.2で調製した蓚酸水溶液50 mLをメスシリンダーを用いて、ゴム栓付き100 mL三角フラスコに**E**から**A**の順で分取し、それぞれを改めて**e**から**a**とする。他の人の試料と区別できるように、**a**～**e**の記号、および名前などをマジックペンで必ず記入すること。活性炭を0.25 g秤量し、**e**に加えてゴム栓をする。**d**から**a**も同様に活性炭を入れてゴム栓をする。三角フラスコに転倒防止用のリング（向きに注意）を取り付け、恒温槽に浸す。恒温槽の温度を附属の温度計で必ず測定・記録すること。2時間後に吸着平衡に達したとして16.3.2.5で滴定を行うが、それまでの間20分間隔で振り混ぜる。

16. 3. 2. 4.　吸着前試料の滴定

共通試薬から力価が既知の0.1 mol dm^{-3}水酸化ナトリウム水溶液300 mL程度を500 mLビーカー（ラベル添付）に分取する。

16.3.2.1および16.3.2.2で調製した蓚酸溶液を濃度の小さい方から滴定する（**E**から**A**の順）。スターラーバーを入れた200 mLコニカルビーカーに、蓚酸溶液**E**をホールピペットで10 mLはかりとり、イオン交換水約50 mLおよびフェノールフタレイン溶液を少量（3滴）加える。スターラーで溶液を攪拌しながら、0.1 mol dm^{-3}水酸化ナトリウム水溶液で滴定する。ビュレットの先端の気泡を除くこと。3回の滴定値を平均して、初濃度C_0を求める。**D**から**A**も同様に行う。滴定が終了したら三角フラスコを洗浄し、水切りのため、底を上にしてカゴの中に保管する。

16. 3. 2. 5.　吸着平衡後試料の滴定

以後の操作はA）ひだ折りロ紙を用いて活性炭を分離する、あるいはB）遠心分離により活性炭を分離する、のどちらかを選択して行う。A）を選択する場合は、あらかじめひだ折りロ紙を用意しておくこと。B）を選択する場合は、使用する遠沈管をブラシで良く洗浄しておくこと。

A）　ひだ折りロ紙による活性炭の分離と滴定操作

活性炭を加えて2時間経過した試料から、ひだ折りロ紙を用いて手早く活性炭を濾別する。濃度の小さい方から行う（**e**から**a**の順）。ロ液は16.3.2.4で水切りした三角フラスコで受ける（フラスコの記号に注意）。16.3.2.4と同様にして**e**から**a**の順で溶液を滴定する。

B）　遠心分離による活性炭の分離と滴定操作

遠沈管に**a**から**e**の記号を記す。活性炭を加えて2時間経過した試料を遠沈管に移す。遠心分離機により3000 rpmで10分間遠心分離を行う。※遠沈管を遠心分離機のローターへ配置する際は、ローターのバランスを取る必要がある。そのため対角線上に同じ重さの遠沈管を配置する。

遠沈管の上澄みを16.3.2.4で水切りした三角フラスコに静かに移す（フラスコの記号に注意)。16.3.2.4と同様にeからaの順で溶液を滴定する。

16. 3. 2. 6.　片づけ

廃液は廃液タンクに捨てる。１回目および２回目の洗液も同様に廃液タンクに捨てる。遠沈管の底に溜った活性炭は少量の水で分散させて廃液入れに捨てること。壁面に付着した活性炭はブラシで洗浄すること。使用した器具は全て水洗し、三角フラスコやビーカーは水切りのため、底を上にしてカゴの中に片づけること。水洗したビュレットはコックを開き、逆さにしてビュレット台に固定する。

16. 4.　結果の整理と考察

レポート作成ならびに設問への解答に際しては、文献情報を必ず記載すること。著者（文責）が特定出来ない、あるいは消去される恐れがあるためInternetのウエブサイトを参考文献としてはならない（例えばウイキペディア)。また、文章をそのまま引用する場合は出典を必ず明らかにし、引用した文章をカギ括弧で囲むこと。剽窃は決してしてはならない。

16. 4. 1.　蓚酸水溶液の滴定結果を整理せよ

実験結果は表16.１，16.２として実験ノートおよびレポートにまとめること。標準偏差を求めること。本テキストに書き込んではならない。正しい有効数字を用いることに注意せよ。

表16.1　活性炭を加えない場合の蓚酸水溶液の滴定結果

	溶液A	溶液B	溶液C	溶液D	溶液E
滴定量（１回目）/ mL	………	………	………	………	………
滴定量（２回目）/ mL	………	………	………	………	………
滴定量（３回目）/ mL	………	………	………	………	………
滴定量（平均値）/ mL	………	………	………	………	………
標準偏差 / mL	………	………	………	………	………

表16.2　吸着平衡後の蓚酸水溶液の滴定結果

	溶液a	溶液b	溶液c	溶液d	溶液e
滴定量（１回目）/ mL	………	………	………	………	………
滴定量（２回目）/ mL	………	………	………	………	………
滴定量（３回目）/ mL	………	………	………	………	………
滴定量（平均値）/ mL	………	………	………	………	………
標準偏差 / mL	………	………	………	………	………

16. 4. 2. 吸着実験の結果を整理せよ

実験結果は表16.3として実験ノートおよびレポートにまとめること。本テキストに書き込んではならない。正しい有効数字を用いることに注意せよ。

表16.3 結果の整理

	溶液a	溶液b	溶液c	溶液d	溶液e
m / g	………	………	………	………	………
C_0 / mol dm^{-3}	………	………	………	………	………
C_{eq} / mol dm^{-3}	………	………	………	………	………
x_{eq} / mol	………	………	………	………	………

16. 4. 3. 吸着等温線を作図せよ

※グラフは方眼紙を用いるか、パソコンのグラフソフトを用いて作成すること。
図の題目、縦軸・横軸の表記、条件などの記入に留意せよ。

16. 4. 4. Langmuirプロットを作成し、最小自乗法により定数x_0, Kを求めよ

※グラフは方眼紙を用いるか、パソコンのグラフソフトを用いて作成すること。
図の題目、縦軸・横軸の表記、条件などの記入に留意せよ。

16. 4. 5. 活性炭の活性比表面積を求めよ

活性比表面積S（単位はm^2 g^{-1}）は飽和吸着量（単分子吸着量）x_0、吸着質の分子専有面積 s（単位はm^2)、およびアボガドロ数N_Aから（16.5）式で求めることが出来る。蓚酸の分子専有面積sを21 Å^{2}と仮定し、（16.5）式より活性炭の活性比表面積Sを求めて文献値と比較せよ。

$$S = x_0 N_A \ s \qquad (16.5)$$

16. 4. 6. 他の吸着等温線について調べよ

本実験で用いたLangmuirの吸着等温式以外にHenry式、Freundlich式、そしてBET式がある。これらについて、どのような吸着様式の場合に適用されるか調べよ。また、必要なら実験結果をいずれかの式で解析せよ。

16. 5. 参考書

アトキンス、物理化学（下）第８版、東京化学同人、2009年
千原秀昭、徂徠道夫編、物理化学実験法 第４版、東京化学同人、2000年
小野嘉夫、鈴木勲著、吸着の科学と応用、講談社サイエンティフィク、2003年
近藤精一、石川達雄、安部郁夫著、吸着の科学 第２版、丸善、2001年

竹内節著、吸着の化学、産業図書、1995年
真田雄三、鈴木基之、藤元薫編、活性炭：基礎と応用、講談社、1992年

16.6. 付　録

Langmuir式の導出

均一な表面への吸着を表す初期のモデルの一つがIrving Langmuir（1932年ノーベル化学賞受賞）によって1916年に提案された。Langmuirは吸着質が物理的（分子間力）あるいは化学的（共有結合）に吸着できる有限の吸着サイトが表面に均一に分布しており、吸着質が吸着、そして脱着の平衡にあると仮定した。ここで重要なのは吸着と脱着が動的な平衡にあるということである。吸着と脱着の速度が同一となって平衡に達したとき、吸着サイトは吸着質によりある一定の割合（被覆率）で覆われる。ここで、x_0'を表面に存在する吸着サイトの数、x_{eq}'を吸着された吸着サイトの数、そして被覆率をθとするとθは（16.6）のように表せる。

$$\theta = \frac{x_{eq}'}{x_0'} \qquad (16.6)$$

吸着速度v_aは吸着質の濃度Cと被覆されていない吸着サイトの割合（$1-\theta$）に比例するので、吸着の速度定数をk_aとすると（16.7）式となる。

$$v_a = k_a C(1-\theta) \qquad (16.7)$$

脱着速度v_dは被覆率θに比例するので、脱着の速度定数をk_dとすると（16.8）式となる。

$$v_d = k_d \theta \qquad (16.8)$$

吸着と脱着が平衡状態にある場合は、(16.7) 式および (16.8) 式から (16.9) 式が導かれる。

$$\frac{\theta}{1-\theta} = \frac{k_a}{k_d} C \qquad (16.9)$$

ここで吸着と脱着の平衡定数をK（$= k_a / k_d$）とする。また、平衡状態での濃度をC_{eq}とするとθは（16.10）式のようにKとC_{eq}の関数で表される。

$$\theta = \frac{KC_{eq}}{1+KC_{eq}} \qquad (16.10)$$

実験と比較するためにθをx_{eq}、x_0、そしてmで置き換えると（16.2）式が導かれる。

$$\frac{x_{eq}}{m} = \frac{x_0 KC_{eq}}{1+KC_{eq}} \qquad (16.2)$$

C_{eq}とx_{eq}を測定することで定数x_0とKを求めることができる。

Freundlich式の導出

1909年にHerbert Max Finlay Freundlich（H. Freundlich, *Kapillarchemie*, Academishe Bibliotek, Leipzig (1909).）により (16.11) 式が提案された。ここでaおよびnは定数である。

一般には経験式として知られているが、統計熱力学的あるいは動力学的な見地からの導出も試みられている。

$$\frac{x_{eq}}{m} = aC_{eq}^{n} \qquad (16.11)$$

1．統計熱力学的（Sheindorf, Ch, Rebhun, M. *J. Colloid Interface Sci.* 79（1981）136-142.）

吸着エネルギーが指数関数的な分布（16.12）をしていると仮定する。

$$N(Q) = \alpha \exp\left(-\frac{nQ}{RT}\right) \qquad (16.12)$$

ここで$N(Q)$吸着エネルギーQを有する吸着サイトの数、α、nは定数である。さらにそれぞれの吸着エネルギー準位において被覆率θがLangmuirの吸着式（16.13）に従うとする。

$$\theta = \frac{bC_{eq}}{1 + bC_{eq}} \qquad (16.13)$$

ここでbは定数であり（16.14）式のように吸着エネルギーに従う。従ってθもQの関数となるのでθ_Tと表すことにする。

$$b = b_0 \exp\left(\frac{Q}{RT}\right) \qquad (16.14)$$

吸着エネルギーがQと$Q+dQ$の間の値である吸着サイトが吸着質に占められる数$d\theta_T(Q)$は

$$d\theta_T(Q) = \theta(Q)N(Q)dQ \qquad (16.15)$$

よって、ある温度Tにおける被覆率θ_Tは（16.15）式を全てのエネルギーに対して積分することにより得られる。（16.12）、（16.14）、（16.15）式からθ_Tは（16.16）のようにかける。

$$\theta_T = \int_{-\infty}^{\infty} \left\{ \frac{b_0 \exp\left(\frac{Q}{RT}\right) C_{eq}}{1 + b_0 \exp\left(\frac{Q}{RT}\right) C_{eq}} \alpha \exp\left(-\frac{nQ}{RT}\right) \right\} dQ \qquad (16.16)$$

これを解くと

$$\theta_T = \frac{\alpha RT b_0^n}{n} C_{eq}^n \qquad (16.17)$$

実験と比較するためにθ_Tをx_{eq}、x_0、そしてmで置き換えると（16.11）式と同等になる。

$$\frac{x_{eq}}{m} = \frac{\alpha RT b_0^n x_0}{n} C_{eq}^n \tag{16.18}$$

2．フラクタル動力学的（Skopp, J. *J. Chem. Ed.* 86（2009）1341-1343.）

一次反応の速度式は（16.19）と書かれる。

$$\frac{dC}{dt} = kC \tag{16.19}$$

ここでCは時間依存の濃度、tは時間、kは一次反応速度定数である。一般的に（16.19）式は（16.20）式のように書き表すことが出来る。

$$\frac{dC}{dt} = k_{fr} C^n \tag{16.20}$$

ここでnは非整数の反応次数であり、k_{fr}はフラクタル速度定数である。吸着の速度と脱着の速度をそれぞれk_1とk_2とし、溶液中の吸着質濃度をC、吸着された吸着質の濃度をSとすると（16.21）式となる。

$$\frac{dC}{dt} = -k_1 C^{n1} + k_2 S^{n2} \tag{16.21}$$

吸着平衡では見掛け上の速度は０であるため、平衡状態での濃度をC_{eq}とすると（16.22）式が導かれる。

$$S_{eq} = \left(\frac{k_1}{k_2}\right)^{\frac{1}{n2}} C_{eq}^{\frac{n1}{n2}} \tag{16.22}$$

ここでS_{eq}は吸着平衡における吸着された吸着質の濃度である。実験と比較するためにS_{eq}を溶液の体積V/ dm^3、x_{eq}/ molで置き換えると（16.23）式となり、（16.11）式と同等になる。

$$x_{eq} = V\left(\frac{k_1}{k_2}\right)^{\frac{1}{n2}} C_{eq}^{\frac{n1}{n2}} \tag{16.23}$$

他の実験書に掲載されているデータ

参考のため他の実験書に掲載されている吸着等温線の実験データとLangmuirプロットを示す。

1）「後藤廉平編、物理化学実験法、共立出版、1952年」掲載のデータをプロット

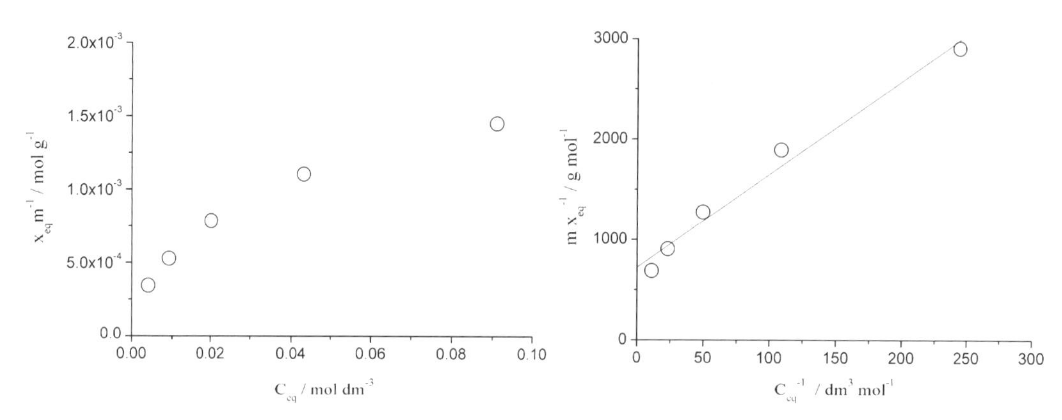

図16.2　蓚酸の活性炭への吸着等温線（左）とLangmuirプロット（右）
蓚酸濃度 0.0125-0.2 M、活性炭 250 mg、溶液 40 mL、1時間以上放置、25℃

2）「足立吟也、石井康敬、吉田郷弘編、物理化学実験のてびき、化学同人、1993年」掲載のデータをプロット

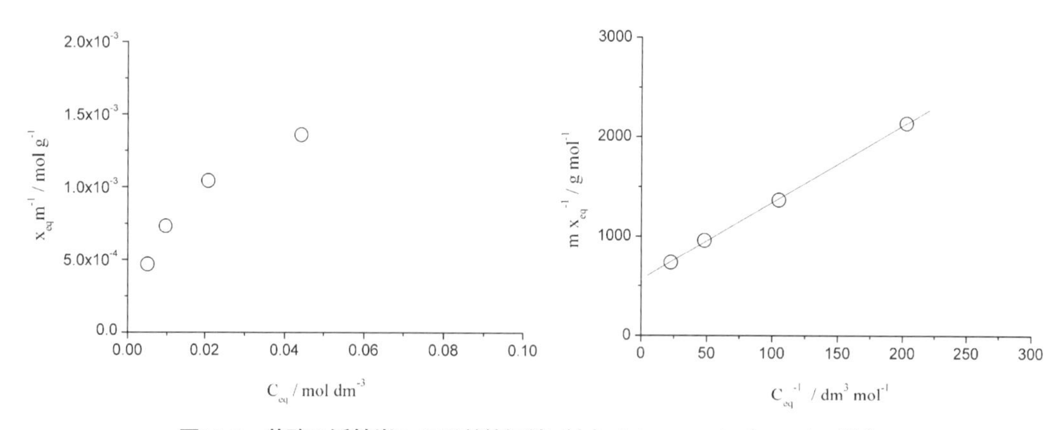

図16.3　蓚酸の活性炭への吸着等温線（左）とLangmuirプロット（右）
蓚酸濃度 0.005-0.05M、活性炭 250 mg、溶液 50 mL、一晩放置、25℃

17. 芳香族化合物の反応と構造解析および化学情報検索

17.1. 目　的

合成実験、機器分析、情報検索、計算化学を総合的に行うことで、物質合成のための基礎的な理解を深めることを目的とする。

芳香族化合物の一つであるアニリンを出発原料として、*N*-アセチル化（アセトアニリドの合成）、ニトロ化（*p*-ニトロアセトアニリドの合成）、加水分解（*p*-ニトロアニリンの合成）を行う。生成物を再結晶により精製したのち、赤外および紫外可視吸収スペクトル測定を行う。また、計算化学を用いた紫外吸収スペクトルのシミレーションと実測データとの比較を行う。試薬の安全性情報（SDS）をインターネットで検索し、安全性・危険性について調べる。

＜注意事項＞

保護メガネを必ず着用すること。濃硫酸・濃硝酸・水酸化ナトリウム水溶液などの試薬の取り扱いには十分注意する。身体・衣服へ付着したらすぐに洗う。机上に強酸・強塩基が付着しないように、ピペットの操作、置き場所に注意する。机や床に付着した強塩基や強酸は、乾いた紙や乾燥した布で拭きとらない。必ずぬれ雑巾を用い、拭き取った後は雑巾をよく洗う。吸引ろ過はグラスフィルターを用いて行う。

17.2. アセトアニリドの合成

$$C_6H_5NH_2 \xrightarrow{(CH_3CO)_2O} C_6H_5NHCOCH_3$$

50 mL ビーカーに、酢酸ナトリウム（4.0 g）と水（15 mL）から調製した水溶液を準備しておく。100 mL ビーカーに水（60 mL）、濃塩酸（2.5 mL）を入れ、アニリン（3 mL）を加えて、よくかき混ぜる。その溶液をサンドバス上で約50 ℃に温める。そこに、無水酢酸（5 mL）を加えたのち、あらかじめ調製した酢酸ナトリウム水溶液を加えて、5分間かきまぜる。次いで、室温まで反応溶液をかき混ぜながら冷却することで生じたアセトアニリドの粗結晶をグラスフィルターを用いて吸引ろ過して集める。さらに水から再結晶することで、精製する[注1]。精製した結晶はろ紙に挟んで水分を取り除いた後、デシケーター内で十分乾燥させる。十分乾燥させた後、収量を求めて収率を計算する。また、少量（0.1 g 程度）は機器分析用に取っておく。

注 1．アセトアニリドは100 mL の水に20 ℃ で約0.5 g、100 ℃ で約 7 g 溶解する。
　　使う水の量を考えながら再結晶すること。

17.3.　*p*−ニトロアセトアニリドの合成

注意：約0.1 g のアセトアニリドを機器分析用サンプルとして残しておく。

$$\text{Acetanilide} \xrightarrow{H_2SO_4,\ HNO_3} p\text{-}NO_2C_6H_4NHCOCH_3$$

50 mL ビーカーに濃硫酸（約 5 mL）を入れ、撹拌しながら前の実験で得られたアセトアニリドを細かく砕いて数回に分けてすべて入れ、溶解させる[注1]。50 mL ビーカーを氷水浴に浸し冷却後、撹拌しながら濃硝酸（2.5 mL）をゆっくり滴下する[注2]。滴下後、氷水浴を外して 10 分間室温で撹拌する。氷を半分程度入れた 100 mL ビーカーに反応溶液をゆっくり注ぐ。生じた固体をグラスフィルターを用いた吸引濾過により集める。反応に用いたビーカーにも氷を加えて、同様の操作を行う。得られた固体は水でよく洗い[注3]、ろ紙にはさんで水分を取り除いた後、風乾させる。十分乾燥させた後、収量を求めて収率を計算する。また、少量（0.1 g 程度）は機器分析用に取っておく。

注 1．ビーカーはよく乾いているものを使うこと。また、マグネチックスターラーを使用
　　する。使用する際には撹拌子を先にビーカーに入れておく必要がある。
注 2．反応溶液の温度を 20 ℃ 以下に保って加えること。
注 3．何度か水洗いをした後、濾液はいったん捨て、吸引瓶をよく水で洗った後に、装置
　　をもう一度組み立て、さらに水で洗った濾液の pH を測定するとよい。

17.4.　*p*−ニトロアニリンの合成

注意：約0.1 gの*p*−ニトロアセトアニリドを機器分析用に残しておく。

$$\text{HNCOCH}_3\text{-C}_6\text{H}_4\text{-NO}_2 \xrightarrow[\text{加熱}]{\text{aq } H_2SO_4} \text{NH}_2\text{-C}_6\text{H}_4\text{-NO}_2$$

50 mL ビーカーに70％硫酸（約 5 mL）を入れ、そこに*p*−ニトロアセトアニリド（2 g、足りない場合は全量）を加える。ホットプレート上で加熱すると、結晶が溶解する様子が見られる。その後、10 分間加熱する[注1]。反応溶液を室温まで冷却し、クラッシュアイスを1/3程度入れた 300 mL ビーカーに注ぎ込む。そこに 6 M 水酸化ナトリウム水溶液を塩基性になるまでゆっくり加える[注2]。析出した固体をグラスフィルターを用いた吸引ろ過で集め、水でよく洗う[注3]。ろ紙にはさんで水分を取り除いた後、風乾させる。十分乾燥させた後、収量を求めて粗収率を計算する。

粗結晶をビーカーに入れ、約40 mLの50%エタノール水溶液を加えて懸濁させる。ホットプレート上で加熱し、固体を溶解させる。室温まで放置冷却すると黄色い針状結晶が析出するので、析出した結晶を吸引濾過して集め、水でよく洗う。濾紙に挟んで水分を取り除いた後、風乾させる。十分乾燥させた後、収量を求めて収率を計算する。

注 1．酢酸のにおいがしてくる。加熱時間が長くならないようにする。

注 2．あらかじめ必要量を計算しておくとよい。

注 3．何度か水洗いをした後、濾液はいったん捨て、吸引瓶をよく水で洗った後に、装置をもう一度組み立て、さらに水で洗った濾液の pH を測定するとよい。

17.5.　赤外（ＩＲ）吸収スペクトルの測定

分子の振動および回転状態は、ある一定の波長の赤外光（2.5～25 μm）が吸収されることによって励起される。波数（cm^{-1}）を横軸に赤外光（4000～400 cm^{-1}）の透過率 T（%）を縦軸にプロットしたものが赤外吸収スペクトル（IR スペクトル）である。ここでは、IR スペクトルの解析について述べる。なお、理論的側面については、**15 分子の対称性と量子力学的縮重**に詳しいので参照されたい。

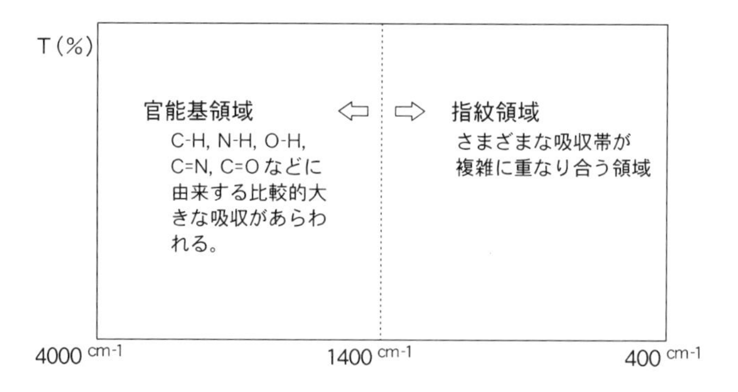

スペクトルの左半分の領域（4000～1400 cm^{-1}）には、下の表にまとめたそれぞれの官能基に由来する特徴的な強い吸収が観測される（官能基領域）。右半分の領域（1400～400 cm^{-1}）はさまざまな吸収帯が複雑に重なり合ったスペクトルが観察される（指紋領域）。この領域は「指紋」にたとえられ、分子固有のものである。この領域のスペクトルから、指紋照合するように化合物を比較同定することができる。実習では、各自が合成した化合物の IR スペクトルを測定する。芳香環、アミドカルボニル、アミンに由来する吸収帯を実際に確認する。

＜官能基領域における、官能基・波数・強度の比較＞

官　能　基	波数（cm^{-1}）	強度
O-H	3650～3200	強
N-H	3500～3300	中
C-H	3300～2700	中
アルキン(炭素･炭素 3 重結合)	2260～2100	中
ニトリル(炭素･窒素 3 重結合)	2260～2220	中
C=O	1650～1780	強
C=N	1650～1550	中
C=C	1680～1600	強～中

＜参考文献＞１）ブルース有機化学（第７版）上巻、第14章、化学同人
２）赤外線吸収スペクトル一定性と演習、南江堂

17.6.　紫外可視（UV-Vis）吸収スペクトル測定

分子が紫外線（180～400 nmの波長）や可視光（400～780 nmの波長）を吸収すると、分子内の電子が安定な軌道からより高い軌道へと移動する（電子遷移）。紫外線（ＵＶ）を吸収して得られるスペクトルは紫外吸収スペクトル、可視光線を吸収して得られるスペクトルは可視吸収スペクトルと呼ばれる。有機分子の中でも、オレフィン・ケトン・芳香族化合物などの共役した化合物において特徴的に紫外・可視吸収スペクトルが得られる。そのため、スペクトルデータから分子構造に関する情報を得ることができる。

吸収された光の程度（度合い）は吸光度（A）であらわされる。吸光度（A）とサンプ

ル濃度（c）、光路長（l）および、モル吸光係数（ε）の関係は$A = \varepsilon c l$（Lambert-Beerの式）となる。これにより、吸光度（A）は分子の濃度（mol/L）に比例していることがわかる。$c = 1$ mol/L, $l = 1$ cmあたりの吸光度（A）はモル吸光係数（ε）と呼ばれ、化合物特有の物性値として扱われる。

$A = \varepsilon c l$　　εの単位　[L／（mol・cm）]
吸光度$A = -\log(I/I_0)$：　I/I_0は透過度

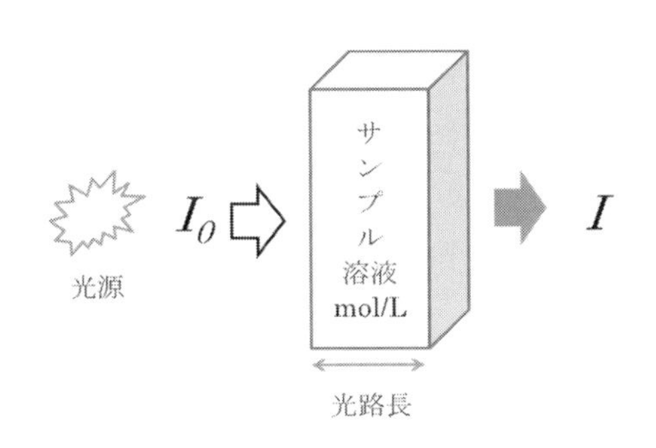

ガラスは紫外線を吸収するので、スペクトル測定に用いる容器（セル）は紫外線を透過できる石英セルが用いられることが多い。本実験では、1 cm × 1 cm × 4.5 cmの立方体の石英セルを用いる。このセルを用いて有機分子1 mol/Lの溶液を測定して得られる吸光度Aがモル吸光係数（ε）に相当する。新しい化合物を合成し、そのモル吸光係数（ε）を求めたい場合は、濃度が明らかなサンプルを測定して得られた吸光度Aをもとにモル吸光係数（ε）を算出する。εの値にもよるが、測定機器の感度が高いために、通常は高希釈されたサンプルを測定する場合が多い。モル吸光係数（ε）が既知である場合は、濃度がわからないサンプルの吸光度Aをもとにサンプル濃度を求めることができる。

実際の測定は、たとえば200～500 nmというように、光源の波長を変化させながら各波長での吸光度を測定する。スペクトルデータは、縦軸に吸光度（A）、横軸に波長（nm）のグラフにデータを連続的にプロットしたものである。ある分子が最もよく光を吸収したときの波長（nm）は吸収極大波長と呼ばれる。代表的な有機分子の吸収極大波長はつぎのとおりである［エチレン（165 nm），ベンゼン（255 nm），ビタミンA（328 nm），β―カロテン（455 nm）］。各分子の構造式を書いて比較すると、共役系の延長にともなって、吸収極大波長が長波長側（より大きな数値）へとシフトしていることがわかる。

分子構造が明らかであれば、測定を行う前に、紫外可視吸収スペクトルを見積もることができる（二つの方法がある）。一つは、これまで得られたデータをもとに構築された「経験則」を適用する方法であり、吸収極大波長を予測する場合に有効である。もう一つは、計算化学を用いて紫外可視吸収スペクトルを求める方法である。計算化学が飛躍的に進歩したため、実在の分子だけでなく仮想的に設計した分子のスペクトルでも、かなりの精度で予測することができる。本実験では、紫外可視吸収スペクトルを機器分析により実測するとともに、計算化学によるスペクトルシミュレーションを行う。

吸収極大波長やモル吸光係数（ε）の数値は、測定に用いる溶媒やpHによっても異なる値を示す。溶媒との相互作用が物質の電子状態（基底状態・励起状態）に影響を及ぼす、あるいは、酸・塩基の条件で分子構造が変化した影響によるものである。

紫外可視吸収スペクトルは、実際に測定する以外にも、経験則や計算機を使って見積もることができる。

＜参考文献＞

1）ブルース有機化学（第７版）上巻、第14章、化学同人
2）有機化学のためのスペクトル解析法、第１章、化学同人
3）第18改正　日本薬局方　https://jpdb.nihs.go.jp/kyokuhou/files/000788359.pdf　P47

紫外吸収スペクトルの測定

アセトアニリド、*p*-ニトロアセトアニリド、および*p*-ニトロアニリンのＵＶ吸収を測定する。

サンプル調製

最大30 mg程度の試料を秤量する（モル吸光係数を計算するために正確な重さを記録しておく）。まず、各試料の100 mLエタノール溶液を調製する。そのうち、1 mLをメスピペットで取り、25 mLメスフラスコに入れ、エタノールを加えて25 mLにする。

測定

分光計の試料室を開け、手前側（試料側）の石英光学セル（縦横1 cm角）を取り出し、まず2〜3 回エタノールで洗浄したのち、測定したい試料溶液をセルの1/2 程度加えて共洗いを３回程度行う。試料溶液を、セルの目印の線まで満たして試料室に戻す。
掃引波長を 200 nm〜500 nm に設定し（これはあらかじめ設定してあるので確認）測定を開始する。測定終了後、結果を USB にテキストファイル（保存するときファイルの種類 ASCII テキストを選択）で保存する。３種の試料すべての測定が終了したら、一旦、測定用ソフトを終了し、USB を安全に取り出す。

17. 7.　計算機化学：MO法による紫外可視吸収スペクトルの計算

ここでは合成の出発化合物であるアニリンと、生成物のアセトアニリドおよび*p*-ニトロアセトアニリドについて、**分子軌道（molecular orbital、MO）法**に基づいて吸収スペ

クトルを計算する。さらに、目的の色を発色する分子の設計も行う。上記の分子はベンゼンの誘導体であるが、それぞれ置換基が異なるため、分子内を運動する電子のエネルギー状態が異なっている。各分子には異なる波長の光が吸収されるので、補色として我々の目に入射する透過光や散乱光に含まれる光の波長分布も異なり、これが色の有無や違いとなって感じられるのである。

測定で得られたスペクトル同士、計算で得られたスペクトル同士、そして測定結果と計算結果同士を比較して、分子の大きさや置換基の種類と吸収される光の波長の関係について考察してみよう。さらに、実際に手にしていない分子についてもMO計算を行い、目的の色を持った色素を設計してみよう。

MO法は、量子力学の原理に基づいて分子に含まれる電子のエネルギー状態を計算する方法である。エネルギー状態を計算することによって、分子の安定性や物理・化学的性質を予測することができる。

量子力学によれば分子に閉じこめられた電子は波として振る舞い、各電子のエネルギー状態は**分子波動関数**$\boldsymbol{\psi}$で表される。波動関数は分子に含まれる原子の種類と座標を指定して**波動方程式（Schrödinger方程式）**

$$\hat{H}\psi = \mathrm{E}\psi$$

を解くことによって得られる。ここで$\hat{H}$はエルミート演算子、Eは固有エネルギー（定数）である。$\hat{H}$は目的の分子に応じて系の全エネルギーを表現することで書き下すことができる。波動方程式を解くことは、ψに$\hat{H}$を作用させると、ψに定数Eを掛けたものになるような関数ψを見つける作業のことである。

一般の分子には電子が多数含まれるため、波動方程式の厳密解を得ることはできない。したがって、目的の分子について波動関数を計算するためには近似が必要になる。その一つが、分子を構成する原子の**原子軌道（atomic orbital、AO）**関数の線形結合（linear combination of atomic orbitals、LCAO）でMOを近似する方法である。例えば、水素分子H_2であれば、2個のH原子それぞれの1s軌道の既知関数ψ_1とψ_2の2種類の線形結合、

$$\psi = \mathrm{c}(\psi_1 \pm \psi_2)$$

で近似する。ここでcは規格化係数である。H_2分子では2個のH原子は同等なのでψ_1、ψ_2に掛かる係数は同じだが、一般の分子では同じ種類の原子であっても、係数が同じとは限らない。**LCAO近似**では、波動関数を求める作業は係数cの組をいかにして決定するかという問題になる。

MO法には多くの種類があり、それぞれ程度の異なる近似を採用している。本実験ではPPP法というMO法に基づいた計算を行う。PPPは開発者である、Pariser、Parr、Popleの3人の頭文字である。PPP法の特徴は、ごく簡単に述べると、π電子のみを扱い、電子間の反発エネルギーを考慮する点にある。

MO計算では、電子間相互作用に関係した多数の積分計算を実行する必要がある。した

がって、色素の設計のように実用的な目的のためのMO計算を手計算で実行することは不可能である。また、コンピュータを使ったとしても、量子力学の法則に基づいて積分を忠実に全て実行する***ab initio*（アブイニシオ）法**では、分子量の比較的小さい分子の場合でも膨大な計算量が必要になるため、以前は高価な大型コンピュータが必要であったり、実用的な時間内では計算が不可能だったりした。このため、一部の積分を実験によって得られる物性値（経験値）で近似して積分計算を省略することで、計算精度を犠牲にする代わりに計算時間を短くする工夫がなされてきた。PPP法や**拡張Hückel法**もその一種である。これらの経験的MO計算法によって、1970-1980年代にはパーソナルコンピュータ（PC）でも比較的大きい分子のMO計算を行うことができるようになった。本実験では大阪学芸大学の牧泉教授が開発した**MakiPPP**を使用する。このソフトは初学者でも簡単にPPP法によるMO計算（PPP計算）を行い、可視・紫外吸収スペクトルが計算できるように設計されている。計算ソフトの使用法については授業中に説明する。

17.8.　ＳＤＳ情報検索

　化学実験を安全に行うためには、試薬の安全性をあらかじめ把握しておくことが重要である。化学物質の安全性に関する情報はSDSとして公開されており、インターネットで調べることができる。

＜課題＞アニリン、硫酸、*p*-ニトロアニリンについて、以下の例にならい、SDSに記された内容を簡潔にまとめて報告せよ（手書き）。

例：トルエン：http://anzeninfo.mhlw.go.jp/anzen_pg/GHS_MSD_DET.aspx>
化学式　$C_6H_5CH_3$　CAS　No　108-88-3

医薬用外劇物
火気厳禁　第四類　引火性液体　第一石油類　非水溶性液体　危険等級 I
ラベル要素・シンボル表示内容・区分

・急性毒性（経口　区分5、吸入　区分4）、特定標的臓器・全身毒性（単回ばく露）（区分3）、発がん性・・・
・可燃性・引火性液体
・火災時の措置：泡、粉末、炭酸ガス、乾燥砂を用いる。水を使用してはならない。
・オクタノール/水分配係数：log Pow = 2.735

レポート課題（得られたスペクトルはレポートに添付すること。）

① 各反応の反応機構を記せ。
② ニトロアセトアニリドの加水分解反応は、水酸化ナトリウム水溶液と加熱しても進行する。反応機構を記せ。
③ 各化合物の官能基吸収帯における特徴的な吸収スペクトル（C＝C、C＝O、C－H、N－H、など）を報告せよ。
④ オクタノール水分配係数と生体残留性との関連について記せ。
⑤ 急性毒性と慢性毒性の定義（違い）について記せ。
⑥ 毒物・劇物の区分（違い）について記せ。

18. ブラウン運動

18.1. 目　的

科学の研究には何らかの目的があり、ある程度結果を予想して行う場合も多い。しかし、実験結果が予想通りにならないこともしばしば起こる。実験結果をよく吟味すると、当初の目的とは一致しなくても、何らかの新しい知見が得られるはずである。結果を学会発表や論文として公表する際に、この新しい知見を得ることが本来の目的だったかのようにストーリーを作ることは、一見偽りに思えるかもしれない。しかし、第三者に研究の意義をわかりやすく伝えるためには、紆余曲折を省いて単純明快な論理展開を行うことが有効な場合が多々ある。それは学生実験においても同様である。

実験結果から得られた知見に対応した目的を再定義する作業は、将来学位論文をまとめる際に大いに役立つはずである。本テーマではブラウン運動の観察実験とランダムウォーク・シミュレーションの計算実験を行う。単にこれらを実行するだけでなく、各自このテキストをよく読んで、適宜文献も参照しながら結果について深く考察して、本テーマの「目的」を自分なりに見いだしてほしい。

18.2. ブラウン運動

ブラウン運動による原子・分子の実在の証明は、ブラウンによる19世紀の発見とそれに続く研究の蓄積、20世紀初頭のアインシュタインによる飛躍的な理論、さらにペランの周到な実験によって到達した科学上の画期的なマイルストーンである。ブラウン運動は媒質中の微粒子の運動の説明にとどまらず、溶媒中の高分子鎖の運動、空の青さ、デバイス中の電子の運動など、ミクロなスケールにおける**ゆらぎ**を反映して普遍的に観測される現象である。以下、主に文献［1］に基づいてブラウン運動がいかに原子・分子の実在の証明に結びついたかを概観する。

18.2.1. ブラウンの観察

1827年にイギリスの植物学者ブラウン（Robert Brown）は顕微鏡観察によって、水の中で花粉がはじけたときに出てくる小さな粒子が生きているように動く現象を発見した。ブラウンは当初これが生命活動であると考えたが、生物由来の微粒子だけでなく鉱物その他の無機物の微粒子も同様の運動を行うことから、これが生命活動でないことを明らかにした。

ブラウン運動を起こす直径1 μm程度の微粒子を**ブラウン粒子**と呼ぶ。その後の多数の研究者によって、ブラウン運動には以下のような特徴があることがわかった。

（1） ブラウン運動は全く不規則で、粒子の軌道の接線を描くことはできない。

（2） 2つのブラウン粒子は、接近しても互いに独立な運動をする。（水の流れとは無関係な運動。）
（３） 粒子が小さいほど運動が活発である。
（４） 粒子の濃度や組成によって変化しない。
（５） 粒子を浮かべる流体の粘性が小さいほど活発である。
（６） 温度が高いほど活発である。
（７） 時間が経っても、弱まったり、止まったりしない。
（８） 粒子が１個だけでも起きる。（ブラウン粒子同士の衝突は無関係。）
（９） 強い光や、磁場、電場を掛けても影響を受けない。（ブラウン粒子は電気を帯びていない。）

ブラウン運動の起源は水などの媒質を構成する分子の熱運動である。媒質中の分子は温度に応じた平均のエネルギーを持って運動しているが、その向きや速さには分布がある。さらに分子同士は衝突して絶えず個々の向きや速さを変えている。全体としては、四方八方どの方向に進む分子も平均すると同じ速さを持っているので、コップの中の水はマクロに見ると静止している。

その静止した水の中に直径１cmや１mmの物体を入れてもブラウン運動は起こらないが、物体の大きさが１μm程度の場合はブラウン運動が観察できる。大きい物体には無数の水分子がほとんど同時に全方向から衝突するので、衝突の効果が打ち消し合うが、ブラウン粒子の場合は、水分子の運動の分布のゆらぎが相殺されず、衝突の効果も平均化されなくなる。その結果粒子は不規則な運動をいつまでも繰り返す。

原子と分子の存在が確立された現代ではこのような説明は自然に受け入れられる。しかし、ブラウン運動の研究が始まった19世紀には、気体反応の法則のように原子や分子を仮定すると化学反応がうまく説明できることは知られていたが、その明確な証拠は存在しなかった。また、ミクロなスケールでの古典力学の破綻のため、原子の存在そのものが疑われてもいた。そのためブラウン運動の起源も未解明のままであったが、20世紀になってすぐアインシュタイン（Albert Einstein）はブラウン運動を見事に説明する理論を発表した。

18.2.2. アインシュタインの関係式

アインシュタインは1905年に、光量子論、特殊相対性理論、ブラウン運動の理論に関する３本の論文を発表した。それぞれ各分野の先駆的な業績であり1905年はアインシュタインの奇跡の年と呼ばれている。以下では３番目の論文で提案されたアインシュタインの関係式を導出する。**この関係式は本実験の観測結果の解析に用いる。**

アインシュタインはブラウン粒子にかかる外力 f を、既存の溶液の理論（ファントホッフの法則）と流体力学（ストークスの法則、フィックの法則）からそれぞれ別個に求め、それらを等しいとおくことで関係式を得た。現代では前者は化学、後者は物理学の分野に属することからわかるように、異なる分野の知見を結びつけて原子・分子の存在を実証するための強力な理論を導いたわけである。

溶液の理論から求めた外力 f

希薄溶液の浸透圧 Π に関するファントホッフ（van 't Hoff）の法則は次式で与えられる。

$$\Pi = \frac{z}{V^*}RT \tag{1}$$

ここで、V^*は希薄溶液の部分体積、z は V^*中の溶質の物質量、R は気体定数、T は絶対温度である。この式は「不均一な溶質濃度を持つ溶液中で、濃度 z / V^*が一定だと見なせる体積 V^*の領域が薄まろうと（膨張しようと）する圧力Πがその領域の溶質の濃度に比例する」と捉えると、理想気体の状態方程式との対応関係が理解しやすい。

式（1）はショ糖などの分子や Na^+ などのイオンの水溶液についてよく成り立つが、アインシュタインはこれらの原子・分子よりも1000倍も巨大なブラウン粒子についてもこの式が成り立つと仮定した。

V^*に含まれるブラウン粒子の数密度を n とすると、

$$n = \frac{zN_{\mathrm{A}}}{V^*} \tag{2}$$

なので式（1）は、

$$\Pi = \frac{nRT}{N_{\mathrm{A}}} = k_{\mathrm{B}}Tn \tag{3}$$

と書き直すことができる。ただし、N_{A} はアボガドロ（Avogadro）定数、k_{B} はボルツマン（Boltzmann）定数である。

一方、媒質中のブラウン粒子の数密度に濃淡があると、ブラウン粒子は濃い場所から薄い場所に拡散しようとするだろう。これは濃い領域と薄い領域の浸透圧の差、より正確には浸透圧の勾配によって起こると考えられる。このときブラウン粒子がなんらかの外力 f によって運動しているとすると、浸透圧の勾配 $\partial\Pi / \partial x$ と密度 n の粒子に対する f の合力が釣り合う。簡単のために三次元の x 方向のみを考えると次式が成り立つ。

$$\frac{\partial \Pi}{\partial x} = nf \tag{4}$$

式（3）と（4）より外力 f の表式として次式が得られる。

$$f = \frac{k_{\mathrm{B}}T}{n}\frac{\partial n}{\partial x} \tag{5}$$

流体力学から求めた外力 f

気体や液体などを総称して流体という。水中の方が空気中よりも動きにくいのは、水中の方が粘性抵抗が高いためである。粘性抵抗は物体の形状にも依存するが、流体そのものの粘り気の目安すなわち**粘性率**に比例する。球状の物体についてはストークス（Stokes）の法則が知られており、粘性率 η の流体中を半径 a の球が外力 f によって一定速度 v で運動しているとき次式が成り立つ。

$$v = \frac{f}{6\pi\eta a} \tag{6}$$

一方、溶質の濃度 c あるいは数密度 n が場所によって異なるとき溶質の拡散が起こる（図１）。単位面積を通って単位時間に拡散する溶質粒子の個数を J とすると、三次元の x 軸方向について次式が成り立つ。

$$J = -D\frac{\partial n}{\partial x} \tag{7}$$

すなわち拡散する粒子の流れは数密度の勾配に比例し、その比例係数 D を**拡散係数**という。また、負号は拡散が密度の高い方から低い方に起こることを表している。これがフィック（Fick）の（第１）法則である。

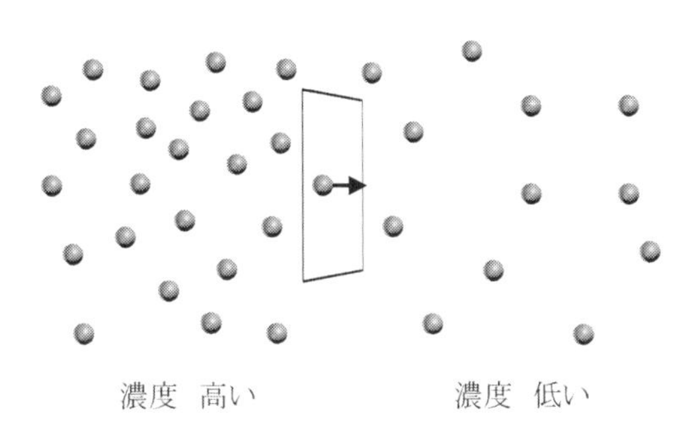

図１　溶質あるいはブラウン粒子の拡散

アインシュタインはブラウン粒子にも式（6)、（7）が適用できると仮定した。ブラウン粒子は拡散によっても移動するし、何らかの外力 f によっても移動する。しかし、平均として濃度勾配が変化しなくなる定常状態では、両者を合わせた流れが全体としてはゼロになるので、

$$nv + J = 0 \tag{8}$$

$$\frac{nf}{6\pi\eta a} - D\frac{\partial n}{\partial x} = 0 \tag{9}$$

とした。

アインシュタインの関係式

アインシュタインは、式（5）の f と式（9）の f が等しいと仮定して次式を得た。

$$\left(\frac{k_{\mathrm{B}}T}{6\pi\eta a} - D\right)\frac{\partial n}{\partial x} = 0 \tag{10}$$

これが $\partial n / \partial x \neq 0$ でも常に成り立つためには、

$$D = \frac{k_{\mathrm{B}}T}{6\pi\eta a} = \frac{RT}{6\pi N_{\mathrm{A}}\eta a} \tag{11}$$

でなければならない。これがアインシュタインの関係式である。D はブラウン粒子の拡散のしやすさに対応している。D は、18.2.1 節で述べたブラウン運動の特徴のうち、n を含まないので（3）を、T が分子に、η と a が分母にあるので（4）-（6）をそれぞれ再現していることがわかる。

拡散係数 D と平均二乗変位 σ^2

さらに、アインシュタインは上記の理論と実際の現象を結びつける微分方程式を導いた。すなわち、ある時刻 t、ある位置 x にあるブラウン粒子の存在確率密度 $f(x, t)$ は、次の**拡散微分方程式**を満たす。

$$\frac{\partial f}{\partial t} = D\frac{\partial^2 f}{\partial x^2} \tag{12}$$

この式の左辺は点 x におけるブラウン粒子の濃度の時間変化を表している。一方、右辺は f の x 方向の勾配 $\partial f / \partial x$ すなわち濃度勾配の変化率を表している。ブラウン粒子は濃度勾配に比例して、濃い側から x に流れ込み薄い側から流れ出す。濃度勾配が両側で等しければ（$\partial^2 f / \partial x^2 = 0$）流入量と流出量が等しいので、$x$ における濃度は変化しない（$\partial f / \partial t = 0$）。しかし、濃度勾配が x の両側で異なるとき（$\partial^2 f / \partial x^2 \neq 0$）、$f$ は時間変化する（$\partial f / \partial t \neq 0$）。$D$ は両者を結びつける比例係数である。

式（12）を、時刻ゼロでは原点以外の場所で存在確率がゼロ、

$$t = 0,\ x \neq 0 \text{で、} f(x,\ t) = 0 \tag{13}$$

という条件および任意の時刻で全領域の積分値が 1 に規格化されている、

$$\int_{-\infty}^{+\infty} f(x,\ t)dx = 1 \tag{14}$$

という条件の下に解くと解として次式が得られる。

$$f(x,\ t) = \frac{1}{(4\pi Dt)^{1/2}} \exp\left(-\frac{x^2}{4Dt}\right) \tag{15}$$

式（15）が解になっていることは、偏微分方程式（12）の左辺と右辺にそれぞれ代入することで確かめられる。

式（15）は、ある時刻 t を指定したときに正規分布と同じ形をしている。

$$f(x) = \frac{1}{(2\pi)^{1/2}\sigma} \exp\left(-\frac{x^2}{2\sigma^2}\right) \tag{16}$$

この分布関数はガウス（Gauss）分布とも呼ばれ、測定誤差が偶然誤差（18.4.1 節参照）に支配されるときに、多数回の測定結果の値の分布が従うことで知られている。実際に、

$$\text{一次元の場合}\quad \sigma^2 = 2Dt \tag{17}$$

とおいて式（16）に代入すると式（15）が得られる。また、無数のブラウン粒子が位置 $x = 0$ の近傍から拡散したときの時刻 t における分布もこの形になる。

さらに、この議論は二次元にも拡張でき、その場合は、

$$\text{二次元の場合}\quad \sigma^2 = 4Dt \tag{18}$$

となることが示される。本テーマの実験結果の解析にはこの式を用いる。

18. 2. 3.　ペランの実験

アインシュタインは1905年の論文を書いた時点ではブラウン運動のことは知らず、流体が分子でできているならば、流体中の微粒子がどのように振る舞うかを理論的に予測しただけだった。ブラウン運動とアインシュタインの理論を結びつけ、精密な実験によって両者が一致すること､すなわち原子•分子の存在の確固たる証明を行ったのはペラン（Jean Baptiste Perrin）である。早くも1908年に論文を公表し､その業績によって1926年のノーベル物理学賞を受賞した。

ペランは先ず、大きさが均一のコロイド粒子の水溶液を作成した。試行錯誤の末、植物乳液を乾かして得られる樹脂をアルコール処理するとガラス状微粒子が得られることを見いだした。これらを遠心分離機にかけると均一な大きさの粒子を取り出すことができる。

アインシュタインの理論には２つの大きな仮定があった。１つめはブラウン粒子のような「小さな」粒子に対しても、マクロな球形物体に対するストークスの法則が成り立つとしたこと、２つめはブラウン粒子のように「大きな」粒子に対して、水溶液の溶質（分子やイオン）に対するファントホッフの法則が成り立つとしたことである。

ペランは作成した粒子の体積と質量を精密に測定することで密度を決定した。次いで、液体中での落下速度を調べた。ストークスの法則の式（6）の外力 f が液体中で粒子に働く重力と浮力の合力であるとしたときに、ブラウン粒子の沈む速さを調べたところ、ブラ

ウン粒子のような「小さい粒子」にもストークスの法則が成り立つことがわかった。

次いでペランは、液体中に分散させたブラウン粒子が気体分子と同様に振る舞うかどうかを調べた。実験としては、液体中のブラウン粒子が同じ高さの単位面積内に含まれる数（密度）が高さによってどのように変わるかを測定した。地上から鉛直に立てた円筒内に空気などの気体を閉じ込めると、その圧力は上に行くほど等比級数的に低くなる（= 気体分子の密度が低くなる）。これは下の気体は上の気体の重量を支えているからである。また、その減少の割合は気体分子の質量が大きいほど顕著である。ペランは、液体中のブラウン粒子が気体分子と同様に重力に対して鉛直上向きに数密度の分布を持つことを顕微鏡観察によって明らかにした。ブラウン粒子は気体分子よりも何桁も質量が大きいので、数10 μmごとに密度が半減すると予想されるが、観察結果はこれとよく合い、ブラウン粒子のように「大きな粒子」も気体分子と同様に振る舞うこと、すなわち浸透圧に関するファントホッフの法則が適用できることを示した。

アインシュタインの２つの仮定がブラウン粒子について成り立つことを示した後に、ペランはブラウン粒子の位置が時間によってどのように変化するかを測定した。本テーマの観察実験で行うのはこの部分である。ペランは顕微鏡で特定のブラウン粒子の位置を30 sごとに記録し、これを多数の粒子について繰り返した。時刻 $t = 0$ における各粒子の位置を $x = 0$ とすると、同じ時間が経ったとき、例えば $t = 90$ s のときの多数の粒子の x の値から、平均値 $\bar{x}$ や標準偏差 σ を計算することができる。さらに、式（17）より拡散係数 D を決定し、最後にアインシュタインの関係式（11）を用いてアボガドロ定数 N_A を決定した。

ペランは、粒子の種類・体積・質量、流体の種類、温度などを変化させても、ブラウン運動の観察によって得られた N_A が、他の実験で得られた値（現在では $N_A = 6.02\times10^{23}\,\mathrm{mol}^{-1}$ として知られる）とよく一致することを示した。条件を変化させてもほぼ同じ N_A が得られたことは、アインシュタインの理論の正しさ、すなわち流体が分子でできており、その当然の帰結として1 μm 程度のスケールではゆらぎが観測されることを証明したのである。

18.2.4.　観察実験

試料

ポリビーズ（ポリスチレン球状試料）の懸濁液（ポリサイエンス, Polybead Microspheres, c 直径約 0.5 μm、平均値と標準偏差は実験開始前に与えられるので記録しておく。）

実験機材

デジタルマイクロスコープ（キーエンス、本体 VH-5500、高解像度ズームレンズ（500–5000 倍）VH-Z500R、耐振・高倍率観察システム VH-S5）

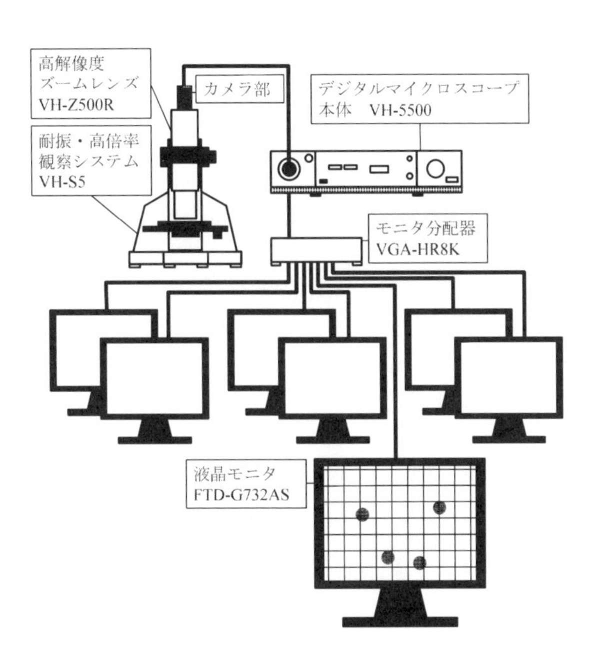

図２　観察機器の構成

液晶モニタ（17インチ、SXGA（1280×1024））、VGAケーブル、モニタ分配器（サンワサプライ、VGA-HR8K）、ストップウォッチ

消耗品

スライドガラス、カバーガラス、マニキュア、目盛り記入済みOHP用シート、記録用OHPペン

実験方法

（１） 試料の準備

（ａ）スライドガラスにポリビーズが分散した水を１滴垂らす。

（ｂ）カバーガラスをかぶせる。

（ｃ）カバーガラスの縁からあふれた水はキムワイプなどで吸い取る。

（ｄ）カバーガラスの縁をマニキュアで密封し、水の蒸発を抑える。

（ｅ）マニキュアが乾くまで待つ。

（２） 観察の準備

（ａ）デジタルマイクロスコープのカメラ部と本体を接続する。

（ｂ）デジタルマイクロスコープの本体のモニタ出力をモニタ分配器の入力に接続する。

（ｃ）モニタ分配器の出力を液晶モニタの入力に接続する。

（ｄ）デジタルマイクロスコープの電源をONにする。

（ｅ）試料を耐振・高倍率観察システムに設置し、照明を調整する。

（f）デジタルマイクロスコープの倍率を2000倍にする。

（g）デジタルマイクロスコープのピントを調節する。（**注意　マニキュアがズームレンズに付着しないように、レンズを一旦カバーガラス近くまで移動してから、離れる方向に調節すること。**）

（h）ポリビーズ粒子がブラウン運動をしているかどうか確認する。一方向への水の流れがある場合は、それが止まるまで待つ。止まらない場合はマニキュアによるカバーが不完全なのでやり直す。

（i）必要ならエアコンを止めるなどして、ブラウン運動のみが観察されるように工夫する。

（3）　変位の測定

（a）室温を記録する。

（b）目盛りが印刷されたOHPシート２枚をモニタの画面にセロテープで貼り付ける。

（c）タイムキーパーはストップウォッチで計時を行う。

（d）画面中央付近にある粒子を選ぶ。

（e）時刻０秒におけるある粒子の位置を、OHPシートにペンで記録する。

（f）注目している粒子の位置を時刻300 秒まで、30 秒ごとに記録する。

（g）300 秒まで記録が終わったら、次の粒子について同様の測定を行う。300秒までに粒子が視野外に移動したり、沈んだりするなどして観察できなくなったら初めからやり直す。

（h）OHPシート上の記録が見にくくなったら新しいものに交換する。

（i）０秒での位置を原点からの粒子の変位（x, y）を各時刻について読み取り、表として記録する。（**注意　μm 単位に換算すること。**）

（j）計10個の粒子についての記録が集まったら測定終了。

（k）再び室温を記録する。最初の値と異なっていたら解析には平均値を用いる。

（l）結果の表をコピーしてグループ内で共有する。グラフは自分で作成する。

18. 3.　ランダムウォーク

ランダムウォーク（random walk）は直訳すると「でたらめな歩み」という意味だが、学術用語として**酔歩**という正式な訳が存在する。要するに「酔っ払いの千鳥足」のイメージなのだが、数理物理的にはもっと厳密にモデル化され、様々な特徴が数学・統計学的に証明されている。ここでは最も簡単な対称単純ランダムウォークについて述べる。本節では［1］に加えて［2］も参考にした。

18. 3. 1.　対称単純ランダムウォーク

ブラウン運動が光学顕微鏡で観察できる実在系の現象だったのに対して、ランダムウォークは仮想的なモデルである。単純ランダムウォークでは、一定の間隔を持つ格子点間を、大きさも相互作用もない粒子が一定時間間隔ごとにランダムな確率で移動する。隣の格子点に移る確率が同じ場合を対称単純ランダムウォークという。以下これを単にランダムウォークと称する。

一般に N 次元格子では、ある点の最隣接点は $2N$ 個ある。そのうちの 1 個にランダムな確率で移動し、これを n 回繰り返すときの運動をランダムウォークという。1 次元では、時刻 $t=0$ で原点にいた粒子が、$t=1$ では $x=\pm 1$ の点にそれぞれ 1/2 の確率で移動する（図 3（a））。$t=2$ でも両隣の点 x に 1/2 ずつの確率で移動しこれを繰り返していく。2 次元では、任意の点の周りに x 方向と y 方向合わせて 4 個の最隣接点があり、それぞれに 1/4 の確率で移動しこれを繰り返していく（図 3（b））。3 次元以上も同様である。

18. 3. 2.　1 次元ランダムウォーク

図 4 に 1 次元ランダムウォークの例を時刻 $t=0$ から $t=30$ まで示す。各粒子は原点から出発して、t が 1 増えるごとに（1 歩進むごとに）x 軸に沿って $+1$ あるいは -1 にそれぞれ 1/2 の確率で移動する。図は各粒子の位置 x を t に対してプロットしたものである。実に単純なモデルであるがこれから様々な性質が導き出せる。

次にある時刻 $t=n$ に粒子が $x=m$ の場所にいる確率 $p(m, n)$ を求めよう。全歩数が n であり、+方向へ合計 r 歩進んだとすると、− 方向へは合計 $n-r$ 歩進んだことになる。その差が $m=2r-n$ であり、r について解けば $r=(n+m)/2$ である。合計 n 歩のうち + 方向に r 歩進む組み合わせは ${}_nC_r$ だけ存在する。各組み合わせが実現する確率はそれぞれ $(1/2)^n$ なので、n 歩移動した後で $x=m$ にいる確率は次式で表される。

$$p(m,\ n) = {}_nC_r\left(\frac{1}{2}\right)^n = {}_nC_{(n+m)/2}\left(\frac{1}{2}\right)^n \tag{19}$$

$p(m, n)$ の性質として、先ず時刻 $t=n=0$ の初期条件があげられる。

$$p(0,\ 0)=1,\ \ p(m,\ 0)=0\ (m\neq 0) \tag{20}$$

すなわち粒子は $t=0$ では必ず原点 $x=0$ にあり、$x=m\neq 0$ にはない。

次に、$(n+1)$ 歩移動したときに粒子が $x=m$ にある確率 $p(m, n+1)$ を考える。これが実現するのは、n 歩目に $m-1$ にあって $n+1$ 歩目に + 方向に進むか、n 歩目に $m+1$ にあって $n+1$ 歩目に − 方向に進む場合しかないので次の漸化式（差分方程式）が成り立つ。

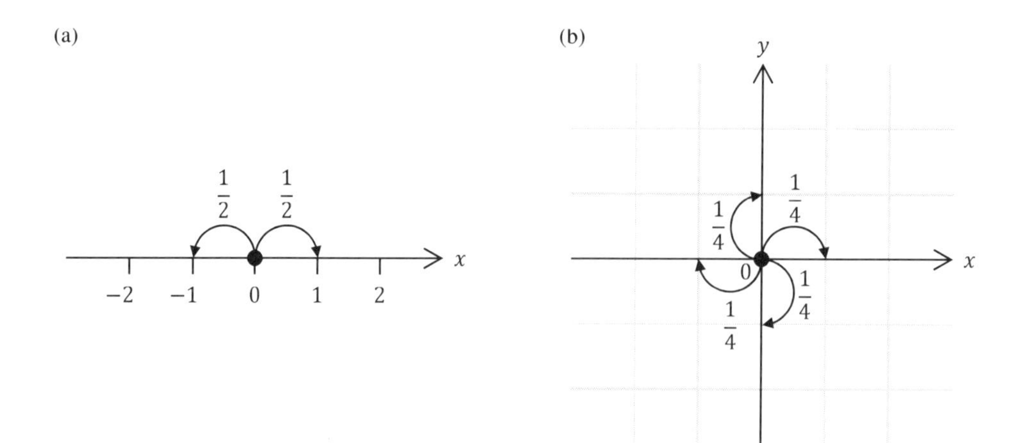

図3　(a) 1次元および、(b) 2次元のランダムウォーク模型

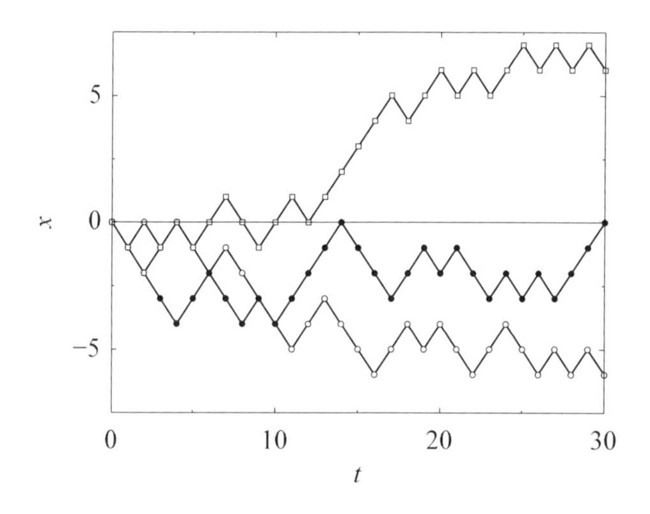

図4　1次元ランダムウォークの例。粒子3個についての結果

$$p(m,\ n+1)=\frac{1}{2}p(m-1,\ n)+\frac{1}{2}p(m+1,\ n) \tag{21}$$

より一般的に、歩幅を1から Δx に、時間間隔も1から Δt に置き換えると、式（21）は次のように x と t を使って書き直すことができる。

$$p(x,\ t+\Delta t)=\frac{1}{2}p(x-\Delta x,\ t)+\frac{1}{2}p(x+\Delta x,\ t) \tag{22}$$

すなわち、各時刻 t の各点 x における粒子の存在確率 $p(m,\ n)$ は、$t=0$ から順次計算できる。そして実際に計算すると、t が大きくなるにつれてその確率分布が正規分布に近づくことがわかる。

さらに左辺を x について、右辺を t についてテイラー（Taylor）展開してから共に Δt で割ると次式が得られる。

$$\frac{\partial p(x,\ t)}{\partial t} = \frac{(\Delta x)^2}{2\Delta t}\frac{\partial p^2(x,\ t)}{\partial x^2} \tag{23}$$

ここで右辺の係数を $D = (\Delta x)^2/(2\Delta t)$ とおけば、式（24）は

$$\frac{\partial p(x,\ t)}{\partial t} = D\frac{\partial p^2(x,\ t)}{\partial x^2} \tag{24}$$

となり、アインシュタインが導いた拡散微分方程式（12）と同じ形になる。

ところで、粒子が $n = t/\Delta t$ 歩進んだ時刻 t における移動距離を $X(t)$ とすると、今これは i 番目の各 1 歩の移動距離 $\Delta x_i = \pm|\Delta x|$ の積み重ねなので、

$$X(t) = \sum_{i=1}^{n} \Delta x_i \tag{25}$$

と書ける。一歩の平均移動距離 $\langle \Delta x_i \rangle$ は ＋ と － の移動確率が等しいのでゼロである。したがって、

$$\langle \Delta x_i \rangle = \frac{1}{2}(+|\Delta x|) + \frac{1}{2}(-|\Delta x|) = 0 \tag{26}$$

$$\langle X(t) \rangle = \sum_{i=1}^{n} \langle \Delta x_i \rangle = 0 \tag{27}$$

である。

しかし、これは平均なので各粒子が中心付近に留まることを意味しない。それを示すために次に移動距離の二乗の平均 $\left\langle (X(t))^2 \right\rangle$ を計算してみると、

$$\begin{aligned}
\left\langle (X(t))^2 \right\rangle &= \langle (\Delta x_1 + \Delta x_2 + \cdots + \Delta x_n)(\Delta x_1 + \Delta x_2 + \cdots + \Delta x_n) \rangle \\
&= \sum_{i=1}^{n} (\Delta x_i)^2 + \sum_{i \neq j} \langle \Delta x_i \Delta x_j \rangle \\
&= n(\Delta x)^2 \quad (\because \langle \Delta x_i \Delta x_j \rangle = \langle \Delta x_i \rangle \langle \Delta x_j \rangle = 0) \\
&= \frac{t}{\Delta t}(\Delta x)^2
\end{aligned} \tag{28}$$

のように有限であり、時刻 t に比例して大きくなることが示される。

ここで、「平均」は十分大きい N 個の粒子について計算していると考えられるので、

$$\left\langle (X(t))^2 \right\rangle = \frac{\sum_{k=1}^{N} (X_k(t))^2}{N} = \frac{\sum_{k=1}^{N} \left(X_k(t) - \underbrace{\langle X(t) \rangle}_{=0} \right)^2}{N} \equiv \sigma^2 \tag{29}$$

と変形でき、定義より時刻 $t = n\Delta t$ における多数の粒子の変位の分散に等しい。

さらに $D=(\Delta x)^2/(2\Delta t)$ とおいたことを思い出すと、

$$\sigma^2 = \frac{t}{\Delta t}(\Delta x)^2 = 2t\frac{(\Delta x)^2}{2\Delta t} = 2Dt \qquad (30)$$

が得られ、式（17）と一致することがわかる。すなわち、ランダムウォークの微小時間の極限がブラウン運動を初めとした拡散のよいモデルとなっていることが導かれる。

18.3.3.　シミュレーション

この計算実験では、前節で確率論的に得られた結果が、有限個の粒子が有限の歩数だけ移動したときにどの程度成り立つのかを観察によって明らかにする。ランダムウォークを実現するためにはサイコロを振るなどランダムな事象を利用する必要があり、人間の手で実行すると非常に時間が掛かる。しかし、現在ではプログラミング言語に含まれる疑似乱数関数（非常に長周期の周期関数だが実用的にはランダムだとみなせる関数）を利用することで、高速に試行することができる。疑似乱数関数は数学や科学の計算だけでなく、ゲームや銀行振込のワンタイムパスワードなどでも利用されており、実は身近で重要な道具である。

（1）　パソコン（PC）とソフトの起動

（a）PCとモニタの電源スイッチをオンにする。

（b）Windows 10が自動的に起動する。

（c）ログオンする。ユーザー名とパスワードを指示に従って入力する。

（d）ブラウザを使って次のサイトにアクセスする。

http://e.sci.osaka-cu.ac.jp/yoshino/download/rw/

（2）　1次元

（a）「Type」の項目から「Fixed steps（|step|=1）on a lattice」（単純対称ランダムウォーク）を選択する。

（b）粒子100個が100歩（100回）のランダムウォークを行うため、「Number of particles」、「Number of steps」共に「100」を選択する。

（c）「Walk 1D」ボタンをクリックすると計算が始まり、グラフが描画される（図5）。このシミュレーションでは、大きさのない仮想的な粒子が x 軸の原点から拡散していく。

（d）続いて「Variance」（分散）ボタンをクリックすると、原点からの変位の二乗 x^2 の時間発展が小さい点でプロットされる（図6）。横軸が時刻 t、縦軸が x^2 である。大きい丸は x^2 の分散 σ^2 である（式（29）。さらに、$\sigma^2=at$ を仮定して最小二乗直線をフィットした結果が赤い直線で示され（18.4.2 節）、係数 a が左上に表示される。時刻が後になるほど小さい点の分布が広がるのに対応して、大きい丸も x 軸から離れて行く。σ^2 が t に比例して見えることは、式

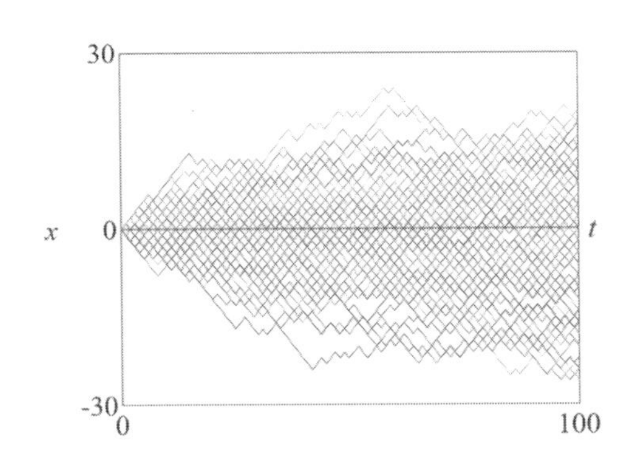

図5　１次元のランダムウォーク。粒子数100、ステップ数100の場合

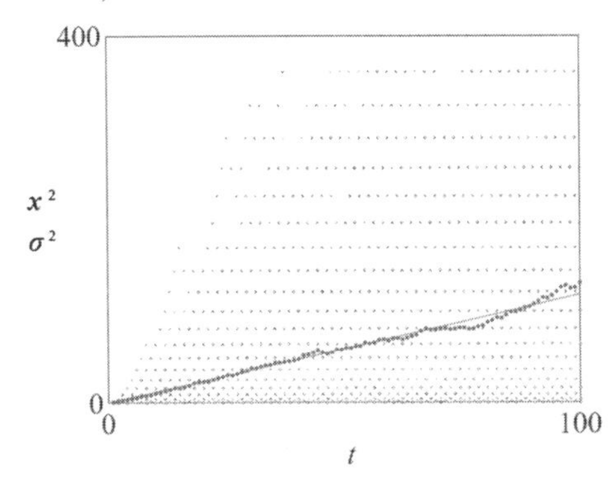

図6　シミュレーション結果に基づく分散と時間の比例係数の計算

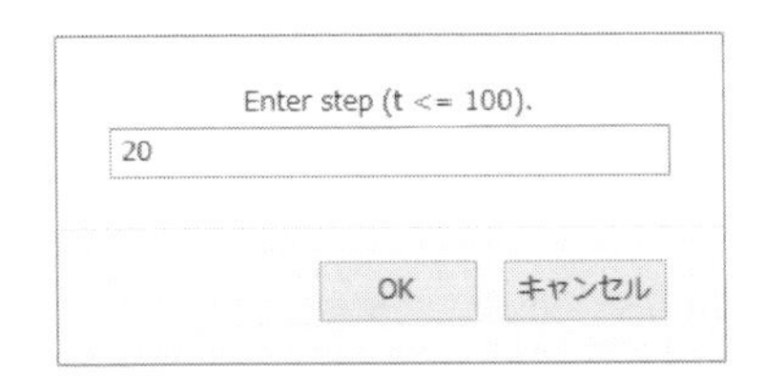

図7　時刻（ステップ数）を入力するダイアログ・ウィンドウ

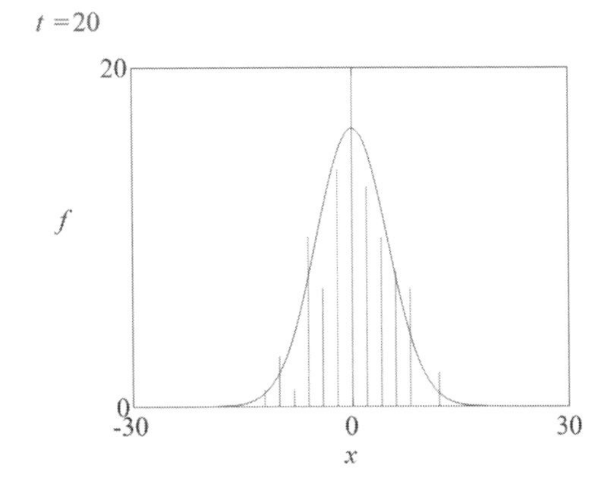

図8　粒子数100のランダムウォーク・シミュレーションの $t = 20$ における分布（赤い棒グラフ）と分散と時間の比例係数 a から計算した正規分布（実線）の比較

（30）との対応を表しており、粒子の拡散過程がランダムであることを意味している。

（e）「Variance」を実行すると、「Distribution」（分布）が実行可能になる。このボタンをクリックすると、図７のようなダイアログが表示される。ここで、最初に行ったランダムウォークの最大歩数（ここでは100歩）までの整数（時刻 t に相当、例 20）を入力して、「OK」ボタンをクリックすると、図８のようなグラフが表示される。横軸は x、縦軸は度数で、時刻 $t = 20$ での粒子の x 軸上での度数分布が示される。実線の曲線は、前項で計算した a からこの時刻での σ^2 を計算し、これを使って正規分布曲線を描画したものである。粒子数

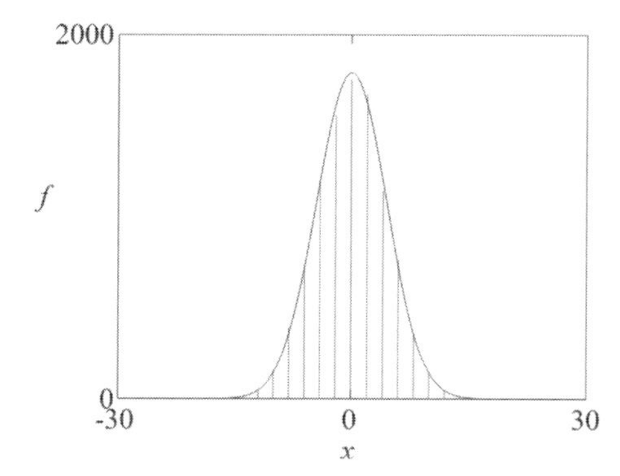

図9　粒子数1000のランダムウォーク・シミュレーションの $t=20$ における分布

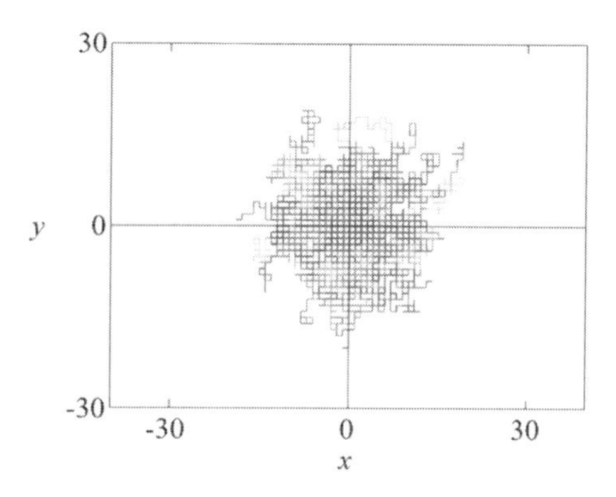

図10　2次元のランダムウォーク・シミュレーション

が100個の場合は、正規分布との対応が明確ではないが、例えば粒子数を増やして10000個などにすると、図9のように正規分布と実際の分布がよい対応を示すことが確認できる。

（3）　2次元

（a）「Walk 2D」ボタンをクリックすると、同様の計算を2次元の場合について行うことができる（図10）。横軸は x、縦軸は y を表し、粒子が時刻と共に $x=0$、$y=0$ から分散していく様子を観察することができる。各粒子の軌跡は折れ線で表示される。

（b）1次元の場合と同様に「Variance」ボタンをクリックすると、グラフが描画されるが、2次元では $r^2=x^2+y^2$ の時間発展が表示される。σ^2 についても同様。

（c）「Distribution」ボタンをクリックすると、粒子の x 座標に注目した各時刻 t での分布と正規分布を比較することができる。

18. 4.　統計処理

本節では実験結果の解析に必要な統計処理について簡単にまとめる。

18. 4. 1.　標準偏差と標準誤差

系統誤差と偶然誤差

我々が測定を行うとき、真の値が存在することを仮定している。しかし、実際の測定値は真の値と厳密に一致することはない。このとき、真の値と測定値の差を誤差という。一般に誤差には**系統誤差**と**偶然誤差**がある。

例えば、ある物体の重量をバネばかりで測定することを考える。物体がわずかに振動したり、バネばかりの目盛りの読み方が最小桁でゆらいだりすると、重量はある値の周りに散らばって観測されるだろう。また、もしもバネばかりのゼロ点がずれていたら、「ある値」は真の値から常にずれて観測されるだろう。

この「ある値」と真の値の差を系統誤差という。系統誤差は原因が特定できれば取り除くことができる。今の場合はゼロ点較正をすればよい。系統誤差が小さいとき「測定の**確度**が高い」という。

一方、ある値と個々の測定値の差を偶然誤差という。偶然誤差も努力によって軽減することはできるが完全に取り除くことはできない。

平均値と標準偏差

以下では系統誤差は取り除いてあり、偶然誤差のみがあると考える。今、ある物理量 x を N 回測定して N 個の測定値の組、

$$\{x_1,\ x_2,\ \cdots,\ x_{N-1},\ x_N\}$$

を得たとする。これらの個々の測定値と真の値 X との差は、偶然誤差の大きい測定では大きく、小さい測定では小さくなるだろう。後者を「**精度**の高い測定」という。精度の目安が**標準偏差** σ_x であり、N が大きい場合は次式で定義される。

$$\sigma_x \equiv \sqrt{\frac{1}{N}\sum_{i=1}^{N}(x_i - X)^2} \tag{31}$$

x_i は X より大きいこともあれば小さいこともあるので、$x_i - X$ の平均を計算するとゼロに近い値となってしまうが、$(x_i - X)^2 \geq 0$ の平均を計算すれば測定値の広がりの程度を 1 つの値で表すことができる。

実際には X を知ることはできないので、σ_x を計算するためには、X を次式で定義する平均値 $\overline{x}$ で置き換える必要があり、

$$\overline{x} = \frac{1}{N}\sum_{i=1}^{N} x_i \tag{32}$$

σ_x は次式で計算される。

$$\sigma_x = \sqrt{\frac{1}{N-1}\sum_{i=1}^{N}(x_i - \overline{x})^2} \tag{33}$$

これを**標本標準偏差**という。

式 (33) において N の代わりに $N-1$ で割っていることは次のように理解する [3]。限られた個数の測定では、式 (31) において $X = \overline{x}$ としたときに最小になるが、実際は $X \neq \overline{x}$ なので、「真の標準偏差」はこれよりも常に大きい。これを補正するために N より小さい値である $N-1$ で割るのである。あるいは、$\overline{x}$ を用いる場合は、その計算の

ために測定結果の情報を1度使用しているからNを1減らして$N-1$で割る、と考えることもできる。極端な例として$N=1$のとき、x_1がXからどれだけ離れているかを知ることはできない。$N-1=0$で割るということは、σが定義できないことと対応している。

標準誤差

物理量xの真の値Xの最良の推定値として、通常我々は平均値$\overline{x}$を用いる。しかし、たった3回の測定で得られた平均値と、10回、100回、…、100万回の測定で得られた平均値では、信頼性が異なることが経験的にも直感的にもわかる。これは別の表現をすると、測定回数を増やすと**平均値の誤差**が小さくなる、ということもできる。平均値の誤差を**標準誤差**$\sigma_{\overline{x}}$と呼び次式で表す［3］。

$$\sigma_{\overline{x}} = \frac{\sigma_x}{\sqrt{N}} \tag{34}$$

標準偏差σ_xは個々の測定値のばらつきの程度を表し、標準誤差$\sigma_{\overline{x}}$は平均値のばらつきの程度を表す。したがって、σ_xはNを大きくしても基本的には変化しないが、$\sigma_{\overline{x}}$はNを大きくすると小さくなる。Xの最良推定値を誤差も含めて書き下すと次のようになる。

$$\overline{x} \pm \sigma_{\overline{x}} \tag{35}$$

$\sigma_{\overline{x}}$を1/10にするためには、測定回数を100倍にしなければならない。また、$\overline{x}$の数値を$\sigma_{\overline{x}}$より下の桁まで表記することは適切ではない。例えば長さの測定で$\sigma_{\overline{x}}=0.7$ mであれば、決定した推定値は、

誤（56.35 ± 0.7）m

ではなく、

正（56.4 ± 0.7）m

のように表記するべきである。

18.4.2.　最小二乗法

直線のあてはめ

ファントホッフの法則（式（1））のΠとTや、ストークスの法則（式（6））のVとfのように、比例関係で表される法則は多数ある。また、なんとなく直線的に変化するグラフの平均的な傾きを知りたいこともある。例えば、図11に示す世界の年平均気温の推移であれば、毎年何℃の割合で上昇するのかがわかれば将来の予測に使えるだろう。このようなときに、グラフに定規を当ててもっともらしい直線を引き、その傾きaを読み取ることもできるがそれでは再現性に乏しい。誰もが同じaを見積もることができる方法として、しばしば**最小二乗法**（最小自乗法）が使われる。

以下、ある物理量xに対してほぼ直線的に変化する物理量yに、一次関数$y=ax+b$をあてはめる（フィットする）ことを考える。今N個の測定値の組$\{x_i, y_i\}=(x_1, y_1)$,

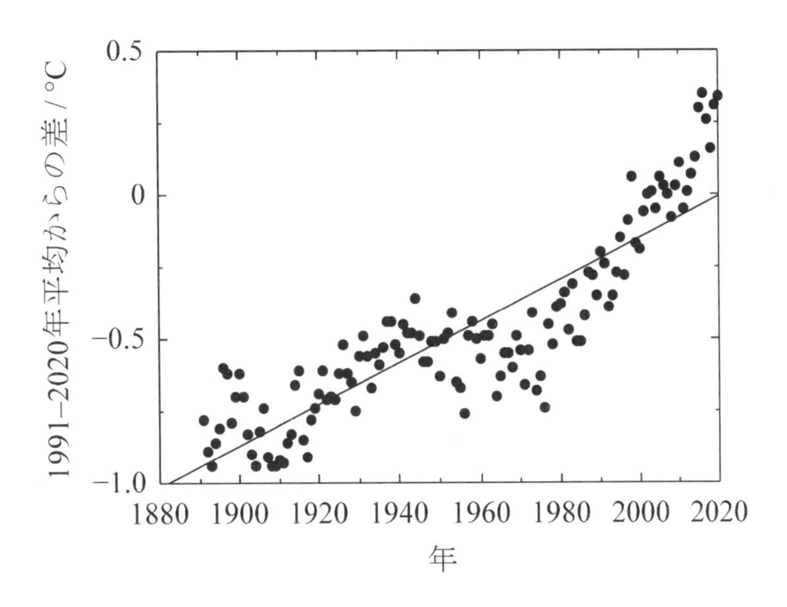

図11　世界の年平均気温の1991–2020年平均からの偏差

(x_2, y_2), ⋯, (x_N, y_N) があるとする。これらの測定値に最もよく合う直線の式、

$$y(x) = ax + b \tag{36}$$

の定数 a、b を決定するために、各点と直線の差、

$$\Delta y_i = y(x_i) - y_i \tag{37}$$

の二乗の和、

$$S = \sum_{i=1}^{N} (\Delta y_i)^2 = \sum_{i=1}^{N} (y(x_i) - y_i)^2 = \sum_{i=1}^{N} ((ax_i + b) - y_i)^2 \tag{38}$$

を最小にすることを考える。S を極小にするためには、次の条件を満たす a と b を探せばよい。

$$\frac{\partial S}{\partial a} = 0, \quad \frac{\partial S}{\partial b} = 0 \tag{39}$$

これを最小二乗条件という。a、b それぞれに対する S の偏微分を計算すると、a と b についての連立方程式が得られる。

$$\begin{cases} a\sum x_i^2 + b\sum x_i - \sum x_i y_i = 0 \\ a\sum x_i + bN - \sum y_i = 0 \end{cases} \tag{40}$$

a、b 以外は測定値の何らかの和なので、a と b について方程式を解くと次の解が得られる。

$$a = \frac{-\sum x_i \sum y_i + N \sum x_i y_i}{D} \tag{41}$$

$$b = \frac{\sum x_i^2 \sum y_i - \sum x_i \sum x_i y_i}{D} \tag{42}$$

$$D = N \sum x_i^2 - \left(\sum x_i\right)^2 \tag{43}$$

図11のグラフの横軸を x、縦軸を y としてこの結果を適用すると、有効数字２桁では $a = 7.2 \times 10^{-3}$ ℃/年、$b = -15$ ℃となる。図中の直線はこれらを用いて描いた。係数の単位に注意すること。このようにして得られた直線を**最小二乗直線**あるいは**回帰直線**と呼ぶ。

最小二乗法は一次関数以外にも適用できる。切片のない比例の式 $y = ax$ の場合は、パラメータが１つなので方程式は１つである。二次関数 $y = ax^2 + bx + c$ ではパラメータが３個なので、三元連立一次方程式を解けばよい。ただし、測定点の個数に注意すること。決めなければならない係数の数と同じだけの測定点しかない場合は、普通に方程式を解くだけで一意に解が決まってしまう。二次関数であれば未知の係数は a、b、c の３個なので、４個以上の測定点がなければ最小二乗法を適用することはできない。

直線状に変化する測定値とパラメータのばらつき

18.4.1 節では、同じ条件で多数回測定した物理量 x の測定値の標準偏差 σ_x と平均値の誤差（標準誤差、$\sigma_{\bar{x}}$ ）を計算した。上記の直線のあてはめの例では x の変化と共に y が変化するが、このとき y のばらつきの程度はどのように見積もればよいだろうか。

x のばらつきが非常に小さく y のみがばらついているとみなせる場合は、あてはめた直線 $y = ax + b$ との差、

$$\Delta y_i = y_i - (ax_i + b) \tag{44}$$

を測定値の組

$$\{\Delta y_1,\ \Delta y_2,\ \cdots,\ \Delta y_N\}$$

としてやれば、y_i のばらつきの程度すなわち誤差 σ_y を見積もることができる。すなわち、

$$\sigma_y = \sqrt{\frac{1}{N-2}\sum_{i=1}^{N}(\Delta y_i)^2} = \sqrt{\frac{1}{N-2}\sum_{i=1}^{N}(y_i - ax_i - b)^2} \tag{45}$$

である。ここで、N ではなく $N-2$ で割っているのは、標準誤差の式（33）に現れた $N-1$ と同様に、a と b を計算する際に測定値を使用しているので、この２個のパラメータの分を差し引いたと考えればよい［3］。

また、決定したパラメータ a と b の誤差 σ_a と σ_b は、誤差の伝播を考慮すると式（41）、（42）から次式を導くことができる。（18.6 節参照）

$$\sigma_a = \sigma_y \sqrt{\frac{N}{D}} = \sigma_y \sqrt{\frac{1}{\sum x_i^2 - \left(\sum x_i\right)^2 / N}} \tag{46}$$

$$\sigma_b = \sigma_y \sqrt{\frac{\sum x_i^2}{D}} = \sigma_y \sqrt{\frac{1}{N - \left(\sum x_i\right)^2 / \sum x_i^2}} \tag{47}$$

したがって、a と b の誤差 σ_a と σ_b も、測定値の個数 N を大きくすれば小さくなる。

18.5. 課　題

以下の課題を行い、最後に独自の考察も加えてレポートを作成せよ。データ整理や表やグラフの作成はExcelなどの表計算ソフトを利用して効率よく行うこと。必ず自らの手で行いオリジナルなものを提出すること。字が下手な場合はWord等のワープロソフトや組み版ソフト（LATEX）を使うこと。評価には芸術点が加味される。

（1） 各時刻（t = 30 s, 60 s, ..., 300 s）における各粒子の、t = 0 の位置（$x(0)$, $y(0)$）からの変位

$$(\Delta x, \Delta y) = (x(t) - x(0), y(t) - y(0)) \tag{48}$$

を粒子ごとに各１枚のグラフに記入せよ（例 図12）。目盛りや単位を忘れないこと。

（2） 各粒子の各時刻（t = 30 s, 60 s, ..., 300 s）における t = 0 の位置からの x および y 方向の変位の二乗、

$$x^2(t) = (x(t) - x(0))^2 \tag{49}$$

$$y^2(t) = (y(t) - y(0))^2 \tag{50}$$

および移動距離の二乗、

$$r^2(t) = x^2(t) + y^2(t) \tag{51}$$

さらに各時刻における10個の粒子についての $x^2(t)$、$y^2(t)$、$r^2(t)$ の平均値 $\overline{x^2}$、$\overline{y^2}$、$\overline{r^2}$ をそれぞれ計算し、全てを時刻についての表にまとめよ。

（3） $\overline{x^2}$、$\overline{y^2}$、$\overline{r^2}$ を時刻 t に対してプロットして１つのグラフにまとめよ。（例 図13のプロット）

（4） 課題３の $\overline{x^2}$、$\overline{y^2}$、$\overline{r^2}$ のグラフに $\overline{x^2} = at$、$\overline{y^2} = bt$、$\overline{r^2} = ct$ を当てはめたときの傾き a、b、c を最小二乗法によって計算せよ。ここでは $y = ax + b$ ではなく $y = ax$ をあてはめるので、各自最小自乗条件を求め計算過程も示すこと。表計算ソフト等で直接計算してはいけない。単位を忘れないこと。（例 図13の直線）

（5） 課題４で計算した傾きの直線を課題３のグラフに書き込め。

（6） r^2 の標準誤差を求めよ。単位を忘れないこと。

（7） $\overline{r^2}$ が式（18)、

$$\sigma^2 = 4Dt \text{（二次元の場合）}$$

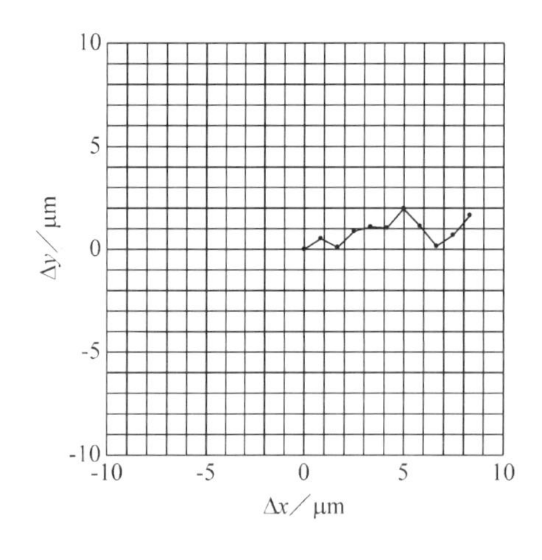

図12　実験結果のグラフ用紙への記入例

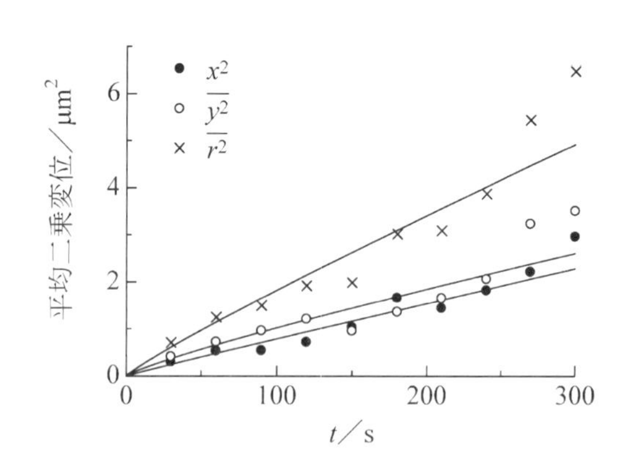

図13　実験結果への直線のあてはめ

の分散 σ^2 と等しいとおいて拡散係数 D を決定せよ。<u>単位を忘れないこと。</u>

（8）　アインシュタインの関係式（11）と課題7で決定した D よりアボガドロ定数 N_A を決定せよ。実験で記録した温度と粒子の直径を用いよ。気体定数は $R = k_B N_A = 8.3\ \mathrm{J\ mol^{-1}}\ K^{-1}$ とする。水の粘性係数 η は文献で調べること。単位の換算（μm = 10^{-6} m等）に注意すること。文献値と桁違いの値が得られたら<u>計算間違い</u>なので、諦めずによく見直すこと。

（9）　2次元のランダムウォーク・シミュレーションを、「歩幅が正規分布し、向きが0から 2π の間でランダムに、10歩動く」、という条件で、粒子数 10、20、50、…、10000、20000、50000、100000 についてそれぞれ10回ずつ実行し、$\sigma^2(t) = at$ の a の表を作成せよ。

（10）　課題9の a のばらつきは粒子数を増やすと小さくなる。式（33）において、各組 10個の a を測定値 x_i、$N = 10$ として a の標本標準偏差 σ_a を粒子数ごとに計算せよ。さらに式（34）において、σ_x を σ_a、N をランダムウォークさせた粒子の数（10–100000）として標準誤差 $\sigma_{\bar{a}}$ を計算せよ。最後に粒子数 N、σ_a および $\sigma_{\bar{a}}$ の表を作製せよ。

（11）　実施した観察実験の条件は、課題9のランダムウォークにおいて「10粒子を10歩動かす」という条件に相当する。課題8の方法で得られる N_A を有効桁数3桁で決定するには、何個以上の粒子数が必要か、課題10の結果を参考に推定せよ。

（12）　課題10からわかるように、課題8で決定した N_A は粒子数が少ないために文献値と比べて2–10倍程度異なることがあり得る。これ以外に観察結果に基づく N_A の値に影響を与える可能性のある、系統誤差および偶然誤差の原因をそれぞれ可能な限り列挙せよ。

(13) ブラウン運動の観察以外に N_A を実験的に決定する方法を２つ調べて、自分と同じ学科の１年生がわかるように解説せよ。

(14) ブラウン運動とランダムウォークの関係について結論せよ。テキストをよく読み、相違点・共通点を比較すること。

18.6. 補　足

式（46）、（47）の誘導

ある量 q が複数の測定量 l、m、n、… から決まり、各測定量に含まれる誤差 δl、δm、δn、… が q の誤差 δq となって現れる。これを**誤算の伝播**という。各測定量の誤差が互いに独立だとすると、δq は次式で与えられる。

$$\delta q = \sqrt{\left(\frac{\partial q}{\partial l}\delta l\right)^2 + \left(\frac{\partial q}{\partial m}\delta m\right)^2 + \left(\frac{\partial q}{\partial n}\delta n\right)^2 + \cdots} \tag{52}$$

また、δq は各測定値の誤差成分の単純な和より大きくなることはない。

$$\delta q \leq \left|\frac{\partial q}{\partial l}\right|\delta l + \left|\frac{\partial q}{\partial m}\right|\delta m + \left|\frac{\partial q}{\partial n}\right|\delta n + \cdots \tag{53}$$

ここで右辺が q の全微分と同様の形になっていることに注意せよ。

式（41）と（42）の a と b をもう一度書いてみる。

$$a = \frac{-\sum x_i \sum y_i + N\sum x_i y_i}{D} \tag{54}$$

$$b = \frac{\sum x_i^2 \sum y_i - \sum x_i \sum x_i y_i}{D} \tag{55}$$

$$D = N\sum x_i^2 - \left(\sum x_i\right)^2 \tag{56}$$

x_i は厳密に与えられて、y_i にのみ誤差が含まれているとする。先ず a を y_i の関数とみなすと、式（52）より、a の誤差 $\delta a = \sigma_a$ は次のように書くことができる。

$$\sigma_a = \sqrt{\left(\frac{\partial a}{\partial y_1}\delta y_1\right)^2 + \left(\frac{\partial a}{\partial y_2}\delta y_2\right)^2 + \left(\frac{\partial a}{\partial y_3}\delta y_3\right)^2 + \cdots} \tag{57}$$

しかし、y_i は全て y の測定値なので $\delta y_1 = \delta y_2 = \delta y_3 = \cdots = \delta y = \sigma_y$ であるから、

$$\sigma_a = \sigma_y\sqrt{\left(\frac{\partial a}{\partial y_1}\right)^2 + \left(\frac{\partial a}{\partial y_2}\right)^2 + \left(\frac{\partial a}{\partial y_3}\right)^2 + \cdots} \tag{58}$$

となる。D が x_i のみを含むことを考慮すると、

$$\frac{\partial a}{\partial y_1} = \frac{1}{D}\left(-\sum x_i + Nx_1\right) \tag{59}$$

$$\left(\frac{\partial a}{\partial y_1}\right)^2 = \frac{1}{D^2}\left(\left(\sum x_i\right)^2 - 2Nx_1\sum x_i + N^2x_1^2\right) \tag{60}$$

$$\left(\frac{\partial a}{\partial y_2}\right)^2 = \frac{1}{D^2}\left(\left(\sum x_i\right)^2 - 2Nx_2\sum x_i + N^2x_2^2\right) \tag{61}$$

$$\left(\frac{\partial a}{\partial y_3}\right)^2 = \frac{1}{D^2}\left(\left(\sum x_i\right)^2 - 2Nx_3\sum x_i + N^2x_3^2\right) \tag{62}$$

などとなるので、

$$\begin{aligned}\sigma_a &= \sigma_y\sqrt{\frac{1}{D^2}\left(N\left(\sum x_i\right)^2 - 2N\left(\sum x_i\right)\left(\sum x_i\right) + N^2\sum x_i^2\right)} \\ &= \frac{\sigma_y}{D}\sqrt{N^2\sum x_i^2 - N\left(\sum x_i\right)^2} \\ &= \frac{\sigma_y}{D}\sqrt{ND} \\ &= \sigma_y\sqrt{\frac{N}{D}}\end{aligned} \tag{63}$$

のように式（46）が得られる。式（47）についても同様である［3］。

参考文献

［1］米沢富美子、「ブラウン運動」（共立出版、1986）.
［2］堂寺知成、「工学基礎 熱力学・統計力学」（数理工学社、2009）.
［3］J. R. Taylor 著、林茂雄、馬場涼訳、「計測における誤差解析入門」（東京化学同人、2000）.

19.　DNA

　ここでは大きく分けて３種類の実験を行う。まず、DNAをヌクレオシドに酵素分解し、核酸塩基の分析を行う。次に、分光学的手法を用いて、DNAをながめていく。すなわち、紫外吸収スペクトル測定により、DNAの二重らせんがほどける過程を追跡し、^{31}P NMR（Nuclear Magnetic Resonance）の測定を行うことで、ヌクレオシドとヌクレオチドの構造上の違い（5'位のリン酸エステルの有無）を観察する。また、制限酵素によって切断したDNAフラグメントのサイズ（塩基対の数）を電気泳動によって推定する。これらの実験を通して、DNAを分子レベルで観ることを学び、さらに生体物質の取り扱い方、いくつかの新しい実験手法について習得することをめざす。

19.1.　はじめに

　生命体は膨大な数の分子から組み上げられている。これらの分子の合成には、酵素と呼ばれるたんぱく質が関わっている。たんぱく質のアミノ酸配列にはデオキシリボ核酸（Deoxyribonucleic Acid; DNA）の塩基配列が対応していることから、DNAは生体内における最も基本的な化学物質と考えられている。1869年にスイスの若い研究者F. Miescherは膿汁に含まれる白血球の核に奇妙なものを見つけた。これがDNAに関する最初の報告である。その後、多くの科学者がDNAの有機化学的な構造を研究し、DNAはリン酸とデオキシリボースという五炭糖とプリンまたはピリミジン誘導体である核酸塩基との3者からなるデオキシリボヌクレオチドを基本単位とし、ヌクレオチドの糖部分がリン酸ジエステル結合で縮重合した長鎖のポリヌクレオシドであることが明らかになった。

ヌクレオシド
=核酸塩基＋糖

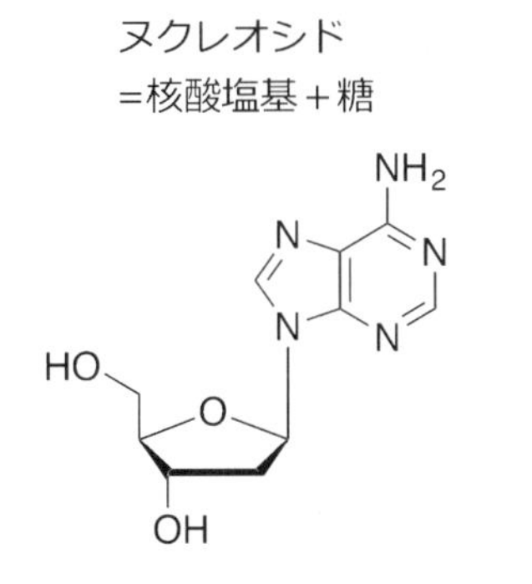

2'-デオキシアデノシン

ヌクレオチド
=核酸塩基＋糖＋リン酸

NH2
N
N
N
N
O
⁻O-P-O
O⁻
O
OH

2'-デオキシアデノシン-5'-リン酸エステル

図19.1

　では、分子全体はどういう立体的な構造をしているのであろうか？この答えは1953年にJ. WatsonとJ. C. Crickによって提案された。ヌクレオチドを3'→5'のリン酸結合でつなげるといくらでも長い分子ができる。これを鎖にたとえると、この鎖には方向性がある。すなわち、5'→3'と3'→5'との２方向である。彼らのモデルによると、DNAは方向性が全く逆の２本の鎖がまるで縄をなうように、二重らせん（double helix）になっている。その巻き方は右巻きで、両方の鎖上の向かい合った塩基がらせんの内側を向いていて、その塩基同士が水素結合で結びついている。

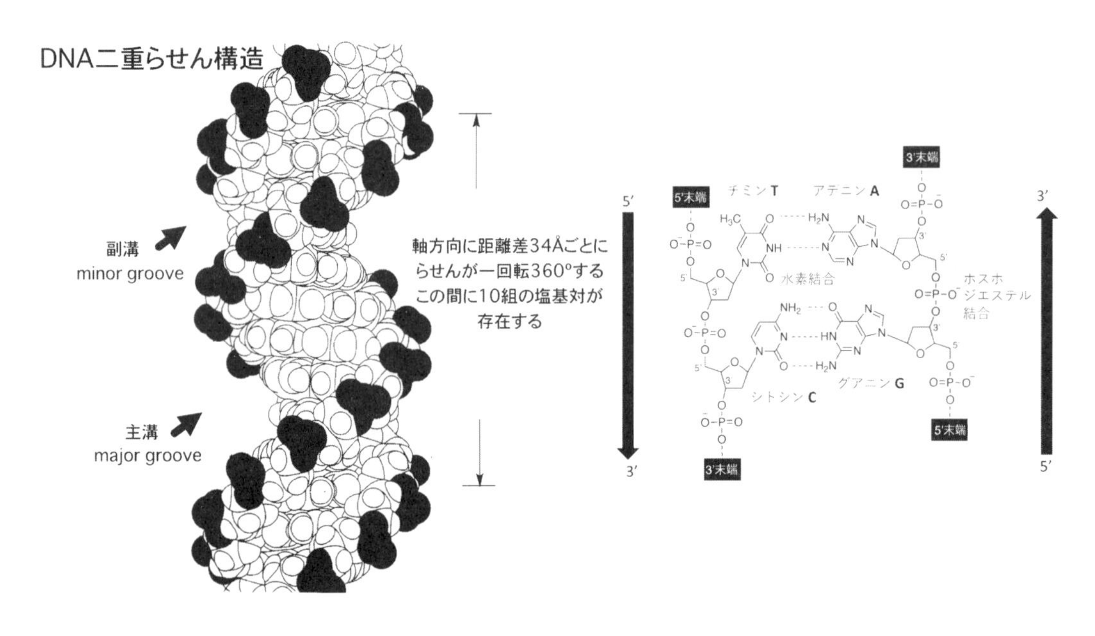

図19. 2

したがって、二重らせんは容易に解けない。この向かい合った塩基を塩基対（base paring）といい、塩基のペア形成にはアデニン（A）に対してチミン（T)、グアニン（G）に対してはシトシン（C）という規則性がある。このようにして2本の相補的（complementary）な鎖が形成されている。A：Tの対では2つの、G：Cの対では3つの水素結合がそれぞれ形成されるため、G：C対の結合力の方がA：T対よりも強い。

19. 2.　HPLCによるDNAの塩基分析

HPLCを用いてDNAの酵素分解物（ヌクレオシド）の定量分析を行う。

カラム：ODS-120T、検出：260 nm、流量：1 mL/min
展開溶媒（10 mM 酢酸アンモニウム（pH 4.4）-15% メタノール）：1 M 酢酸アンモニウム 10 mLとHPLC用メタノール 150 mLとを混ぜ合わせ、水で１Lに定容する。フィルターで濾過後、脱気する。

ヌクレオシド標準溶液：デオキシアデノシン、デオキシグアノシン、デオキシシチジン、チミジンをリン酸緩衝液（pH 6.85）に溶かす。いずれも濃度は0.5 mMとする。
サンプル：サケ精巣製DNAを沸騰水中で10分間保持した後、氷水で急冷し、変性させる。

下のプロトコールにしたがい、エッペンドルフチューブに溶液を加え、酵素による加水分解を行う。

変性サケ精巣製DNA 10 mg/mL	200 μL
10X 反応緩衝液	40 μL
水	160 μL
合計	400 μL

↓ヌクレアーゼS1（1 U/μL）2 μL　3'-5'ホスホジエステル結合を特異的に加水分解する。
↓40℃，overnight
↓遠心分離12,000 rpm, 5 min
digest of nuclease S1
↓上澄み1 μL をHPLCへ（a）

digest of nuclease S1	50 μL
10X CIP	20 μL
水	130 μL
合計	200 μL

↓アルカリ性ホスファターゼ（10 U/μL）1 μL
↓40 ℃，1.5 h
↓遠心分離12,000 rpm, 5 min
↓上澄み2 μLをHPLCへ（b）

HPLCによる分析手順：
1．運転モードを設定する（エア抜き、カラムの接続が必要なときもある）。
　a） ポンプ電源を**ON**にする。ポンプ操作パネルの［**MODE**］スイッチを押し、一般分析（**ISOCRATIC**）を選び、［**ENT**］を押す（運転モードが決定する）。
　b） ポンプの流速を1 mL/minにセットする。まず、［**UP**］スイッチを押し流量設定画面（**FLOW RATE**）を表示する。［**UP**］または［**DOWN**］スイッチを押し、数値を変更する。［**ENT**］スイッチを押すとその数値が受け付けられ、カーソルが右へ移動する。最後の桁に変更がない場合も［ENT］スイッチを押して最後の桁へカーソルを移動し、ここで必ず［ENT］スイッチを押す。

c）［MODE］スイッチを押し、MONITOR画面を表示させる。

d）流路に空気が入っていないことを確認する。［FLOW/STOP］スイッチを押し、送液を開始する（FLOW：流量　mL/min、PRESS：負荷圧力　kgf/cm^2）。

2．ＵＶ検出器をONにし、波長を 260 nm にする。

3．レコーダーをONにし、ペンをセットする。チャート速度を 5 mm/min にあわせる。

4．試料の注入

a）マイクロシリンジに試料を必要量吸引する。

b）バルブハンドルをINJECTION側にし、マイクロシリンジのガラス部の先端がニードルガイドにあたるまでマイクロシリンジを差し込む。

c）バルブハンドルをLOAD側にすばやく切り換える（あまりのんびりやると圧力が上昇し、圧力リミッタが作動する）。

d）マイクロシリンジの試料を注入する。

e）マイクロシリンジを差し込んだまま、バルブハンドルをすばやくINJECTION側に切り換えると、ループの試料がカラム方向へながれていく。

f）バルブハンドルをINJECTION側にしたままで、マイクロシリンジを引き抜く。

g）マイクロシリンジを蒸留水でよく洗浄する。

課題

1）ヌクレオシド標準溶液の保持時間retention timeから、A, G, C, Tの各ピークを同定する。

2）ピークの面積から各塩基を定量する。それらの結果から、A, G, C, Tの比を求める。

3）GC含量（%）を計算する。

4）(a) と (b) のHPLC分析の結果を比較し、その理由を考察する。

高速液体クロマトグラフィー（HPLC）について：HPLCとは、3～50 μm程度の粒度、形状をほぼ均一にした多孔性シリカなどの耐圧性担体に直鎖アルキル基（直鎖炭素数18, 8, 4などがあり、C18, C8, C4などと呼ばれる）などの官能基を化学結合させたり、担体自体を適度に架橋させたりした充填材を内径0.1～1 cm、長さ3～60 cmのステンレスあるいはプラスチック製の耐圧性カラムへ詰め、0.2～2 mL/minの高流速で行うクロマトグラフィーである。

ヌクレアーゼＳ１：１本鎖DNAおよびRNAに特異的に作用し、酸可溶性5'モノヌクレオチドに分解するエンドヌクレアーゼの１種。分子量は32,000、至適pHは4.5付近、Zn^{2+}を要求する金属タンパク質である。

アルカリ性ホスファターゼ：アルカリ性に最適pHをもつリン酸エステル加水分解酵素で、この実験では、ヌクレオチドをヌクレオシドへと加水分解するために用いる。

Chargaffの規則：いくつかの試料から得られたDNAの塩基組成に関する分析結果を下表に示す。

試料	G	A	C	T	（A＋C）／（G＋T）	（G＋C）／（A＋T）
ヒト肝臓	19.5	30.3	19.9	30.3	1.01	0.65
クローバー	20.9	29.8	20.8	28.5	1.02	0.72
酵母	18.7	31.3	17.1	32.9	0.94	0.56
大腸菌	24.9	26.0	25.2	23.9	1.05	1.00

どの場合でも、GとCの量が等しく、AとTの量が等しい。また、（A + C）/（G + T）の比がほぼ１になっている。こういったDNAの塩基組成についての規則性をChargaffの規則という。これに対して、生物種による違い（生物の特異性）は（G + C）/（A + T）の比にあらわれている。この比の値を全塩基中でGとCが占める割合すなわち、GC含量として表現される。

DNAに紫外線を照射するとピリミジン二量体ができ、二本鎖DNAの一部が分離し部分的に一本鎖になる。これは細胞をガン化する引き金となる。逆に、シスプラチンという化学物質はDNAの二本鎖を架橋（crosslink）し、ガン治療に薬効があると考えられている。つまり、二本鎖DNAが損傷をうけると、細胞の複製に大きな支障をきたし増殖を阻害してしまう。言い換えれば、DNAへの化学的作用には両面性があり、ある場合には生体に危害を与え、ある場合にはガン治療など有益に働くといった面をあわせもつ。このように生体分子の構造とその機能は密接に関連している。

19. 3.　DNAの融解温度の決定

二重らせんがほどけて一本鎖になっていく様子を、DNAの光学的な性質を利用して定量的に調べる。水溶液中でDNAを温めると、二重らせんが融解して一本鎖のコイル状になる。その変化は260 nmにおける吸光度の増加として観測することができる。

核酸塩基A、T、G、Cはいずれも260 nmの紫外線を強く吸収するが、二重らせんDNAの260 nmにおける吸光度はDNAを構成する核酸塩基単独の吸光度を総合した値より約30%

小さい。この現象は淡色効果（hypochromic effect）と呼ばれ、二重らせんの内側に配置された塩基同士が重なりあうことで生じる塩基間相互作用によって理解されている。

したがって、逆に言えば二重らせんDNAがランダムな一本鎖コイル状のDNAになるにつれて、吸光度は増加する。

実験操作

【DNA標準溶液の調整（準備済み）】

1　サケ精巣製DNA（乾燥繊維状）60 mgを60 mMトリス緩衝液（pH 8 - 9）1 Lに一晩かけてゆっくり溶かす。（トリス ＝ トリスヒドロキシアミノメタン）

注意　トリス緩衝液は刺激性があるので、皮膚や目に触れないように注意する。もしも、触れた場合は水道水でよく洗う。

【測定装置の準備】

2　分光光度計、パーソナル・コンピューター、モニタの電源を入れる。計測用ソフトウェアが自動的に起動する。測定波長範囲を200-300 nmに設定する。

3　紫外吸収スペクトル測定のブランク試料としてイオン交換水約5 mLを石英セルに入れ、分光光度計の奥側の光路上にセットする。

【測定試料の準備と測定】

4　恒温槽の設定を30.0 ℃にして、設定温度になるのを待つ。

5　DNA標準溶液約10 mLを試験管に入れ、アルミホイルでふたをして、温度設定した恒温槽に10分間保持する。

6　試料を2つめの石英セルに移して、分光光度計の手前側光路上にセットする。

注意　試料の温度が下がりすぎないようすばやく行う。

高温ではやけどに注意する。

7　分光光度計のふたを閉じて、紫外吸収スペクトル（200-300 nm）を測定する。

注意　分光光度計の内部を汚さないこと。

8　測定結果が表示されるので、波長250、260および300 nmの値を実験ノートに記録する。

9　第2の石英セル内の試料を廃棄する。イオン交換水で洗浄した後、キムワイプで中をよく拭いて次の測定に用いる。

注意　落として割らないこと。

10　恒温槽の設定温度を、40.0、50.0、60.0、63.5、67.0、70.0、73.0、76.5、80.0、90.0、95.0 ℃に変えて実験操作4 - 9を繰り返す。

【測定結果の整理と融解温度の決定】

11　250 nmの吸光度と300 nmの吸光度の差、260 nmの吸光度と300 nmの吸光度の差をそれぞれ温度に対してプロットする。

12　図19.3右図を参考にして、グラフからもっともらしい t_m を決定する。

図19.3（左）は30 ℃から90 ℃までの10 ℃間隔および95 ℃でのDNA標準溶液の紫外吸収スペクトルを重ねがきしたものである。約260 nm吸収帯の吸光度が温度上昇とともに増加していることがわかる。図19.3（右）の黒丸260 nmの吸光度の温度依存性である。実線は実験結果に合うように滑らかな曲線を当てはめたものである。ただし、縦軸は95 ℃の値で規格化してある。約70 ℃で吸光度が急激に上昇することがわかる。

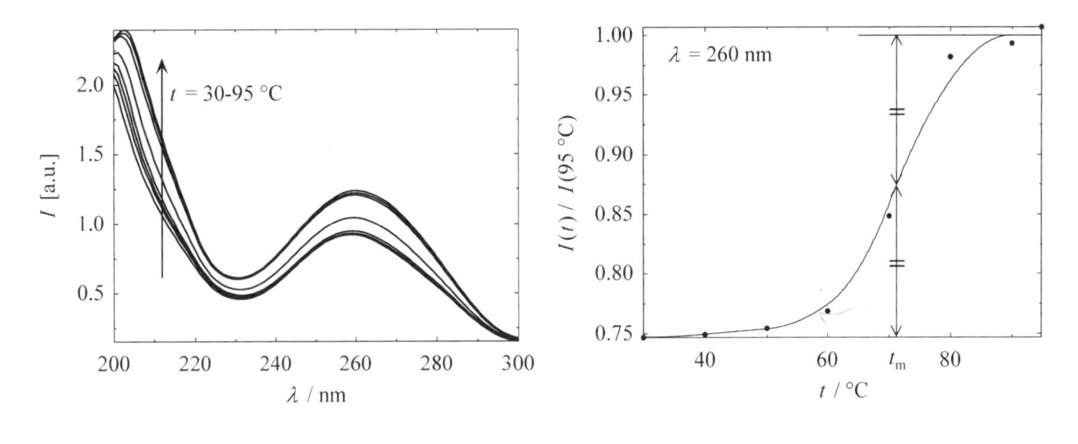

図19.3

課題

1　各温度における吸収スペクトルデータをグラフ化せよ（図19.3左図のようなグラフを描け）。
2　波長260および300 nmの吸光度を用いて、図19.3右図のようなグラフを作成せよ。
3　グラフから t_m を決定せよ。「もっともらしい」読み取り方の根拠を述べよ。
4　DNAの二重らせん構造は温度上昇によってどのように変化すると考えられるか。
5　温度 t_m 付近で変化は急峻ではあるが、変化が一瞬ではなく幅を持つのはなぜか？
6　操作12で300 nmの吸光度を差し引く理由を考察せよ。
7　DNAを加熱して融解させるような本実験は実社会でどのような技術として利用されるか調べてまとめよ。

19.4.　ヌクレオシドとヌクレオチドの^{31}P NMR測定

生体組織や細胞のリン酸誘導体を非破壊的に観測し、分子レベルでのDNAの構造研究を行う際に^{31}P NMR測定はきわめて有用な方法である。この実験ではヌクレオシドとして2'-デオキシアデノシンを、ヌクレオチドとして2'-デオキシアデノシン5'-リン酸（ともにＤＮＡの構成成分である）を選び、図19.4に示したようなNMR 装置を用いて、^{31}P NMRの測定を行い、ヌクレオシドとヌクレオチドの構造上の違い（5'位のリン酸エステルの有無）を観察する。

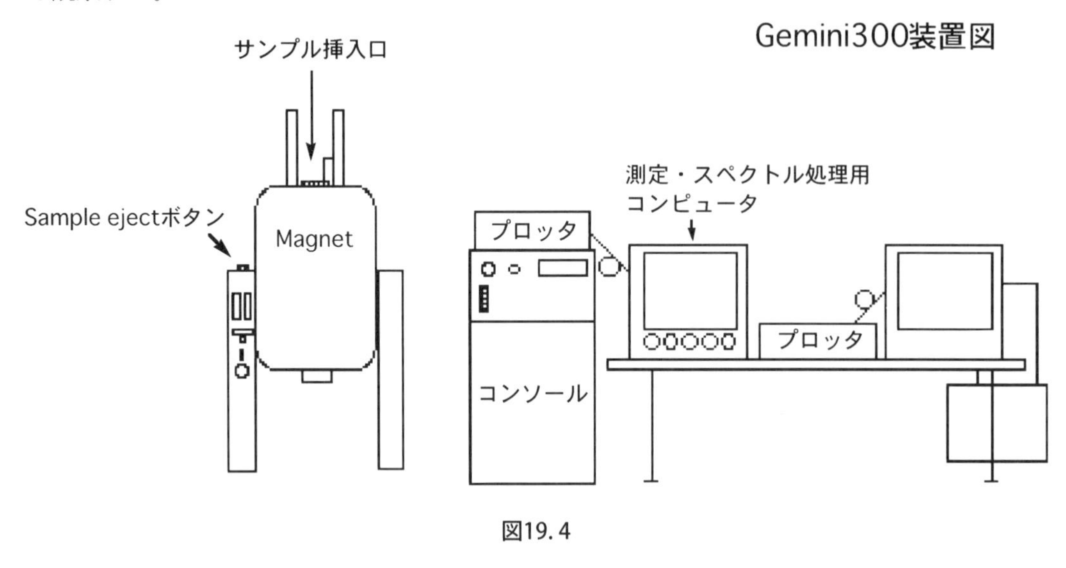

図19. 4

サンプル溶液：2'-デオキシアデノシン、または、2'-デオキシアデノシン5'-リン酸（いずれも市販品）約20 mgを重水（D_2O）0.75 mLに溶かし、NMR試料管（5 mm径）に入れる。また、19.2で得られたdigest of nuclease S1 についても測定する。

各サンプルの^{31}P NMRスペクトル。いずれも、外部標準としてリン酸（H_3PO_4）を用いて化学シフトを表示している。

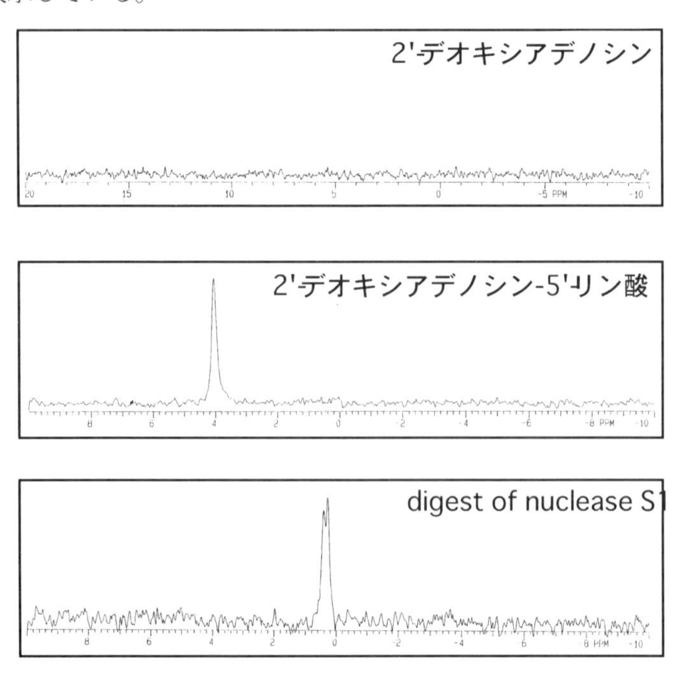

（参考）2'-デオキシアデノシン5'-リン酸の^{1}H NMRスペクトル。

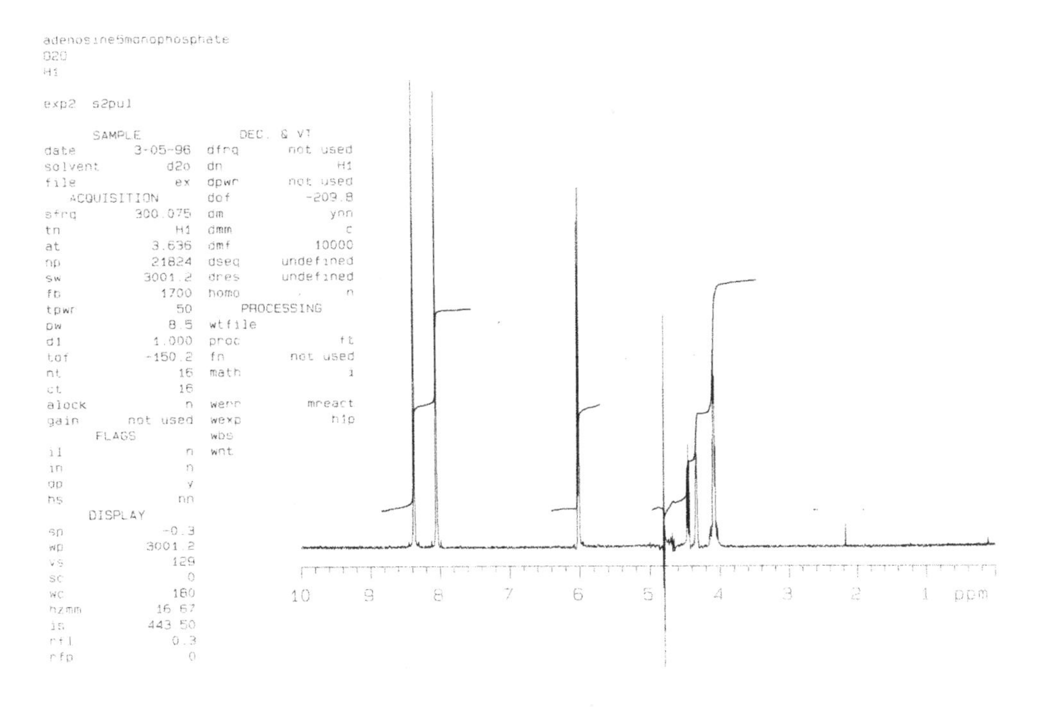

核磁気共鳴スペクトル（NMR spectroscopy）：核磁気共鳴スペクトルは、強磁場中におかれた試料に含まれる、ある種の原子核がわずかな磁性を持つことを利用して、その原子核をとりまく環境（電子状態）や原子核間の相互作用などを測定する方法で、分子構造に関する多くの情報を与える。測定にはエネルギーの低いラジオ波領域の電磁波を用いるため、試料に与える影響が少なく、低温での測定を行うことで非常に不安定な状態にある化合物の構造解析も可能である。

19.5.　アガロースゲル電気泳動によるサイズ（塩基対の数）の推定

物質の分子量はその物質に固有のものであり、その元素組成（分子式）が与えられれば計算することができる。生体高分子の場合は他の生体高分子との相互作用で複合体を形成することがあり、その分子量決定においては電気泳動やゲルろ過のような簡便な分子量推定法が用いられることが多い。これらの方法では、分子量既知の標準試料との比較により未知試料の分子量が推定されるので、相対法と呼ばれる。これに対して、核酸の塩基配列のような化学構造からの計算や、質量分析（マススペクトロメトリー）による分子量の決定は絶対測定法と呼ばれる。この実験ではバイオテクノロジーの先端技術として話題になっている遺伝子操作のひとつであるプラスミドDNAの制限酵素による切断を行い、得られた各フラグメントのサイズ（塩基対の数）をアガロースゲル電気泳動によって推定する。

制限酵素切断：下のプロトコールにしたがい、エッペンドルフチューブに溶液を加える。

pUC119	1 μL
10X 反応緩衝液	2 μL
滅菌水	16 μL
合計	19 μL

10X反応緩衝液：50 mM NaCl, 100 mM Tris-HCl（pH 7.5）, 7 mM $MgCl_2$, 7 mM 2-Mercaptophenol

↓指先で軽くチューブをはじいて混ぜる。

↓*Eco* RI（12 U/μL）1 μL

↓遠心分離12,000 rpm, 5 min

↓37 ℃, 1 h

↓色素液（0.01％ブロモフェノールブルー、50％グリセロール）4 μL

サンプル

電気泳動用アガロースゲルの作成：

まず、50xTAE Bufferを水で50倍に希釈する（1xTAE Buffer の調製）。

↓1xTAE Buffer 20 mLに撹拌しながらアガロース180 mgを少しずつ加えて分散させる。

↓湯浴またはヒーターでアガロースを完全に溶解させる。

↓50-60 ℃ぐらいに冷えるまで室温で放置する。

↓ＵＶ透過ラックを泳動槽から取り出す。サンプルコウムをコウムセッターにクリップで固定するが、コウムセッターをＵＶ透過ラックにのせたときに、サンプルコウムの先端とラックとの隙間が1 mm程度になるように調節する。ＵＶ透過ラックの両端にスコッチテープを貼る。

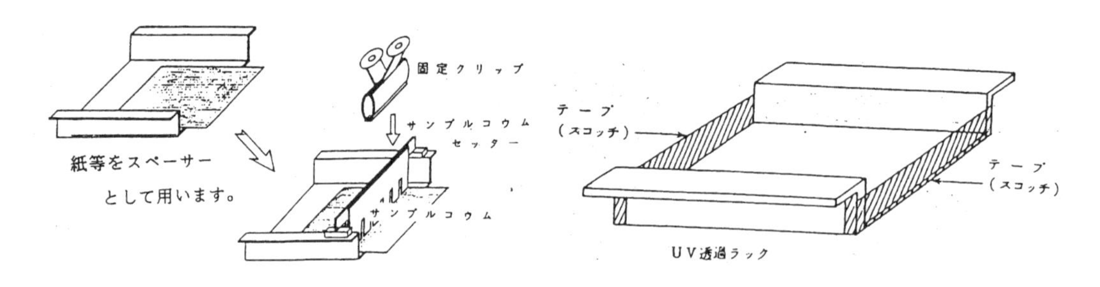

図19. 5

↓手で触れられるくらいに冷えた（50 ℃前後）アガロースゲルをＵＶ透過ラックに流し込み、すばやく、コウムセッターをＵＶ透過ラックにのせて、コウムをゲルに挿入する。

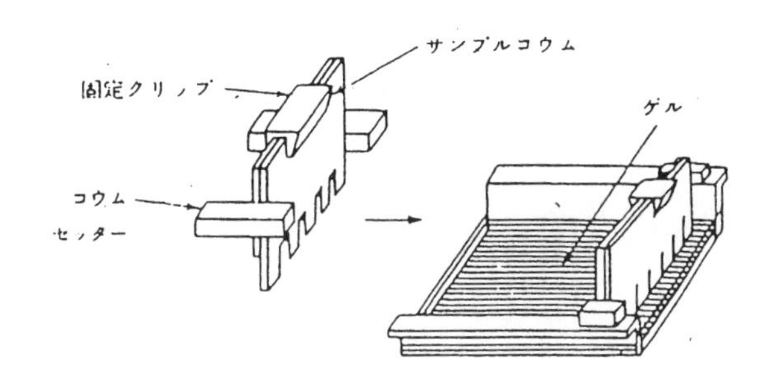

図19.6

↓

装置の組立：室温で30分ほど放置し、充分に冷やし固める（白っぽくなる）。ラック両端のスコッチテープをはずして、ゲルがトレイから滑り落ちないように注意しながら、コウムが刺さったままのゲルをウェル（サンプルを入れるゲルの穴）が黒い端子の側になるように泳動漕にセットする。ゲルの上面1 cmくらいまで電気泳動バッファーを満たし、コウムを静かに注意深くはずす。ウェルもバッファーで満たしておく。

↓

試料の添加：サンプル2 μLを作成したウェルに一つおきに落とし込む。あいだのウェルには分子量マーカー2 μLを落とし込む。

↓

電気泳動：電源のプラス極を赤、マイナス極を黒の電極につなぐ。100 Vの電圧をかけるが、電圧が高いと高温になることがあるので十分に注意する。また、泳動中は泳動槽にフタをしておく。電気泳動の進行は、サンプルや分子量マーカーに添加されている色素の泳動度によってモニターする。泳動が終了（約1時間）したら、電源を切り、ただちに泳動装置本体そして電源の双方から導線をはずす。**高電圧をかけるので、感電事故には十分に注意する。また、濡れた手で操作をしない。**

↓

後処理（注意　手袋を着用する）：泳動が終了したゲルはトレイにのせたまま、TAE緩衝液100 mLを入れたタッパーに移す。0.5 μg/mLになるようにエチジウムブロミド（**発ガン性があるので、取り扱いには十分注意する**）を加え、15分ほど染色する。この操作により、紫外線（ＵＶ）を用いてDNAを観察することができるようになる。

↓

課題（1）グラフ作成：染色が済んだら、ゲルを注意深く取り出し、ラップフィルムを敷いたトランスイルミネータにのせる。暗所でDNAパターンを観察し、デジタルカメラで撮影をする。

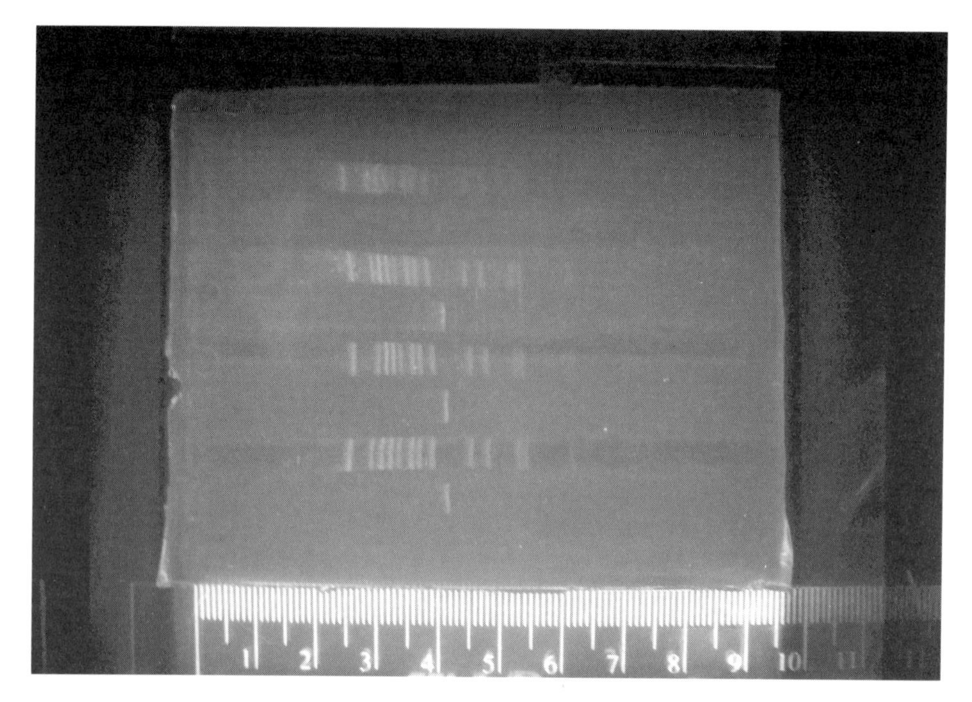

今回用いたDNA分子量マーカーはバクテリオファージλcI 857 Sam7の DNAを制限酵素 *Bst* PIで完全に分解したものである。各フラグメントのサイズは次の通りである。

フラグメント	A	B	C	D	E	F	G
サイズ（bps）	8453	7242	6369	5687	4822	4324	3675
フラグメント	H	I	J	K	L	M	N
サイズ（bps）	2323	1929	1371	1264	702	224	117

各フラグメントを帰属し、それらの移動距離を測る。表計算ソフトを用いて、移動距離とサイズ（塩基対の数）の対数との関係をプロットし、標準曲線を作成する。

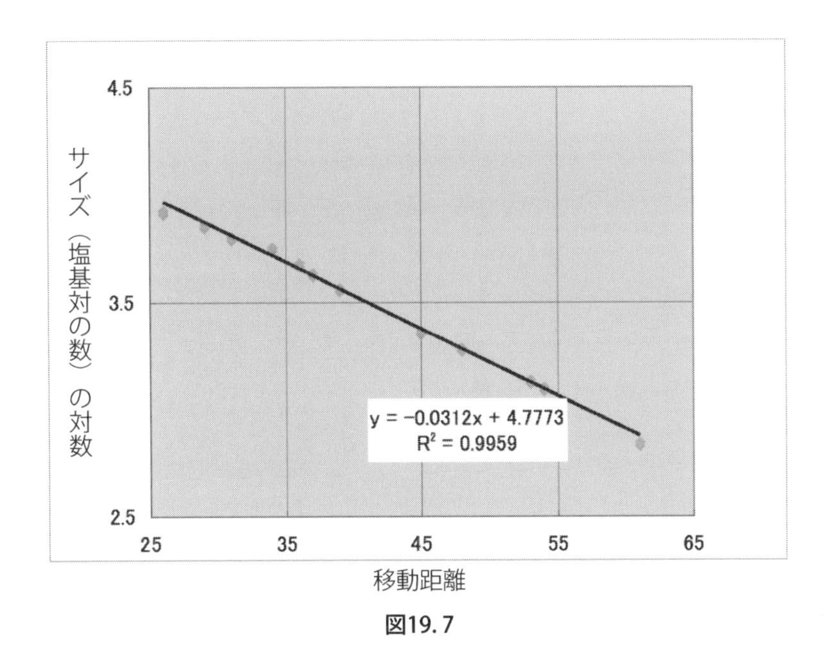

図19.7

↓

課題（2）サイズ推定：pUC119の電気泳動パターンを観察し、制限酵素*Eco* RIによって1カ所で切断されていることを確認せよ。また、得られたフラグメントのサイズ（塩基対の数）を求めよ。

電気泳動について：電気泳動は分子ふるい効果を有するアガロースゲルやポリアクリルアミドゲルなどを用いて、両端に電圧をかけ核酸分子をゲル中を陽極方向に移動させることにより行う。中性条件下では DNAのリン酸基は負に帯電しており、その単位質量あたりの電荷は一定であり、分子量の小さいものは大きいものよりも早く動くので、分子量によって核酸分子の分離ができる。用いるゲルは核酸分子の分子量によって、DNA分子が1 kbp以下の時にはポリアクリルアミドゲルを、それ以上の時はアガロースゲルを用いる。電気泳動は陽極と陰極のあいだに電圧をかけるので、適当な電導性を有する緩衝液（一般的に、TBE緩衝液やTAE緩衝液）を用いて行う。

制限酵素*Eco* RIについて：制限酵素（restriction enzyme）は DNAの特定の配列を認識して、その部位あるいはその部位から一定距離離れた部位を切断するエンドヌクレアーゼの一種である。*Eco* RIの認識配列は

5' ⟶ G|AATTC ⟶ 3'
3' ⟵ CTTAA|G ⟵ 5'

であり、パリンドローム（回文）と呼ばれる配列になっている。

付　　　　録

A 1．基本物理定数

物理量	記号	数値	単位
真空の透磁率 (permeability of vacuum)	μ_0	1.256 637 062 12 (19) × 10^{-6}	N A^{-2}
*真空中の光速度 (speed of light in vacuum)	c, c_0	299 792 458	m s^{-1}
真空の誘電率 (permittivity of vacuum)	$\varepsilon_0 = 1/\mu_0 c^2$	8.854 187 8128 (13) × 10^{-12}	F m^{-1}
*電気素量 (elementary charge)	e	1.602 176 634 × 10^{-19}	C
*プランク定数 (Planck constant)	h	6.626 070 15 × 10^{-34}	J s
*アボガドロ定数 (Avogadro constant)	N_A, L	6.022 140 76 × 10^{23}	mol^{-1}
電子の質量 (electron mass)	m_e	9.109 383 7015 (28) × 10^{-31}	kg
陽子の質量 (proton mass)	m_p	1.672 621 923 69 (51) × 10^{-27}	kg
中性子の質量 (neutron mass)	m_n	1.674 927 498 04 (95) × 10^{-27}	kg
原子質量定数 (統一原子質量単位) (atomic mass constant (unified atomic mass unit))	$m_u = 1$ u	1.660 539 066 60 (50)	kg
ファラデー定数 (Faraday constant)	$F = N_A e$	96 485 332 12...	C mol^{-1}
ハートリーエネルギー (Hartree energy)	E_h	4.359 744 722 2071 (85) × 10^{-18}	J
ボーア半径 (Bohr radius)	a_0	5.291 772 109 03 (80) × 10^{-11}	m
ボーア磁子 (Bohr magneton)	μ_B	9.274 010 0783 (28) × 10^{-24}	J T^{-1}
核磁子 (nuclear magneton)	μ_N	5.050 783 7461 (15) × 10^{-27}	J T^{-1}
リュードベリ定数 (Rydberg constant)	R_∞	10 973 731.568 160 (21)	m^{-1}
気体定数 (gas constant)	$R = N_A k$	8.314 462 618...	J K^{-1} mol^{-1}
*ボルツマン定数 (Boltzmann constant)	k, k_B	1.380 649 × 10^{-23}	J K^{-1}
万有引力定数 (重力定数) (gravitational constant)	G	6.674 30 (15) × 10^{-11}	m^3 kg^{-1} s^{-2}
*重力の標準加速度 (standard acceleration of gravity)	g_n	9.806 65	m s^{-2}
理想気体のモル体積 (1 bar, 273.15 K) (molar volume of ideal gas)	V_0	22.710 954 64...	L mol^{-1}
*標準大気圧 (standard atmosphere)	atm	101 325	Pa
微細構造定数 (fine structure constant)	$\alpha = \mu_0 e^2 c / 2h$ α^{-1}	7.297 352 5693 (11) × 10^{-3} 137.035 999 084 (21)	
電子の磁気モーメント (electron magnetic moment)	μ_e	−9.284 764 7043 (28) × 10^{-24}	J T^{-1}
自由電子のランデ g 因子 (Landé g factor for free electron)	$g_e = 2\mu_e/\mu_B$	−2.002 319 304 362 56 (35)	
陽子の磁気モーメント (proton magnetic moment)	μ_p	1.410 606 797 36 (60) × 10^{-26}	J T^{-1}

注1　括弧の中は最後の桁につく標準不確かさを示す。
注2　*は定義された量である。
出典　「化学と工業」，日本化学会，**74** (4) (2021).

付録

エネルギー換算表

$E = h\nu = hc\tilde{\nu} = kT ; E_m = N_A E$

		波数 $\tilde{\nu}$	振動数 ν	ネルギー E			モルエネルギー Em		温度 T
		cm^{-1}	MHz	aJ	eV	E_h	kJ / mol^{-1}	kcal / mol^{-1}	K
$\tilde{\nu}$:	1 cm^{-1}	1	$2.977\ 925 \times 10^{4}$	$1.986\ 446 \times 10^{-5}$	$1.239\ 842 \times 10^{-4}$	$4.556\ 335 \times 10^{-6}$	$11.962\ 66 \times 10^{-3}$	$2.859\ 144 \times 10^{-3}$	1.438 777
ν :	1 MHz	$3.335\ 641 \times 10^{-5}$	1	$6.626\ 070 \times 10^{-10}$	$4.135\ 668 \times 10^{-9}$	$1.519\ 830 \times 10^{-10}$	$3.990\ 313 \times 10^{-17}$	$9.537\ 076 \times 10^{-8}$	$4.799\ 243 \times 10^{-5}$
	1 aJ	50 341.17	$1.509\ 190 \times 10^{9}$	1	6.241 509	0.229 3712	602.2141	143.9326	$7.242\ 971 \times 10^{4}$
E :	1 eV	8065.544	$2.417\ 989 \times 10^{8}$	0.160 2177	1	$3.674\ 932 \times 10^{-2}$	96.485 33	23.060 55	$1.160\ 452 \times 10^{4}$
	1E_h	219 474.63	$6.579\ 684 \times 10^{9}$	4.359 744	27.211 39	1	2625.500	627.5095	$3.157\ 750 \times 10^{5}$
E_m :	1 kJ/mol^{-1}	83.593 47	$2.506\ 069 \times 10^{6}$	$1.660\ 539 \times 10^{-3}$	$1.036\ 427 \times 10^{-2}$	$3.808\ 799 \times 10^{-4}$	1	0.239 005 7	120.2724
	1 kcal/mol^{-1}	349.7551	$1.048\ 539 \times 10^{7}$	$6.947\ 695 \times 10^{-3}$	$4.336\ 410 \times 10^{-2}$	$1.593\ 601 \times 10^{-3}$	4.184	1	503.2195
T :	1 K	0.695 0348	$2.083\ 662 \times 10^{4}$	$1.380\ 649 \times 10^{-5}$	$8.617\ 333 \times 10^{-5}$	$3.166\ 812 \times 10^{-6}$	$8.314\ 463 \times 10^{-3}$	$1.987\ 204 \times 10^{-3}$	1

出典　「化学と工業」，日本化学会，**74**(4) (2021).

A 2．測定誤差と有効数字

A2. 1.　測定誤差

測定誤差は、測定値と真の値との差である。

$$\text{測定誤差} = \text{測定値} - \text{真の値} \qquad (1)$$

容器に入った球の個数を数えるような場合は真の値を求められるが、測定には一般に誤差を伴う。したがって、測定によって真の値を決定することはできないが、真の値とみなせる化学量、物理量が存在することを前提とする。測定誤差は何らかの方法で推定するしかないので、その評価は測定すること自体よりも困難な作業である。

測定誤差にはその原因となる発生源が必ずある。誤差の発生源を突き止めることができれば、実験を改良してより信頼度の高い測定結果を得ることができる。誤差は何の理由もなく生じるのではなく、誤差の発生源と誤差として発現した結果の間には因果関係があるはずである。測定装置の目盛りに偏りがあったり、試料に不純物が混入すると、すべての測定値にはある偏りをもった「系統誤差」が生じる。この偏りが発見されその大きさを見積もることができたら、測定値を補正してから公表するのが普通であるから、系統誤差は補正し得なかった部分として表される。系統誤差を見積もるには標準の測定機器や標準の試料を必要とする。

一方、同じ測定を繰り返しているつもりでも、温度や圧力の変動、外部から侵入する電磁波によるノイズ、試料の量や純度の変動等によって、測定値はある平均値のまわりでばらつく。このような誤差を「偶然誤差」という。偶然誤差は測定回数を増やすことによって経験的に正しく見積もることが可能である。

校正値（calibration constant）を実験から求め、これを用いて測定値を得る場合には、偶然誤差に起因する校正値の誤差が最終的に系統誤差として現れる。このような系統誤差は容易に見積もることができる。

A2. 2.　系統誤差と偶然誤差

A2. 2. 1.　正規分布

同一とみなした測定の測定回数を増やすと、ある平均値 m の周りにばらつくことがわかる。測定値が x の値をとる確率 $f(x)$ は次式によって表されることがガウスによって示され、経験的にも認められている。

$$f(x) = \frac{1}{\sigma\sqrt{2\pi}} \exp\left(-\frac{(x-m)^2}{2\sigma^2}\right) \qquad (2)$$

ここで m は x の平均値、σ は標準偏差である。$f(x)$ を図示すると図A- 1のような正規

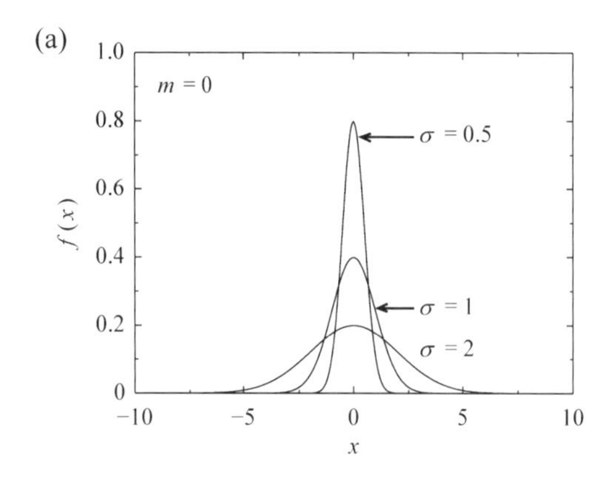

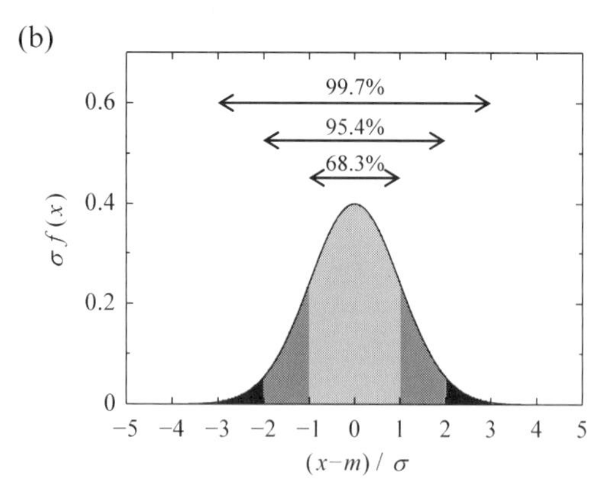

図A–1　(a) 正規分布 $f(x)$ の例。平均値 $m=0$、標準偏差 $\sigma=0.5$、1、2 の場合。(b) 横軸を $(x-m)/\sigma$、縦軸を $\sigma f(x)$ とすると、全ての正規分布は一つの曲線で表すことができる。$-n\leq(x-m)/\sigma\leq n$ は、$m-n\sigma\leq x\leq m+n\sigma$ に相当する。

分布（ガウス分布）になる。

$-\infty<x<+\infty$ に対して、曲線 $f(x)$ の下部の面積が1になるように規格化されているので、

$$m=\int_{-\infty}^{+\infty}xf(x)dx=\left(\frac{1}{n}\sum_{i=1}^{n}x_i\right)_{n\to\infty} \tag{3}$$

となる。

右の式は通常の平均値 m の計算を、無限個の測定点に対して行うことを意味している。これに対して、中央の式が意味することは次の通りである。$f(x)\,dx$ は微小区間 dx において、測定値が x である確率を表すので、これを重み係数として x に掛けて x の全範囲にわたって積分すれば平均値 m が得られる。$f(x)$ は x の単位長さあたりの確率とみなせるので確率密度ともいう。

一方 σ^2 を分散と呼び、これは次式で定義される。

$$\sigma^2=\int_{-\infty}^{+\infty}(x-m)^2f(x)dx=\left(\frac{1}{n}\sum_{i=1}^{\infty}(x_i-m)^2\right)_{n\to\infty} \tag{4}$$

すなわち、σ^2 は「x の m からの偏差（平均値との差）の二乗（>0）」の平均値に相当する。

（注）ある量 x が確率的に出現し、出現確率が $f(x)$ で表されるとき、$-\infty<x<+\infty$ の範囲で積分した

$$E[x]=\int_{-\infty}^{+\infty}x\cdot f(x)dx,\qquad E[x^2]=\int_{-\infty}^{+\infty}x^2\cdot f(x)dx$$

という量は、それぞれ x、x^2 の期待値とよび、連続データの平均値を与える。無限個の不連続データの期待値は、式（3）、（4）の右辺に表された数平均に等しい。

このことは、図A-1の分布曲線が σ の大小に応じて、広がったり鋭くなったりすることと対応している。また、$f(x)$ は m に対して対称であり、$x = m$ で極大値をとることもわかる。

A2.2.2.　系統誤差と偶然誤差

系統誤差は平均値 m と真の値との隔たりであり、「偏り」ともいう。偏りが小さい測定を「正確さがよい（accuracy, accurate）」という。偶然誤差は測定値群全体のバラツキの大小を指すもので、σ が小さい測定を「精密さがよい（precision, precise）」と表現する。正確さや精密さはひとつの測定値群に対応する表現であり、一連の測定値の一部について正確であるとか、精密であるとはいわない。「精度」という表現は、正確さと精密さとを合わせもった総合的な意味合いで用いる。

正確さと精密さの間には直接の関係はないが、バラツキの大きい測定であるにもかかわらず正確さがよいということは実際には有り得ない。正確さを改善するためには、先ずバラツキの原因を突き止めて、精密さを改善する必要がある。

A2.3.　偶然誤差の見積もり

A2.3.1.　母集団と試料

式（3）、（4）の定義にしたがえば、平均値と分散は測定個数を無限にとらなければ求められない。測定個数が無限の場合の測定値集団を「母集団」という。ところが現実に得られるのは有限個の測定値集団であり、これを「試料」という。試料は母集団からランダムに抽出した測定値で構成されている。測定値群を特徴づける母集団のパラメータは、試料から推定しなければならない。次の表に母集団と試料の重要な性質を対比して示す。

母集団		試料	
n：	無限大	n：	有限
母平均：	$m = \left(\frac{1}{n} \sum_{i=1}^{n} x_i \right)_{n \to \infty}$	試料平均：	$\overline{x} = \frac{1}{n} \sum_{i=1}^{n} x_i$
偏差：	$\mu_i = x_i - m$	残差：	$r_i = x_i - \overline{x}$
母分散：	$\sigma^2 = \left(\frac{1}{n} \sum_{i=1}^{n} \mu_i^2 \right)_{n \to \infty}$	試料分散：	$\zeta^2 = \frac{1}{n} \sum_{i=1}^{n} r_i^2$
母標準偏差：	σ	試料標準偏差：	ζ

A2.3.2.　試料平均 $\bar{x}$ のばらつき

ランダムに n 個の測定値をとって平均値を求める操作を繰り返すと、平均値の集合が形成される。この集団の平均値と、母平均との関係を考える。平均値は個々の値よりもより母平均に近いはずだから、平均値が形成する集合の平均値は、さらに母平均に近づくことが予想される。

$$\overline{x} = \frac{1}{n}(x_1 + x_2 + \cdots + x_n) \tag{5}$$

また、$\mu_i = x_i - m$ だから、式（5）の両辺から m を差し引くと、

$$\overline{x} - m = \frac{1}{n}(\mu_1 + \mu_2 + \cdots + \mu_n) \tag{6}$$

となるので、ここで $(\overline{x} - m)^2$ の期待値を求めると、

$$\begin{aligned} E[(\overline{x} - m)^2] &= E\left[\frac{1}{n^2}(\mu_1 + \mu_2 + \cdots + \mu_n)^2\right] \\ &= \frac{1}{n^2}E\left[(\mu_1^2 + \mu_2^2 + \cdots + \mu_n^2)\right] + \left(\sum_{i=1}^{n}\sum_{j=1}^{n}\mu_i\mu_j\right)_{i \neq j} \end{aligned} \tag{7}$$

となる。式（7）の最後の項は異符号の出現によって打ち消し合うと期待されるので、

$$E\left[(\overline{x} - m)^2\right] = \frac{1}{n^2}E\left[\sum_{i=1}^{n}\mu_i^2\right] = \frac{n\sigma^2}{n^2} = \frac{1}{n}\sigma^2 \tag{8}$$

を得る。すなわち、n 個の測定値の平均値が形成する集団の分散は、母分散の n 分の 1 となり、期待どおり小さくなる。

A2.3.3. 母分散の推定

残差は $r_i = x_i - \overline{x}$ であるから、両辺から m を差し引いて、

$$r_i = (x_i - m) - (\overline{x} - m) \tag{9}$$

と表せる。したがって、

$$\begin{aligned} \sum_{i=1}^{n} r_i^2 &= \sum_{i=1}^{n}(x_i - m)^2 - 2(\overline{x} - m)\sum_{i=1}^{n}(x_i - m) + \sum_{i=1}^{n}(\overline{x} - m)^2 \\ &= \sum_{i=1}^{n}(x_i - m)^2 - 2(\overline{x} - m)(n\overline{x} - nm) + \sum_{i=1}^{n}(\overline{x} - m)^2 \\ &= \sum_{i=1}^{n}(x_i - m)^2 - 2n(\overline{x} - m)^2 + n(\overline{x} - m)^2 \\ &= \sum_{i=1}^{n}(x_i - m)^2 - n(\overline{x} - m)^2 \end{aligned} \tag{10}$$

ここで両辺の期待値を考えると、式（4）、（8）から

$$E\left[\sum_{i=1}^{n} r_i^2\right] = E\left[\sum_{i=1}^{n} (x_i - m)^2\right] - E\left[n(\overline{x} - m)^2\right]$$
$$= n\sigma^2 - \sigma^2 = (n-1)\sigma^2 \qquad (11)$$

となり、これから次の関係を得る。

$$\sigma^2 = \frac{1}{n-1}\sum_{i=1}^{n} r_i = \frac{1}{n-1}\sum_{i=1}^{n} (x_i - \overline{x})^2 \qquad (12)$$

式（12）によって試料から母分散 σ^2 を推定することができる。試料分散 ζ^2 と比較すると、n ではなく $n-1$ で割っていることが重要である。式（12）の右辺の平方根を「算出標準偏差」とよび s で表す。実際には多くの場合で n を十分に大きくすることはできないので、４個以上の測定値があって飛び抜けた値がないなら、母集団が正規分布しているとみなして、上記の方法で s を決定することが行われる。

A2. 3. 4.　偶然誤差の表記

推定した σ の値を s（算出標準偏差）として測定値、または測定値の表に付記して精密さを表す。図A–1（b）の正規分布に示された、$m - n\sigma < x < m + n\sigma$ の範囲の面積（定積分）は、測定された値が $m \pm n\sigma$ の範囲に出現する確率に等しい。出現する範囲を σ をパラメータとして表すと、x がその範囲内に出現する確率は、

$m - \sigma < x < m + \sigma$ ………… 68.3%

$m - 2\sigma < x < m + 2\sigma$ …… 95.4%

$m - 3\sigma < x < m + 3\sigma$ …… 99.7%

である。このような確率を「信頼限界」という。正規分布の関数形はわかっているので、σ が与えられれば任意の信頼限界を与える範囲を計算できる。例えば、測定平均値 m に対して「信頼限界 99% の値は $(m \pm a)$ J/mol である」のように表現する。

「公算誤差」または「確率誤差」は信頼限界が 50% の値、即ち $m \pm 0.674\sigma$ を意味するが、化学においては有用な表現ではない。

A2. 4.　系統誤差の伝播

測定値のバラツキや偏りはデタラメに起きるのではなく、いかなる誤差の原因も自然法則に従って測定結果に伝播（でんぱ）する。測定値 y が、独立変数 $(x_1, x_2, \cdots, x_n)$ の組によって決定されるとする。

$$y = f(x_1, x_2, \cdots, x_n) \qquad (13)$$

ここで、各 x_i が微小に変化して、$(x_i + \Delta x_i)$ となったときの y の変化量 Δy を考える。Δx_i が微小なので Δy を第１近似として次式で表す。

$$\Delta y = \frac{\partial y}{\partial x_1}\Delta x_1 + \frac{\partial y}{\partial x_2}\Delta x_2 + \cdots + \frac{\partial y}{\partial x_n}\Delta x_n \tag{14}$$

Δx_iを測定値x_iに生じた誤差と見なすと、この式は個々のΔx_iが最終値yの誤差として伝播する因果関係を与える。ただし誤差の符号は通常不明だから、各項の絶対値によって表す。

$$|\Delta y| = \left|\frac{\partial y}{\partial x_1}\Delta x_1\right| + \left|\frac{\partial y}{\partial x_2}\Delta x_2\right| + \cdots + \left|\frac{\partial y}{\partial x_n}\Delta x_n\right| = \sum_{i=1}^{n}\left|\frac{\partial y}{\partial x_i}\Delta x_i\right| \tag{15}$$

この式は各誤差の原因Δx_iが同じ向きに生じて、最終結果yに対して最大の誤差を与える「最悪の場合」を示している。実際には誤差同士の打ち消し合いが生じて、式（15）の値より小さくなる。それを示すために、式（14）の両辺を２乗して生じる各項の絶対値の和を$(\Delta y)^2$の期待値とする。

$$E\left[(\Delta y)^2\right] = E\left[\sum_{i=1}^{n}\left|\left(\frac{\partial y}{\partial x_i}\Delta x_i\right)^2\right| + 2\sum_{i\neq j}\left|\left(\frac{\partial y}{\partial x_i}\Delta x_i\right)\left(\frac{\partial y}{\partial x_j}\Delta x_j\right)\right|\right] \tag{16}$$

ただし、第２項の和は$i = 1, 2, \cdots, n$と$j = 1, 2, \cdots, n$の$i \neq j$なる独立な組み合わせについてとるものとする。そうすると、$(\partial y/\partial x_i)\Delta x_i$と$(\partial y/\partial x_j)\Delta x_j$の符号の正負がランダムである場合、各項が互いに相殺して第２項がゼロになることが期待される。このとき、

$$E\left[(\Delta y)^2\right] = E\left[\sum_{i=1}^{n}\left|\left(\frac{\partial y}{\partial x_i}\Delta x_i\right)^2\right|\right] \tag{17}$$

を実質的な系統誤差として用いてよいことがわかる。

一般に、求める最終結果yと測定値x_iとの関係式（13）から、$\partial y/\partial x_i$を導くことができる。しかし式が複雑な場合は、Δx_iを見積もってx_iの代わりに$x_i+\Delta x_i$を計算に使用して、$|(\partial y/\partial x_i)\Delta x_i|$を経験的に評価するのも有効な方法である。式（13）ではyを決定づける独立変数が顕わにされているが、暗黙に一定と見なされている変数に起因する誤差は推察によって見出すしかない。

式（15）は次の様に書くこともできる。

$$\Delta y = |\Delta y| = \sum_{i=1}^{n}\left(\left(\frac{\partial y}{\partial x_i}\right)^2 \Delta x_i^2\right)^{\frac{1}{2}} \tag{18}$$

これを「誤差の伝播式」という。

A2.5.　偶然誤差の伝播

偶然誤差も各誤差の要因である Δx_i が最終結果 y に伝播して生じる。系統誤差のと違いは、誤差の大きさと符号が測定ごとに変動することである。最終値 y の変動 Δy の２乗値、$(\Delta y)^2$ の期待値は、y における偶然誤差の指標 σ_y の２乗に他ならない。

$$E\left[(\Delta y)^2\right] = \sigma_y^2 \tag{19}$$

また Δx_i^2 の期待値は $\sigma_{x_i^2}$ であるから、式（17）を書き換えて x_i と y の分散の関係式が得られる。

$$\sigma_y^2 = \sum_{i=1}^{n} \left(\frac{\partial y}{\partial x_i}\right)^2 \sigma_{x_i}^2 \tag{20}$$

実際には測定個数が有限なので、σ の代わりに s を用いる。すなわち、

$$s_y^2 = \sum_{i=1}^{n} \left(\frac{\partial y}{\partial x_i}\right)^2 s_{x_i}^2 \tag{21}$$

である。さらに、各測定値 x_i が n 個の測定の平均値である場合は、$s_{x_i}^2$ の代わりに $(s_{x_i}^2/n)$ として、

$$s_y = \left(\sum_{i=1}^{n} \left(\frac{\partial y}{\partial x_i}\right)^2 \left(\frac{s_{x_i}^2}{n}\right)\right)^{\frac{1}{2}} \tag{22}$$

とする。

A2.6.　有効数字

有効数字とは、位取りを示す０を除いた、意味のある数値である。例えば、測定値が（13.42±0.01）g のとき、この数値の有効数字は４桁の（1,3,4,2）である。誤差の範囲を明記しないで 13.42 g と書いた場合は、小数第２位の桁に少なくとも ±1（±0.01 g）の誤差をともなっているとみなされる。

四則演算によって測定値 y を計算するときの、誤差の伝播を考える。

１つ目の例として２つの独立変数 x_1 と x_2 と次式で関係づけられる測定値 y を仮定する。

$$y = ax_1^n \times bx_2^m = abx_1^n x_2^m \tag{23}$$

この両辺の対数をとり、

$$\ln y = n \ln x_1 + m \ln x_2 + \ln ab \tag{24}$$

その全微分を考えると、

$$d(\ln y) = \left(\frac{\partial}{\partial x_1}\ln y\right)dx_1 + \left(\frac{\partial}{\partial x_2}\ln y\right)dx_2$$

$$\left(\frac{d}{dy}\ln y\right)dy = n\left(\frac{\partial}{\partial x_1}\ln x_1\right)dx_1 + m\left(\frac{\partial}{\partial x_2}\ln x_2\right)dx_2$$

$$\frac{dy}{y} = n\frac{dx_1}{x_1} + m\frac{dx_2}{x_2} \qquad (25)$$

となる。ここで微分 dy、dx_1、dx_2 を微小量すなわち誤差 Δy、Δx_1、Δx_2 で置き換えると、

$$\frac{\Delta y}{y} = n\frac{\Delta x_1}{x_1} + m\frac{\Delta x_2}{x_2} \qquad (26)$$

が得られる。

式（25）は、測定値 y が式（23）で表される場合の、y の誤差の割合 $\Delta y/y$ と独立変数の誤差の割合 $\Delta x_1/x_1$、$\Delta x_2/x_2$ の関係を表している。掛け算・割り算は一般にべき乗で表されるが、これによって数値を求めるとき、それぞれの誤差の割合を指数（n や m）倍した和が最終的に誤差の割合となって伝播することがわかる。すなわち、数値の絶対値に関係なく誤差の割合が伝播する。

次に y が独立変数の足し算・引き算で計算される場合の誤差の伝播を考える。最も簡単な場合は、

$$y = x_1 + x_2 \qquad (27)$$

$$\Delta y = \Delta x_1 + \Delta x_2 \qquad (28)$$

である。一般には絶対値がより大きい x に伴う誤差がより大きいから、y の誤差は絶対値が大きい変数の誤差に支配される。例えば、10万トンタンカーの総重量（y）は1人の乗り組み員の体重（x_i）によっては実際上変化しないが、乗組員が占める重量分率（Δy）は乗組員の重量の測定精度$\Delta x_1, \Delta x_2, \cdots, \Delta x_n$に支配される。

測定結果が有効数字によって表記されていなかったり、誤差を明記していなかったりすると、その値は科学的な意味をもたない。測定値の誤差や有効数字を考慮しながら記録したり、計算したりするなら、自ずと無意味な数値を書き並べることを避けられる。数値を四捨五入などによって近似する際に生じる誤差（丸めの誤差）を避けるために、誤差が現われる桁より1桁多く書いて計算し、最終段階で再度誤差を検討して表記するのがよい。

（注）四捨五入について：（n ＋ 1）桁目の数値を切り上げたり、切り捨てたりして n 桁の数値に近似する丸め方であるが、（n ＋ 1）桁目以下の数値を次のようにする。

- （n ＋ 1）桁目以下の数値が n 桁目の単位の 1/2 であることがわかっている場合、n 桁目の数値が奇数なら切り上げ、偶数なら切り捨てる。例えば、2.35 → 2.4、2.45 → 2.4 とする。
- （n ＋ 1）桁目以下の数値が n 桁目の単位の 1/2 を越えている場合は n 桁目を1増やす。
- （n ＋ 1）桁目以下の数値が n 桁目の単位の 1/2 未満なら切り捨てる。例えば、2桁の数値に丸めるとき、2.352 → 2.4、2.34 → 2.3 である。

A 3．物理・化学量における SI 単位と表記について

A3. 1.　SI（国際単位系）

「SI」は “Le Système International d' Unitès” の略語である。英語では “The International System of Unites” であり、日本語では「国際単位系」と呼ばれている。SI は科学における情報交換や議論が、国際的学際的に明瞭かつ首尾一貫して行われるように、物理量・化学量、それを表わす単位・記号について IUPAC（国際純正応用化学連合）が中心になって確立した体系である。以下は、最新の手引書（“The International System of Units — 9th edition — Complete Brochure”［1］）からの抜粋である。また「化学便覧」［2］にもまとめられている。SI の解説と2019年の重要な改訂については文献［3］が詳しい。

［1］https://www.bipm.org/en/publications/si-brochure/
［2］「化学便覧　基礎編」改訂６版，日本化学会編，丸善出版（2021）．
［3］「新 SI 単位と電磁気学」，佐藤文隆，北野正雄，岩波書店（2018）．

A3. 2.　SI の基本的考え方

１．物理量は数値と単位の積であると定義される。

$$\text{物理量} = \text{数値} \times \text{単位} \qquad (1)$$

したがって、次の表現はすべて正しい。

$$\lambda = 5.896 \times 10^{-7}\,\mathrm{m} = 589.6\,\mathrm{nm}\ (\text{ただし、}\mathrm{nm} = 10^{-9}\,\mathrm{m}) \qquad (2)$$

$$\lambda/\mathrm{m} = 5.896 \times 10^{-7} \qquad (3)$$

$$\lambda/\mathrm{nm} = 589.6 \qquad (4)$$

また、掛け算と割り算は次の様に表す。

例　掛け算：　ab,　$a\,b$,　$a \cdot b$,　$a \times b$

割り算：　$\frac{a}{b}$,　a/b,　$a\,b^{-1}$

ただし、割り算の「/」は ( ) なしで２度用いてはならない。a/bc は $a/(bc)$ を意味する。$(a/b)/c$ は許容される書き方であるが、$a/b/c$ は許容されない。

２．いかなる物理量とそれを表わす記号も、特定の単位によって定義されるものではない。

・「密度 ρ は質量 m を体積 V で割った量である」は正しいが、「密度 ρ は kg で表わした質量を $\mathrm{m^3}$ で表わした体積 V で割った量である」は誤りである。

・式（3）、（4）で表わされる関係は、表とグラフの作成に応用できる（図A-２）。

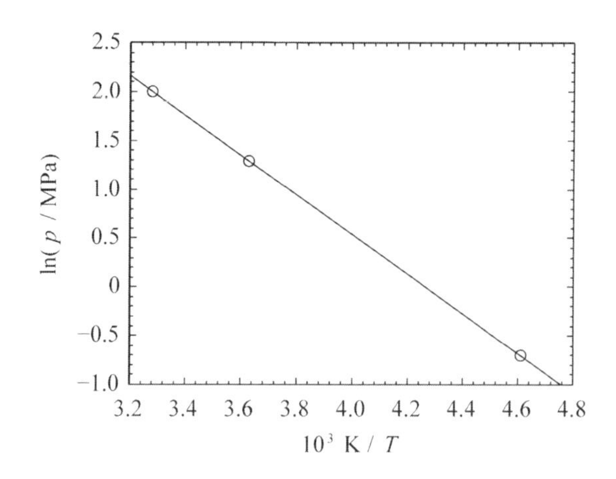

図A−2　軸のタイトルの表記の例。軸の数値は無次元なので、物理量 T や p を単位で割った「無次元化した量」をプロットしたと考える。横軸は 10^3 K/T の代わりに、kK/T または $10^3(T/\mathrm{K})^{-1}$ としてもよい。縦軸の ln は $\log_e$ のこと。log、sin、exp などの関数の引数は無次元量なので、括弧のなかの物理量も単位で割って無次元化している。

A3. 3.　基本物理量と SI 基本単位

物理量は次の 7 つの独立した次元をもつ基本物理量から構成される。これらの物理量には、ただひとつの SI 基本単位が対応する。他の物理量（誘導物理量）は基本物理量の積・商によって誘導される。

基本物理量	量の記号	SI 単位の記号	SI 単位の名称
長さ	l	m	メートル
質量	m	kg	キログラム
時間	t	s	秒
電流	I	A	アンペア
熱力学温度	T	K	ケルビン
物質量	n	mol	モル
光度	I_V	cd	カンデラ

・物理量はイタリック（斜体）で表記し、単位はローマン（立体）によって表記する。上付き、下付きの添え字も同様である。
・SI 単位を用いて計算するかぎり、単位間の換算係数を一切必要としない。

A3.4.　固有の名称と記号をもつ SI 組立単位の例

物理量		SI 単位の名称		記号	SI 基本単位を用いた表現
周波数・振動数	frequency	ヘルツ	hertz	Hz	s^{-1}
力	force	ニュートン	newton	N	$m\ kg\ s^{-2}$
圧力，応力	pressure, stress	パスカル	pascal	Pa	$m^{-1}\ kg\ s^{-2}$ $(= N\ m^{-2})$
エネルギー，仕事，熱量	energy, work, heat	ジュール	joule	J	$m^2\ kg\ s^{-2}$ $(= N\ m = Pa\ m^3)$
仕事率	power	ワット	watt	W	$m^2\ kg\ s^{-3}$
電荷，電気量	electric charge	クーロン	coulomb	C	$s\ A$
電位差（電圧），起電力	electric potential difference (voltage), electromotive force	ボルト	volt	V	$m^2\ kg\ s^{-3}\ A^{-1}$ $(= J\ C^{-1})$
静電容量，電気容量	capacitance	ファラド	farad	F	$m^{-2}\ kg^{-1}\ s^4\ A^2$ $(= C\ V^{-1})$
電気抵抗	electric resistance	オーム	ohm	Ω	$m^2\ kg\ s^{-3}\ A^{-2}$ $(= V\ A^{-1})$
コンダクタンス	electric conductance	ジーメンス	siemens	S	$m^{-2}\ kg^{-1}\ s^3\ A^2$ $(= \Omega^{-1})$
磁束	magnetic flux	ウェーバ	weber	Wb	$m^2\ kg\ s^{-2}\ A^{-1}$ $(= V\ s)$
磁束密度	magnetic flux density	テスラ	tesla	T	$kg\ s^{-2}\ A^{-1}$ $(= V\ s\ m^{-2})$
インダクタンス	inductance	ヘンリー	henry	H	$m^2\ kg\ s^{-2}\ A^{-2}$ $(= V\ A^{-1}\ s)$
セルシウス温度	Celsius temperature	セルシウス度	degree Celsius	℃	K
平面角	plane angle	ラジアン	radian	rad	1 $(= m\ m^{-1})$
立体角	solid angle	ステラジアン	steradian	sr	1 $(= m^2\ m^{-2})$
放射能	radioactivity	ベクレル	becquerel	Bq	s^{-1}
吸収線量	absorbed dose	グレイ	gray	Gy	$m^2\ s^{-2}$ $(= J\ kg^{-1})$
線量当量	dose equivalent	シーベルト	sievert	Sv	$m^2\ s^{-2}$ $(= J\ kg^{-1})$
酵素活性	catalytic activity	カタール	katal	kat	$mol\ s^{-1}$

出典　「化学と工業」，日本化学会，**74**（4）(2021).

A3.5.　形容詞：比（specific）とモル（molar）

1.「比」という示量性量の前に置かれる形容詞は、質量で割ったという意味である。これらの量は小文字で表わす。

例　　体積 V　　比容積 $v = V/m = 1/\rho$

　　　定圧熱容量 C_p　　比定圧熱容量 $c_p = C_p/m$

2.「モル」という示量性量の前に置かれる形容詞は、質量で割ったという意味である。下付きの m で表わし「モル量」という。モル量であることが明記されている場合は m を省略してもよい。

例　　体積 V　　モル体積 $V_m = V/n$

　　　エンタルピー H　　モルエンタルピー $H_m = H/n$

（注）この規則に従うと、慣用的に使われている「モル濃度（molar concentration）」は文法違反である。正しくは「物質量濃度（amount of substance concentration, または concentration）」となる。

$c_B = n_B/V$ (SI 単位：$mol\ m^{-3}$)

A3.6.　モルの概念について

SI 基本単位であるモル（mol）は、従来は 0.012 kg の炭素12（^{12}C）の中に含まれる原子の数と等しい数の要素粒子を含む系の物質量であると定義されていた。すなわちこれがアボガドロ定数の定義であった。

$$旧\quad N_A = 6.602140857(74) \times 10^{23}\ \mathrm{mol^{-1}}$$

これは測定値であり、最後に誤差が示されていることに注意せよ。また、「個数」は無次元である。

例　1 mol の H_2 は約 6.022 × 10^{23} 個の水素分子を含んでいる。

1 mol の e^- は −96.46 kC の電荷をもつ。

しかし、2019 年 5 月より N_A は次の値であると定義されることになった。

$$新\quad N_A = 6.60214076 \times 10^{23}\ \mathrm{mol^{-1}}$$

これは試料ごとの不純物や、同位体 ^{13}C の存在比の変動に起因する誤差を含まないように、物質によらない値として N_A を厳密に定義しようと意図されたものであり、平たくいえば 1 ダースを12個と定義して、「ダース定数」を 12 $\mathrm{dozen^{-1}}$（1 ダースあたり12個）と称しているようなものである。

なお、モルの語を用いるときは、要素である粒子（原子、分子、イオン、電子など）を明確に規定しなければならない。古い文献には旧式な単位の「グラム原子」「グラム分子」「当量」「グラム当量」が出てくることがあるが、現在は用いてはならないことになっている。

A3.7.　SI 接頭語

SI 単位の10の整数乗倍を表わすために SI 接頭語が用いられる。

倍数	接頭語		記号	倍数	接頭語		記号
10	デカ	deca	d	10^{-1}	デシ	deci	d
10^2	ヘクト	hecto	h	10^{-2}	センチ	centi	c
10^3	キロ	kilo	k	10^{-3}	ミリ	milli	m
10^6	メガ	mega	M	10^{-6}	マイクロ	micro	μ
10^9	ギガ	giga	G	10^{-9}	ナノ	nano	n
10^{12}	テラ	tera	T	10^{-12}	ピコ	pico	p
10^{15}	ペタ	peta	P	10^{-15}	フェムト	femto	f
10^{18}	エクサ	exa	E	10^{-18}	アト	atto	a
10^{21}	ゼタ	zetta	Z	10^{-21}	ゼプト	zepto	z
10^{24}	ヨタ	yotta	Y	10^{-24}	ヨクト	yocto	y

A3.8. 推奨される物理量の名称と記号（抜粋）

（1）空間と時間

	物理量	記号	SI単位
直交空間座標	carteisian space coordinates	x, y, z	m
位置ベクトル	position vector	$\boldsymbol{r}$	m
長さ	length	l	m
高さ	height	h	m
厚さ	thickness	d, δ	m
距離	distance	d	m
半径	radius	r	m
直径	diameter	d	m
面積	area	A, A_s, S	m^2
体積	volume	V	m^3
時間	time	t	s
周波数、振動数	frequency	ν, f	Hz
角振動数	angular frequency	ω	rad s^{-1}, s^{-1}
速度	velocity	$\boldsymbol{v}, \boldsymbol{u}, \boldsymbol{w}, \boldsymbol{c}$	$m\ s^{-1}$
速さ	speed	v, u, w, c	$m\ s^{-1}$
加速度	acceleration	$\boldsymbol{a}, \boldsymbol{\alpha}$	$m\ s^{-2}$

（2）古典力学

	物理量	記号	SI単位
質量	mass	m	kg
換算質量	reduced mass	μ	kg
密度	(mass) density	ρ	$kg\ m^{-3}$
比体積	specific volume	ν	$m^3\ kg^{-1}$
慣性モーメント	moment of inertia	I, J	$kg\ m^2$
運動量	momentum	$\boldsymbol{p}$	$kg\ m\ s^{-1}$
角運動量	angular momentum	$\boldsymbol{L}$	J s
力	force	$\boldsymbol{F}$	N
重量	weight	G, P, W	N
圧力	pressure	p, P	Pa, $N\ m^{-2}$
表面張力	surface tension	γ, σ	$N\ m^{-1}$, $J\ m^{-2}$
エネルギー	energy	E	J
ポテンシャルエネルギー	potential energy	E_p, V, Φ	J
運動エネルギー	kinetic energy	E_k, T, K	J
仕事	work	W, w	J

(3) 電気と磁気

物理量		記号	SI単位
電気量	quantity of electrocity	Q	C
電荷	electric charge	Q	C
電荷密度	charge density	ρ	$\mathrm{C\ m^{-3}}$
電流	electric current	I, i	A
電位	electric potential	ϕ, V	V
電位差、電圧	electric potential difference	$U, \Delta V, \Delta\phi$	V
起電力	electromotive force	E	V
電場	electric field	$\boldsymbol{E}$	$\mathrm{V\ m^{-1}}$
電場の強さ	electric field strength	E	$\mathrm{V\ m^{-1}}$
電束密度 (電気変位)	electric flux density (electric displacement)	$\boldsymbol{D}$	$\mathrm{C\ m^{-2}}$
キャパシタンス	capacitance	C	$\mathrm{F, C\ V^{-1}}$
誘電率	permittivity	ε	$\mathrm{F\ m^{-1}}$
真空の誘電率	permittivity of vacuum	ε_0	$\mathrm{F\ m^{-1}}$
比誘電率	relative permittivity	ε_r	1
誘電分極	dielectric polarization (dipole moment per volume)	$\boldsymbol{P}$	$\mathrm{C\ m^{-2}}$
電気双極子モーメント	electric dipole moment	$\boldsymbol{p}, \boldsymbol{\mu}$	C m
磁束	magnetic flux	$\boldsymbol{\Phi}$	Wb
磁束密度	magnetic flux density	$\boldsymbol{B}$	T
磁場	magnetic field	$\boldsymbol{H}$	$\mathrm{A\ m^{-1}}$
磁場の強さ	magnetic field strength	H	$\mathrm{A\ m^{-1}}$
透磁率	permeability	μ	$\mathrm{N\ A^{-2}, H\ m^{-1}}$
比透磁率	relative permeability	μ_r	1
磁化	magnetization	$\boldsymbol{M}$	$\mathrm{A\ m^{-1}}$
磁化率	magnetic susceptibility	χ	1
磁気双極子モーメント	magnetic dipole moment	$\boldsymbol{m}, \boldsymbol{\mu}$	$\mathrm{A\ m^2, J\ T^{-1}}$
電気抵抗	electric resistance	R	Ω
電気抵抗率	electric resistivity	ρ	Ωm
コンダクタンス	conductance	G	S
電気伝導率	electric conductivity	σ	$\mathrm{S\ m^{-1}}$

(4) 一般化学

物理量		記号	SI単位
要素粒子の数	number of entities	N	1
アボガドロ定数	Avogadro constant	L, N_A	$\mathrm{mol^{-1}}$
モル質量	molar mass	M	$\mathrm{kg\ mol^{-1}}$
相対分子質量 (相対モル質量) (分子量)	relative molecular mass (relative molar mass) (molecular weight)	M_r	1

相対原子質量（原子量）	relative atomic mass (atomic weight)	A_r	1
質量分率	mass fraction	w	1
体積分率	volume fraction	ϕ	1
モル分率	mole fraction	x, y	1

（5）集合体の状態を表わす記号

記号	意味
G	気体または蒸気
L	液体
S	固体
cd	凝縮相（固相または液相）
fl	流体相（気相または液相）
cr	結晶
lc	液晶
sln	溶液
aq	水溶液
aq, ∞	無限希釈における水溶液

ローマン体で示し（　）で囲んで用いる。

例　HCl(g)　気体状態にある塩化水素

　　NaOH(aq)　水酸化ナトリウムの水溶液

（6）化学過程または反応を示す記号

記号	意味
vap	気化、蒸発（液体→気体）vaporization, evaporation
sub	昇華（固体→気体）　sublimation
fus	融解（固体→液体）　melting, fusion
mix	液体の混合　mixing of fluids
sol	溶解　solution (of solute in solvent)
dil	希釈　dilution (of a solution)
r	反応　reaction (in general)

ローマン体で示し（　）で囲んで用いる。

例　$\Delta_{\mathrm{vap}}H = H(\mathrm{g}) - H(\mathrm{l})$　蒸発エンタルピー

　　$\Delta_{\mathrm{vap}}H_{\mathrm{m}} = 40.7\ \mathrm{kJ\ mol^{-1}}$ for H_2O at 373.15 K and 10^5 Pa

　　$\Delta_{\mathrm{vap}}H_{\mathrm{m}}$ はモル蒸発エンタルピーのこと。

A４．関連法規など

A4. 1.　化管法SDS制度

化管法SDS制度とは、事業者による化学物質の適切な管理の改善を促進するため、対象化学物質を含有する製品を他の事業者に譲渡又は提供する際には、その化学物質の性状及び取扱いに関する情報（Safety Data Sheet：安全データシート）を事前に提供することを義務づける制度です。取引先の事業者（大学での教育・研究に使用する場合では，薬品販売会社が相当する）からSDSの提供を受けることにより、事業者は自らが使用する化学物質についての正しい情報を入手し、化学物質の適切な管理に役立てることができます。

PRTR制度

PRTR制度（Pollutant Release and Transfer Register）とは、人の健康や生態系に有害なおそれのある化学物質について、事業所からの環境（大気、水、土壌）への排出量及び廃棄物に含まれての事業所外への移動量を、事業者が自ら把握し国に対して届け出るとともに、国は届出データや推計に基づき、排出量•移動量を推計し、公表する制度です。PRTR制度は、2002年4月から実施されています。PRTR制度には、次のような多面的な意義が期待されています。(1)事業者による自主的な化学物質の管理の改善の促進 (2)行政による化学物質対策の優先度決定の際の判断材料 (3)国民への情報提供を通じた、化学物質の排出状況・管理状況への理解の増進

化管法SDS制度およびPRTR制度についてのURL（2021年11月現在）

経済産業省／化学物質排出把握管理促進法（化管法SDS制度、PRTR法）：https://www.meti.go.jp/policy/chemical_management/law/

化学物質評価研究機構（化学物質ハザードデータ集）：https://www.cerij.or.jp/evaluation_document/Chemical_hazard_data.html

国立医薬品食品衛生研究所（健康や安全性に関する情報）：https://www.nihs.go.jp/index-j.html

製品評価技術基盤機構／化学物質管理（化学物質の安全性に関する内外の技術情報）：https://www.nite.go.jp/chem/index.html

環境省／保健・化学物質対策（PRTRインフォメーション広場）：https://www.env.go.jp/chemi/prtr/risk0.html

A4.2.　PRTR法　第一種指定化学物質総括表からの抜粋

種別	政令番号	CAS番号	物質名	発がん性クラス	変異原性クラス	経口慢性クラス	吸入慢性クラス	作業環境クラス	生殖毒性クラス	感作性クラス	生態毒性クラス	オゾン
1種	1	-	亜鉛の水溶性化合物		1						1	
1種	2	79-06-1	アクリルアミド	2	1	1		2	3			
1種	9	107-13-1	アクリロニトリル	2	1	3	2	3			2	
1種	12	75-07-0	アセトアルデヒド	2	1						2	
1種	13	75-05-8	アセトニトリル		1							
1種	18	62-53-3	アニリン	2	1	3		3			1	
1種	30	-	直鎖アルキルベンゼンスルホン酸及びその塩								1	
特定1種	33	1332-21-4	石綿	1	1			2				
1種	53	100-41-4	エチルベンゼン	2							2	
特定1種	56	75-21-8	エチレンオキシド	1	1		3	3				
1種	59	107-15-3	エチレンジアミン							1	2	
1種	60	60-00-4	エチレンジアミン四酢酸		1						2	
1種	73	111-87-5	1-オクタノール		1						2	
特定1種	75	-	カドミウム及びその化合物	1	1	2	1	1	2		1	
1種	80	1330-20-7	キシレン								1	
1種	82	-	銀及びその水溶性化合物					1			1	
1種	87	-	クロム及び3価クロム化合物		1	3				1	1	
特定1種	88	-	6価クロム化合物	1	1	3	2	1	2	1	1	
特定1種	94	75-01-4	クロロエチレン(別名塩化ビニル)	1	1	1		3				
1種	127	67-66-3	クロロホルム	2	1	3					2	
1種	132	-	コバルト及びその化合物	2				2		1		
1種	134	108-05-4	酢酸ビニル	2	1		3				2	
1種	136	90-02-8	サリチルアルデヒド								2	
1種	144	-	無機シアン化合物			1		3			1	
1種	149	56-23-5	四塩化炭素	2		2	3				1	1
1種	150	123-91-1	1,4-ジオキサン	2	1	3						
1種	157	107-06-2	1,2-ジクロロエタン	2	1	2						
1種	158	75-35-4	1,1-ジクロロエチレン		1	2	3					
1種	186	75-09-2	ジクロロメタン	2	1	2					2	
1種	203	122-39-4	ジフェニルアミン								1	
1種	231	119-93-7	o-トリジン	2	1						2	
1種	232	68-12-2	N,N-ジメチルホルムアミド		1				2			

種別	政令番号	CAS番号	物質名	発がん性クラス	変異原性クラス	経口慢性クラス	吸入慢性クラス	作業環境クラス	生殖毒性クラス	感作性クラス	生態毒性クラス	オゾン
1種	237	-	水銀及びその化合物	2	1	1	1	1			1	
1種	239	-	有機スズ化合物					2			1	
1種	240	100-42-5	スチレン	2	1	3					2	
特定1種	243	-	ダイオキシン類	1	1	1						
1種	245	62-56-6	チオ尿素	2	1				3		2	
1種	246	108-98-5	チオフェノール					2			1	
1種	270	100-21-0	テレフタル酸				2					
1種	271	120-61-6	テレフタル酸ジメチル		1						2	
1種	272	-	銅水溶性塩		1						1	
1種	300	108-88-3	トルエン		1				3		2	
特定1種	305	-	鉛化合物	2	1			1	1		1	
特定1種	309	-	ニッケル化合物	1	1		1	1	2	1	1	
1種	313	55-63-0	ニトログリセリン								2	
1種	316	98-95-3	ニトロベンゼン	2			2	3	3			
1種	318	75-15-0	二硫化炭素		1		3	3	3		2	
1種	321	-	バナジウム化合物	2	1	2		2	3		2	
特定1種	332	-	砒素及びその無機化合物	1	1	2		1			2	
1種	333	302-01-2	ヒドラジン	2	1	1	1	1			1	
1種	336	123-31-9	ヒドロキノン		1						1	
1種	342	110-86-1	ピリジン					3			1	
1種	349	108-95-2	フェノール		1						2	
1種	354	84-74-2	フタル酸ジ-n-ブチル						2		1	
1種	374	-	ふっ化水素及びその水溶性塩		1	3		2				
1種	380	353-59-3	ブロモクロロジフルオロメタン									1
特定1種	394	-	ベリリウム及びその化合物	1		1	1	1		1	1	
特定1種	400	71-43-2	ベンゼン	1	1	2	2	2			2	
1種	405	-	ほう素化合物					1				
1種	406	1336-36-3	ポリ塩化ビフェニル（ＰＣＢ）	2		1		1			1	
特定1種	411	50-00-0	ホルムアルデヒド	1	1		2			1	2	
1種	412	-	マンガン及びその化合物				1	2			1	
1種	413	85-44-9	無水フタル酸							1		
1種	414	108-31-6	無水マレイン酸							1		

種別	政令番号	CAS番号	物質名	発がん性クラス	変異原性クラス	経口慢性クラス	吸入慢性クラス	作業環境クラス	生殖毒性クラス	感作性クラス	生態毒性クラス	オゾン
1種	420	80-62-6	メタクリル酸メチル							1		
1種	462	126-73-8	りん酸トリ-n-ブチル								2	

＊なお、化管法の指定化学物質の見直し等を内容とした改正政令の交付（令和３年10月20日）により、化管法PRTR制度およびSDS制度の指定化学物質が、令和５年４月１日より切り替わり、第一種指定化学物質数が515物質（旧：462物質）、第二種指定化学物質数が134物質（旧：100物質）となります。

A4. 3.　下水道へ放流する場合の基準（水質汚濁防止法に基づく大阪市条例による）

水質項目		規制値（次の数値を超えるもの）
有害物質項目	カドミウム	0.03 mg/L
	シアン	1 mg/L
	有機リン	1 mg/L
	鉛	0.1 mg/L
	６価クロム	0.5 mg/L
	ヒ素	0.1 mg/ L
	総水銀	0.005 mg/L
	アルキル水銀	検出されないこと
	ポリ塩化ビフェニル	0.003 mg/L
	トリクロロエチレン	0.1 mg/L
	テトラクロロエチレン	0.1 mg/L
	ジクロロメタン	0.2 mg/L
	四塩化炭素	0.02 mg/L
	1,2－ジクロロエタン	0.04 mg/L
	1,1－ジクロロエチレン	1 mg/L
	シス-1,2-ジクロロエチレン	0.4 mg/L
	1,1,1－トリクロロエタン	3 mg/L
	1,1,2－トリクロロエタン	0.06 mg/L

水質項目		規制値（次の数値を超えるもの）
有害物質項目	1,3－ジクロロプロペン	0.02 mg/L
	チウラム	0.06 mg/L
	シマジン	0.03 mg/L
	チオベンカルブ	0.2 mg/L
	ベンゼン	0.1 mg/L
	セレン	0.1 mg/L
	フッ素	8 mg/L
	ホウ素	10 mg/L
	1,4－ジオキサン	0.5 mg/L
	ダイオキシン類	10 pg/L
生活環境項目	温度	45 ℃以上
	水素イオン濃度	pH5以下または9以上
	生物化学的酸素要求量（BOD）	600 mg/L以上
	浮遊物質量（SS）	600 mg/L以上
	油分	鉱油類 5 mg/L 動物植物油脂類30 mg/L
	ヨウ素消費量	220 mg/L
	フェノール類	5 mg/L
	クロム	2 mg/L
	銅	3 mg/L
	亜鉛	2 mg/L
	鉄（溶解性）	10 mg/L
	マンガン(溶解性)	10 mg/L
	色又は臭気	放流先で支障をきたすものではないこと

（注）TCDD（2, 3, 7, 8－テトラクロロジベンゾ－p－ジオキシン）に換算した数値

1．実験器具図（Laboratory Needs）

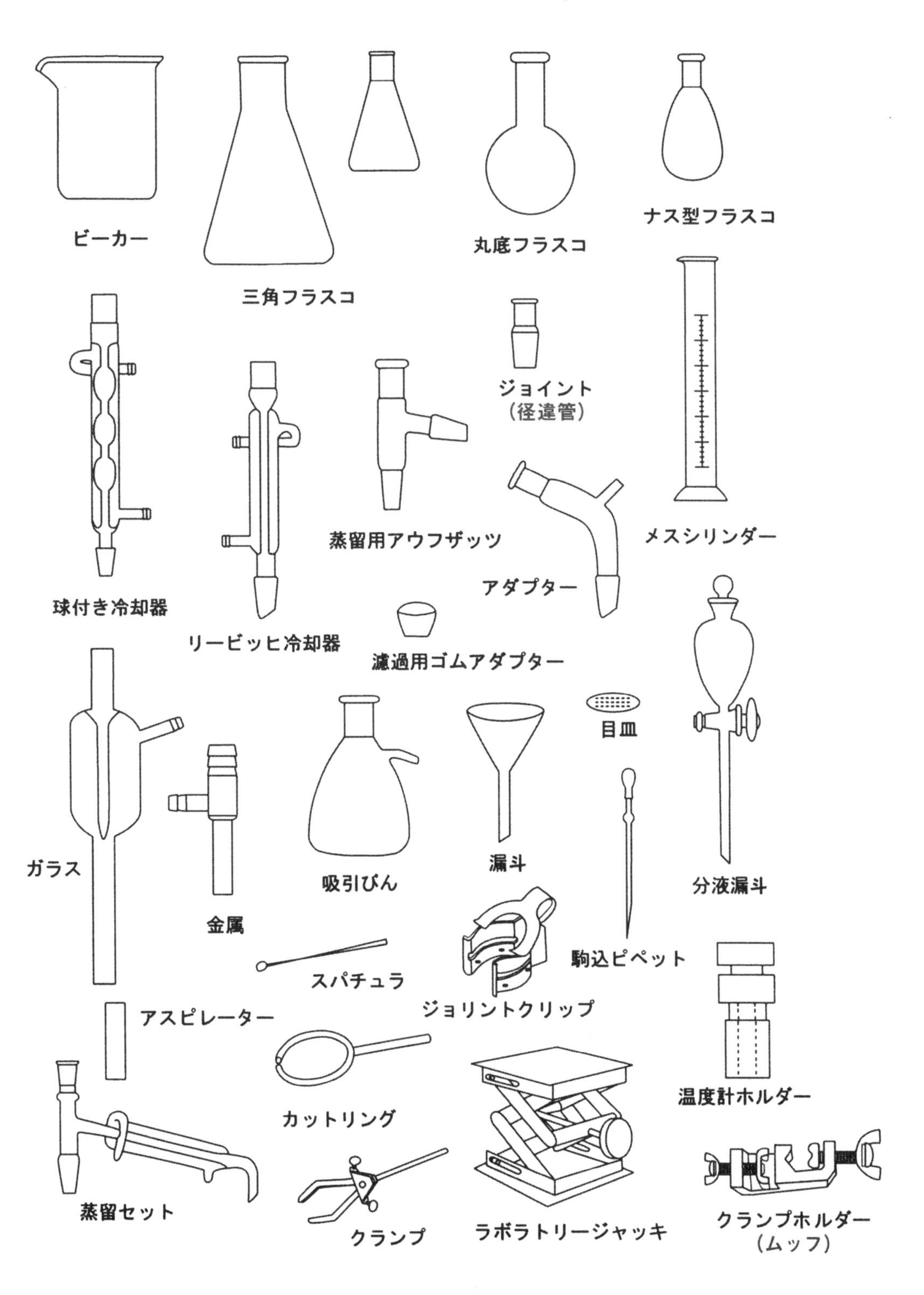

2. 実験装置図

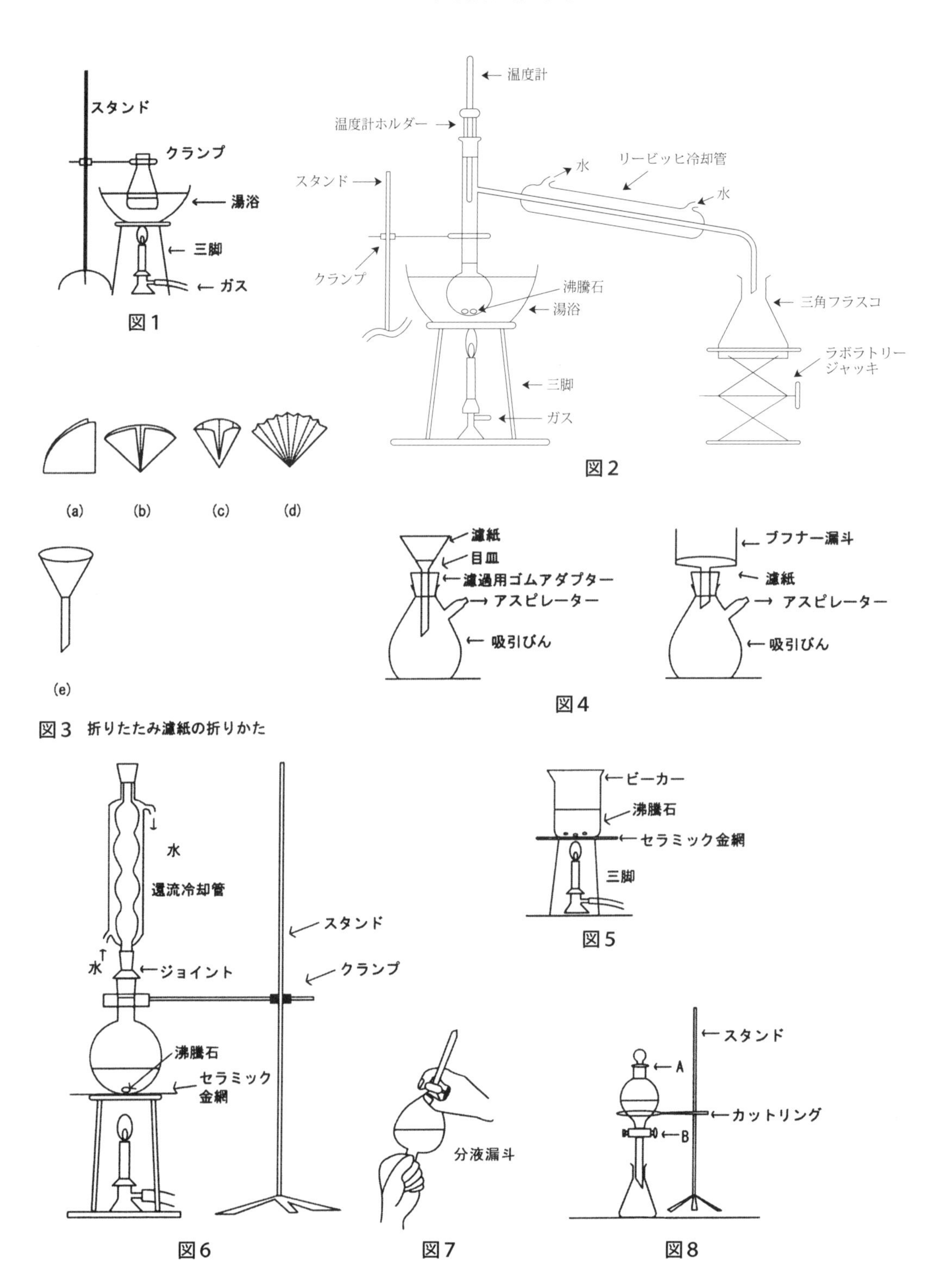

スタンド
クランプ
湯浴
三脚
ガス
図1
温度計
温度計ホルダー
スタンド
水
リービッヒ冷却管
水
クランプ
沸騰石
湯浴
三角フラスコ
ラボラトリー
ジャッキ
三脚
ガス
図2
(a)
(b)
(c)
(d)
(e)
図3 折りたたみ濾紙の折りかた
濾紙
目皿
濾過用ゴムアダプター
アスピレーター
吸引びん
ブフナー漏斗
濾紙
アスピレーター
吸引びん
図4
ビーカー
沸騰石
セラミック金網
三脚
図5
水
還流冷却管
水
ジョイント
スタンド
クランプ
沸騰石
セラミック
金網
図6
分液漏斗
図7
スタンド
A
カットリング
B
図8

原子量表（2021）

（元素の原子量は，質量数12の炭素（^{12}C）を12とし，これに対する相対値とする。但し，この^{12}Cは核および電子が基底状態にある結合していない中性原子を示す。）

多くの元素の原子量は通常の物質中の同位体存在度の変動によって変化する。そのような13の元素については，原子量の変動範囲を［a，b］で示す。この場合，元素Eの原子量Ar（E）は$a \leq Ar$（E）$\leq b$の範囲にある。ある特定の物質に対してより正確な原子量が知りたい場合には，別途求める必要がある。その他の71元素については，原子量Ar（E）とその不確かさ（括弧内の数値）を示す。不確かさは有効数字の最後の桁に対応する。

原子番号	元素名	元素記号	原子量	脚注
1	水素	H	[1.00784，1.00811]	m
2	ヘリウム	He	4.002602（2）	gr
3	リチウム	Li	[6.938，6.997]	m
4	ベリリウム	Be	9.0121831（5）	
5	ホウ素	B	[10.806，10.821]	m
6	炭素	C	[12.0096，12.0116]	
7	窒素	N	[14.00643，14.00728]	m
8	酸素	O	[15.99903，15.99977]	m
9	フッ素	F	18.998403163（6）	
10	ネオン	Ne	20.1797（6）	gm
11	ナトリウム	Na	22.98976928（2）	
12	マグネシウム	Mg	[24.304，24.307]	
13	アルミニウム	Al	26.9815384（3）	
14	ケイ素	Si	[28.084，28.086]	
15	リン	P	30.973761998（5）	
16	硫黄	S	[32.059，32.076]	
17	塩素	Cl	[35.446，35.457]	m
18	アルゴン	Ar	[39.792，39.963]	gr
19	カリウム	K	39.0983（1）	
20	カルシウム	Ca	40.078（4）	g
21	スカンジウム	Sc	44.955908（5）	
22	チタン	Ti	47.867（1）	
23	バナジウム	V	50.9415（1）	
24	クロム	Cr	51.9961（6）	
25	マンガン	Mn	54.938043（2）	
26	鉄	Fe	55.845（2）	
27	コバルト	Co	58.933194（3）	
28	ニッケル	Ni	58.6934（4）	r
29	銅	Cu	63.546（3）	r
30	亜鉛	Zn	65.38（2）	r
31	ガリウム	Ga	69.723（1）	
32	ゲルマニウム	Ge	72.630（8）	
33	ヒ素	As	74.921595（6）	
34	セレン	Se	78.971（8）	r
35	臭素	Br	[79.901，79.907]	
36	クリプトン	Kr	83.798（2）	gm
37	ルビジウム	Rb	85.4678（3）	g
38	ストロンチウム	Sr	87.62（1）	gr
39	イットリウム	Y	88.90584（1）	
40	ジルコニウム	Zr	91.224（2）	g
41	ニオブ	Nb	92.90637（1）	
42	モリブデン	Mo	95.95（1）	g
43	テクネチウム*	Tc		
44	ルテニウム	Ru	101.07（2）	g
45	ロジウム	Rh	102.90549（2）	
46	パラジウム	Pd	106.42（1）	g
47	銀	Ag	107.8682（2）	g
48	カドミウム	Cd	112.414（4）	g
49	インジウム	In	114.818（1）	
50	スズ	Sn	118.710（7）	g
51	アンチモン	Sb	121.760（1）	g
52	テルル	Te	127.60（3）	g
53	ヨウ素	I	126.90447（3）	
54	キセノン	Xe	131.293（6）	gm
55	セシウム	Cs	132.90545196（6）	
56	バリウム	Ba	137.327（7）	
57	ランタン	La	138.90547（7）	g
58	セリウム	Ce	140.116（1）	g
59	プラセオジム	Pr	140.90766（1）	

原子番号	元　素　名	元素記号	原　子　量	脚　注
60	ネ　オ　ジ　ム	Nd	144.242（3）	g
61	プ　ロ　メ　チ　ウ　ム＊	Pm		
62	サ　マ　リ　ウ　ム	Sm	150.36（2）	g
63	ユ　ウ　ロ　ピ　ウ　ム	Eu	151.964（1）	g
64	ガ　ド　リ　ニ　ウ　ム	Gd	157.25（3）	g
65	テ　ル　ビ　ウ　ム	Tb	158.925354（8）	
66	ジ　ス　プ　ロ　シ　ウ　ム	Dy	162.500（1）	g
67	ホ　ル　ミ　ウ　ム	Ho	164.930328（7）	
68	エ　ル　ビ　ウ　ム	Er	167.259（3）	g
69	ツ　リ　ウ　ム	Tm	168.934218（6）	
70	イ　ッ　テ　ル　ビ　ウ　ム	Yb	173.045（10）	g
71	ル　テ　チ　ウ　ム	Lu	174.9668（1）	g
72	ハ　フ　ニ　ウ　ム	Hf	178.486（6）	
73	タ　ン　タ　ル	Ta	180.94788（2）	
74	タ　ン　グ　ス　テ　ン	W	183.84（1）	
75	レ　ニ　ウ　ム	Re	186.207（1）	
76	オ　ス　ミ　ウ　ム	Os	190.23（3）	g
77	イ　リ　ジ　ウ　ム	Ir	192.217（3）	
78	白　金	Pt	195.084（9）	
79	金	Au	196.966570（4）	
80	水　銀	Hg	200.592（3）	
81	タ　リ　ウ　ム	Tl	[204.382，204.385]	
82	鉛	Pb	207.2（1）	gr
83	ビ　ス　マ　ス＊	Bi	208.98040（1）	
84	ポ　ロ　ニ　ウ　ム＊	Po		
85	ア　ス　タ　チ　ン＊	At		
86	ラ　ド　ン＊	Rn		
87	フ　ラ　ン　シ　ウ　ム＊	Fr		
88	ラ　ジ　ウ　ム＊	Ra		
89	ア　ク　チ　ニ　ウ　ム＊	Ac		
90	ト　リ　ウ　ム＊	Th	232.0377（4）	g
91	プロトアクチニウム＊	Pa	231.03588（2）	
92	ウ　ラ　ン＊	U	238.02891（3）	gm
93	ネ　プ　ツ　ニ　ウ　ム＊	Np		
94	プ　ル　ト　ニ　ウ　ム＊	Pu		
95	ア　メ　リ　シ　ウ　ム＊	Am		
96	キ　ュ　リ　ウ　ム＊	Cm		
97	バ　ー　ク　リ　ウ　ム＊	Bk		
98	カ　リ　ホ　ル　ニ　ウ　ム＊	Cf		
99	アインスタイニウム＊	Es		
100	フ　ェ　ル　ミ　ウ　ム＊	Fm		
101	メ　ン　デ　レ　ビ　ウ　ム＊	Md		
102	ノ　ー　ベ　リ　ウ　ム＊	No		
103	ロ　ー　レ　ン　シ　ウ　ム＊	Lr		
104	ラ　ザ　ホ　ー　ジ　ウ　ム＊	Rf		
105	ド　ブ　ニ　ウ　ム＊	Db		
106	シ　ー　ボ　ー　ギ　ウ　ム＊	Sg		
107	ボ　ー　リ　ウ　ム＊	Bh		
108	ハ　ッ　シ　ウ　ム＊	Hs		
109	マ　イ　ト　ネ　リ　ウ　ム＊	Mt		
110	ダ　ー　ム　ス　タ　チ　ウ　ム＊	Ds		
111	レ　ン　ト　ゲ　ニ　ウ　ム＊	Rg		
112	コ　ペ　ル　ニ　シ　ウ　ム＊	Cn		
113	ニ　ホ　ニ　ウ　ム＊	Nh		
114	フ　レ　ロ　ビ　ウ　ム＊	Fl		
115	モ　ス　コ　ビ　ウ　ム＊	Mc		
116	リ　バ　モ　リ　ウ　ム＊	Lv		
117	テ　ネ　シ　ン＊	Ts		
118	オ　ガ　ネ　ソ　ン＊	Og		

＊：安定同位体のない元素。これらの元素については原子量が示されていないが，ビスマス，トリウム，プロトアクチニウム，ウランは例外で，これらの元素は地球上で固有の同位体組成を示すので原子量が与えられている。
g：当該元素の同位体組成が通常の物質が示す変動幅を越えるような地質学的試料が知られている。そのような試料中では当該元素の原子量とこの表の値との差が，表記の不確かさを越えることがある。
m：不詳な，あるいは不適切な同位体分別を受けたために同位体組成が変動した物質が市販品中に見いだされることがある。そのため，当該元素の原子量が表記の値とかなり異なることがある。
r：通常の地球上の物質の同位体組成に変動があるために表記の原子量より精度の良い値を与えることができない。表中の原子量および不確かさは通常の物質に適用されるものとする。

安定同位体のない元素の同位体表

元　素　名	元素記号	原子記号	同位体の質量数※
アインスタイニウム	Es	99	252
アクチニウム	Ac	89	*227*
アスタチン	At	85	210, 211
アメリシウム	Am	95	241, 243
ウラン	U	92	*234, 235, 238*
オガネソン	Og	118	294
カリホルニウム	Cf	98	249, 250, 251, 252
キュリウム	Cm	96	243, 244, 245, 246, 247, 248
コペルニシウム	Cn	112	277
シーボーギウム	Sg	106	265
ダームスタチウム	Ds	110	269
テクネチウム	Tc	43	97, 98, *99*
テネシン	Ts	117	293, 294
ドブニウム	Db	105	267
トリウム	Th	90	230, *232*
ニホニウム	Nh	113	286
ネプツニウム	Np	93	235, 236, 237, 239
ノーベリウム	No	102	259
バークリウム	Bk	97	247, 248, 249
ハッシウム	Hs	108	265
ビスマス	Bi	83	*209*
フェルミウム	Fm	100	255, 257
フランシウム	Fr	87	*223*
プルトニウム	Pu	94	238, *239*, 240, 241, 242, *244*
フレロビウム	Fl	114	285, 287, 289
プロトアクチニウム	Pa	91	*231*
プロメチウム	Pm	61	145, *147*
ボーリウム	Bh	107	260, 261, 262, 264, 265, 266, 267, 270, 271, 272, 274
ポロニウム	Po	84	209, *210*
マイトネリウム	Mt	109	266, 268
メンデレビウム	Md	101	256, 258
モスコビウム	Mc	115	287, 288, 289, 290
ラザホージウム	Rf	104	261
ラジウム	Ra	88	223, 224, *226*, 228

安定同位体のない元素の同位体表

元　素　名	元素記号	原子記号	同位体の質量数※
ラドン	Rn	86	219, 220, *222*
リバモリウム	Lv	116	292, 293
レントゲニウム	Rg	111	272
ローレンシウム	Lr	103	258

※現在確認されている同位体の例である。*斜体*は自然界に存在する同位体。

あとがきにかえて

本書の初版「基礎化学実験」（市村彰男編）が上梓されたのは2006年、大阪市立大学が法人化された年である。そのもとになったのは、本学における基礎教育科目カリキュラムで提供される基礎化学実験１、基礎化学実験２の履修を支援するために編集され、1989年度から一冊にまとめられた資料である。

そこには、教養部の頃から長年にわたってモルタル塗り格子窓の化学実験室（写真左）で指導され、改善されてきた化学の各専門分野についての実験テーマが収録されている。その中のひとつ、「陽イオンの定性分析」は

大学教養課程における陽イオン定性分析実験

森正保・久保茂一・阿武美智子・畑山康之・高谷友久・曽根良昭

化学教育（公益社団法人 日本化学会），**1985**, *33*（3）, 246-249.

https://doi.org/10.20665/kagakukyouiku.33.3_246

として報告されたものがベースになっている。

1994年には基礎教育実験棟（写真右）が竣工した。局所排気装置や分析機器なども基礎実験には充分すぎるほど、充実したものであり、国内の他機関からの見学が相次いだ。ハード面のみならず、ソフト面では実験テーマを常にブラッシュアップし続け改訂を重ねてきた。2009年に行われた理学部学科再編にあわせて、基礎物質科学実験（1994年～2009年）で提供されていた「ブラウン運動」（石井廣湖・吉野治一共著）などのテーマも基礎化学実験の実験テーマとして採りいれることになった。

大学統合による新大学開学を目前にした今、半世紀にもおよぶ杉本キャンパスにおける初学者向けの化学実験で提供されてきた実験テーマを一冊の本としてまとめることができた。さまざまなかたちで基礎化学実験に関わった教職員全員の情熱を一つのレガシーとして新大学へと引き継いでいくことができれば幸いである。

自然科学は自然のWhat、WhyおよびHowを追求する学問であり、発見し理解する喜びが進歩の推進力になるといわれる。現代化学では、自然界の様々な現象に関わる物質を、原子、分子、それらの集合体としてとらえることでその本質を深く理解しようとする。物理学や生物学などと密接に関連しながら、化学が重要な基盤となっている研究領域は多岐にわたる。みなさんの目の前に拡がる物質の世界を探検する際に、本書から学び、身につけたことが役に立てば、このうえもない喜びである。

2022年３月

グループを代表して
臼杵克之助

―改訂４版編集委員一覧―
大阪市立大学理学研究科　基礎教育化学実験グループ
臼杵克之助・迫田憲治・中山淳・西川慶祐・三枝栄子・三宅弘之・宮原郁子・柚山健一・吉野治一（五十音順）
基礎教育実験棟化学実験室（研究推進課技術推進担当）
黒松亜紀・福永由紀

編者代表

臼杵　克之助（うすき　よしのすけ）
大阪市立大学大学院理学研究科 准教授

改訂4版
基礎化学実験

2006年4月18日　初版発行
2010年4月 6日　改訂版発行
2014年2月25日　改訂2版発行
2017年2月25日　改訂3版発行
2022年3月30日　改訂4版発行

編　者　大阪市立大学大学院理学研究科
　　　　基礎教育化学実験グループ

発　行　ふくろう出版
〒700-0035　岡山市北区高柳西町1-23
友野印刷ビル
TEL：086-255-2181
FAX：086-255-6324
http：//www.296.jp
e-mail：info@296.jp
振替　01310-8-95147

印刷・製本　友野印刷株式会社
ISBN978-4-86186-851-1 C3043 ©2022

定価は表紙に明示してあります。乱丁・落丁はお取り替えいたします。